# 柏拉图与技术呆子

## PLATO AND THE NERD

THE CREATIVE PARTNERSHIP
OF HUMANS
AND
TECHNOLOGY

人类与技术的创造性伙伴关系

[美] 爱德华·阿什福德·李 著
张凯龙 冯红 译

中信出版集团 | 北京

图书在版编目（CIP）数据

柏拉图与技术呆子：人类与技术的创造性伙伴关系 / (美) 爱德华 · 阿什福德 · 李著；张凯龙，冯红译 . -- 北京：中信出版社，2020.9

书名原文：Plato and the Nerd: The Creative Partnership of Humans and Technology

ISBN 978-7-5217-1424-1

I. ①柏… II. ①爱… ②张… ③冯… III . ①数字技术—研究②人工智能—研究 IV . ①TP391.9 ②TP18

中国版本图书馆CIP数据核字（2020）第 022409 号



柏拉图与技术呆子——人类与技术的创造性伙伴关系

著　　者：[美] 爱德华 · 阿什福德 · 李
译　　者：张凯龙　冯红
出版发行：中信出版集团股份有限公司
（北京市朝阳区惠新东街甲 4 号富盛大厦 2 座　邮编　100029）
承 印 者：中国电影出版社印刷厂

开　　本：787mm × 1092mm　1/16　　印　　张：24　　字　　数：310 千字
版　　次：2020 年 9 月第 1 版　　印　　次：2020 年 9 月第 1 次印刷
京权图字：01–2019–5375
书　　号：ISBN 978–7–5217–1424–1
定　　价：88.00 元



服务热线：400–600–8099
投稿邮箱：author@citicpub.com

仅以此书献给我的缪斯女神，朗达 · 赖特，

感谢与她多次的晚餐交谈带给我的创作灵感。

# 目录

## 第二部分

# 推荐序

科学技术是人类文明进步的产物，是人类社会的重要构成，其源自人类的生产创造和社会文化，又对人类社会发展产生持久而深远的影响。自以天文学、物理学为代表的近代科学技术诞生以来，科学技术在近几个世纪里持续加速发展，传统领域不断突破、科技创新方兴未艾，人类社会已经迈入一个科技大繁荣的新时代。放眼国际，科技创新与发展水平现已成为衡量发达国家综合国力与核心竞争力的重要方面，提升科技实力也已成为建设世界强国的核心战略。

以自然科学为核心的科学技术主要聚焦于客观的物理世界，致力于未知客观规律的发现以及新事物的发明与创造，但实际上，其发展水平也与社会人文、科技文化等诸多方面密切相关。在一个特定的历史阶段、一个特定的社会形态中，科技群体开展科学与工程创新的水平本质上会受到群体内所形成的科技价值、模式、文化及生态等因素的影响。对人文与科技、科学与工程、发现与发明、发明与设计、价值与价格、内涵与形式、开放与封闭、人类与技术等这些二元关系的正确认知以及辩证统一会在很大程度上决定科技创新的质量与高度。当然，科技文化与生态的形成和演进是一个较为缓慢的过程，其前提是营造益于激发创新创造的科技哲学与文化氛围，形成聚焦价值引领、激励原始创新的科技文化生态。

富有思想性的优秀科技哲学类著作将有益于引导科技界进行深入思考，有益于从根本上促进科技的创新，而爱德华教授的这本书恰好就是这样的一部上乘之作。在书中，爱德华教授将知识与技术是由独立于人类存在且被人类发现的柏拉图理想所构成的观点与人类创造而不是发现知识与技术的观点对立起来，进而以作为现代科技发展新引擎的数字技术为主要贯穿内容，重点对模型世界与物理世界、科学领域与工程领域的一系列论题进行了深入生动的辨析。爱德华教授强调工程学同样是一门极具创造性和智慧性的学科，二者相辅相成、不可偏废。显然，将科学与工程进行辩证统一、融合发展才能真正推动科技的协同创新与产业繁荣，而自主科技体系的建立也必然需要兼顾这两个方面。爱德华教授强调，模型与范式（即公认的模型或模式）可以激发创造力，技术范式较科学范式的演化更为频繁且通常是变革式的，技术进步的速度取决于人类对新范式的理解和接受程度。显然，这一论断进一步强调了制约工程学与科学演化的根本在于范式及范式的转换，就有如思维对知识、元模型对具体模型的影响。当今以半导体物理学为载体的数字技术飞跃发展，其关键便在于形成了独特且层次分明的范式体系。换言之，要想从根本上推动科技发展，就必须发现、创造和培育优秀的、层次化的范式。

基于对信息及软硬件技术内涵与特点的分析，爱德华教授进一步强调了人类与技术之间的互补与共生关系。他认为，物理世界中存在着不确定性和连续性，而数字技术是离散和不完备的，因此，数字技术真正的力量还是要源于其与人类的伙伴关系，但其发展还存在诸多障碍。关于近年来的人工智能浪潮，爱德华教授认为“智能”与“自主”只是对计算机的拟人化，其本质上有一定的不合理性，且在当前的技术体系下也不够实际。人类与计算机要实现的是共生，而非由计算机复制并替代人类。书中提到的另一个重要主题是专业化，这是科学与工程在演进过程中呈现出的一个共同趋势。但爱德华教授强调，过度的专业化会使人们对越来越细小的事物关注得越来越多，甚至是“对一无所知的事情了如指掌”（书中原文），但这样必然会让人们丢掉大的知识体系与背景，从而形成支离破碎且阻碍科技发展的范式与生态。学科过度细分、技术过度细分、领域过度细分，但凡这些过度的细分都会造成更多难以融合融通的专业“竖井”，其必然会对我们的高质量人才培养、科技创新、产业推进等形成阻碍。因此，如何在专业化发展的过程中推动交叉与融合，实现二者的平衡与优化将会对一个国家或地区的科技发展产生巨大影响，这一点非常值得我们深思。

可以看出，爱德华教授对制约科技创新发展的本质问题进行了深刻的哲学思考，本书则是从科技与哲学、文化相融合的角度撰写的一部见解独到、思想深邃又诙谐易读的经典科技哲学著作。通过阅读本书，我相信广大读者一定能够获得丰富的科技哲理启发以及有效的思维认知提升，它必然会对读者日常的教育、科研工作乃至生活都产生潜在而积极的影响。同时，我建议读者对书中给出的观点进行开放式的思考与探讨，这对于拓展读者的专业思维、提升读者的专业素养必将是极为有益的。正如作者所言，物理世界的不确定性和模型的不完备性必然使得人类社会的科技创新永无止境，这也必然为人类的创造力提供无限空间。因此，我们应该以数字技术的发展为借鉴和支撑，通过认知、模型、范式的不断优化和发展来更好地探索物理世界中的未知，并辩证运用人文与科技、科学与工程的互相支撑来更好地开展创新与创造工作。

中国工程院院士

2020.7

# 前言

## 主要内容

当我年轻的时候，我的父亲想让我将来成为一名律师，或者获得工商管理学硕士学位并接管家族企业，而工程师是那些正在为他干活的人。最聪明的年轻人，至少是那些美国盎格鲁－撒克逊白人的后裔，读的是法学院、商学院或医学院。和过去相比，现在要考入工程学院的难度很大，在我读大学的时候情况却并非如此。当我主修耶鲁大学的“计算机科学”和“工程与应用科学”双学士学位的时候，父亲对我感到非常失望。继而我去麻省理工学院攻读工程硕士学位，然后成为贝尔试验室的一名工程师，最后又去伯克利大学攻读博士学位，并成为一名大学教授。我的一次次决定让我的父亲愈感失望。这本书也许是我为那些决定进行辩护的最后一次尝试吧。

当我开始写作本书时，我实际上并不清楚我的读者受众都会有谁。但随着本书的完成，我确信本书是以有人文社科底蕴的技术专家或者懂技术的人文主义者为读者对象的。我不确定这样的人能有多少，但我深信肯定会有一些。我希望你就是其中的一员。

本书试图解释为什么创造技术的过程，即我们称为工程的过程，是一个非常有创造性的过程，并希望向读者解释为什么这个学科变得如此火热和有竞争力，以至能够让一些极客从最聪明的年轻人当中脱颖而出。本书将向读者介绍技术文化、技术的力量与局限性以及技术的真正力量等，是如何通过与人类的伙伴关系发挥出来的。我倾向于把这本书视为一种受欢迎的技术哲学读物，但我怀疑它是否会受到读者的欢迎，而且我也不确定我是否具备撰写一部哲学类图书的水平。但是，我唯一可以保证的是，这是一本关于技术和创造技术的工程师的著作。即便如此，本书也无法做到包罗万象，仅限于我最了解的技术部分，特别是数字和信息技术革命。

本书讨论的不是如何以技术为媒介来释放艺术性和创造性。如果读者想要了解这方面的内容，那么我推荐阅读维吉尼亚·赫弗南于2016年出版的《魔法与迷失》（*Magic and Loss*）一书。赫弗南声称“互联网是现实主义艺术大规模协同工作的产物”，但她所指的主要是互联网的内容。在我的书中，我认为互联网技术本身，以及支撑它的所有数字技术，都是一项大规模协同的创造性工作，即使其并非艺术性工作。

数字技术作为后来出现的一种富有创造力的媒介，有着巨大的潜力，并且远远超过迄今为止其他技术领域所取得的成就。在本书的第一部分，我将详尽地解释为什么这项技术具有如此彻底的变革力和释放性。我研究了工程师是如何创造性地使用模型和抽象来构建人工世界，并给予我们难以置信的能力。例如，将迄今为止人类出版过的所有图书全部装入口袋的能力。

但这并不意味着数字技术就没有它的局限性。为了从正反两方面阐释数字技术的发展，我在本书的第二部分试图反驳一些所谓思想领袖对数字技术和计算的狂热痴迷。在计算机技术巨大潜力的驱动下，这种狂热导致了一些不合理的信念。这些信念甚至断言，物理世界中的一切实际上都是一种计算，其在本质上与现代计算机的运算过程是完全相同的。一切事物，包括诸如人类认知等复杂现象以及诸如星体等我们所不熟悉的事物，都不过是在数字数据上运行的软件。

我认为，支撑这些结论的证据是薄弱的，大自然仅将自身局限于符合当今数字计算概念的过程的可能性相当渺茫。我将证明，这一数字假说并不能得到实证验证，因此也就永远不能被解释为一种科学理论。由于其可能性非常渺茫，证据极弱，而且假设又是不可验证的，所以得出的结论不过是一些无根据的猜想罢了。我在这里的论点可能会给我带来一些麻烦，因为我正逆流而行，与大多数人的观点相左。

的确，我的观点与当前的许多观点都不同，我认为人工智能在计算机上复制人类认知功能的目标是一种误导，其是不大可能获得成功的，并且还在很大程度上低估了计算机科学的潜能。相反，我认为，技术正在与人类共同进化，正在拓展我们的认知和自身能力，所有这些也使得我们能够培育、发展和传播技术。我们已经看到，人类与机器之间存在的互补性正在促进人类与机器共生、共同进化。

然而，本书的大部分内容都与现实情况相吻合，比如，技术的巨大潜力将改善我们的生活，这是人类对技术发展所持有的乐观态度。除了强调技术已对人类生活产生的积极影响，我在本书中要表达的主要观点之一在于，工程学是一门极具创造性和智识性的学科，它同艺术和自然科学一样是有趣和有价值的。在技术不那么成熟的领域中，创造性的贡献更多地体现了创造者的个性、审美和特质。

在更为成熟的领域，这些工作可能会变得极为技术化，且令非专业人士觉得有些晦涩难懂。然而，我们必须承认，这种情形在所有学科中都会出现，所以不足为奇。

与科学一样，工程学是建立在被广泛认可的范式之上的，是指导行动的思想框架。工程学与科学相似，用托马斯·库恩（1962）的话来说，工程学的发展也会不时地为范式的转换所打断。然而，与科学不同的是，工程学中范式的转换是频繁的，甚至是变革式的。事实上，我认为，在我们目前的文化中，技术进步的速度主要是受到人类无法理解新范式的制约，而并非技术自身发展的限制。我希望本书能够清楚地阐释其中的原因。

与艺术一样，工程学领域的发展也会受到文化、语言和思想交叉萌发的制约。也和艺术一样，工程学的成功或失败往往决定于无形和不可解释的力量，比如时尚和文化。就这一点而言，工程学的发展几乎和艺术是相同的。仍然像艺术一样，一个新的发现可能会让诸多读者感到惊讶不已。今天用来设计新的手工艺品和系统的创意媒体，尤其是数字媒体，其广泛的用途和丰富的表现力真是令人惊讶。在我看来，数字媒体的多功能性和强大的表现力足以解释为什么该领域对优秀的年轻人具有这么大的吸引力。这种巨大的吸引力甚至超过了高收入就业前景所具有的吸引力。

工程学是一个很宽广的领域，它从供水系统到社交网络软件，包罗万象。任何人，包括我自己在内，对工程学诸多子学科的理解都还是比较肤浅的。因此，本书的观点主要基于我在电子、电气工程和计算机科学方面的有限经验。这些观点适用于数字和信息技术，也可能适用于其他技术，如桥梁以及化工厂等等。尽管如此，根据我的经验，数字技术已经渗透到几乎所有的工程学科中。例如，现代化的工厂大部分是由计算机控制和管理的，从而也就成为信息物理系统（CPS）的实例。本书的第 6 章对该内容进行了详细的阐述。这类系统无疑受到我在本书中所指出的数字技术的潜力、多变性和局限性的制约。

我首先假定读者是没有任何特定技术背景的。但在本书的某些章节中，我也的确是较为深入地讨论了一些我所关注的技术主题。但是，我向读者保证，每一个这样的讨论都不会过度深入。当然，我也希望我所略掉的这些技术细节不会严重破坏我所要传递的信息。但凡遇到这样的技术主题，请读者保持耐心并坚持下去。请相信，类似这种技术呆子式的头脑风暴会很快过去的。

我的确假设您是一位了解计算机技术的读者。在据理力争之后，我在本书中只保留了 12 个方程。实际上，要理解这些并非复杂的方程，高中水平的数学和科学知识就足够了，即使不能完全理解，读者也能从中获取应有的信息。我的出版商用这个理由反驳我，说如果这是真的，我就应该将其全部删除。但是我更希望予以保留，我坚信，现在了解计算技术的读者比以前会更多。我已经向出版商保证，算上我的朋友和家人，本书几十册的销量还是可以保证的。

本书书名的灵感来自纳西姆·尼古拉斯·塔勒布精彩的著作《黑天鹅》。塔勒布给书的序言的一个部分取名为“柏拉图与愚人”。塔勒布把“柏拉图主义”形容为“将现实切割为清晰形状的愿望”。塔勒布哀叹随后的专业化发展趋势，并指出这种专业化使我们对那些不寻常的事件视而不见，他将不寻常的事件称为“黑天鹅”。围绕塔勒布的思想，本书的一个主题会阐明技术学科也容易受到过度专业化的影响；每个专业都在不知不觉地采用某些范式，这些范式将这个专业转化为一种缓慢发展的文化，其结果是阻碍了而不是促进了技术的创新。

此外，本书的书名从根本上反对这样的认知，即技术是由独立于人类的柏拉图式的理想构成的，并且技术是由人类发现的。这一观点刚好与认为人类创造而不是发现知识和技术的观念背道而驰。书名中的技术呆子象征着一种主观甚至是奇特的创造性力量，而不是客观真理的一个发现者。

我希望本书可以改变公众对工程学的某些偏见，进而鼓励年轻人更倾向于选择工程学方面的职业，而不只是根据某种工作的前景来进行规划。我确信，工程学从根本上说是一门创造性的学科，而让许多人产生偏见的技术苦差事并不比任何其他创造性学科中的工作更为辛苦和乏味。是的，努力工作是我们必需坚持的职业操守，但是，你在工程学上的努力付出是一定会有回报的，那就是，你可以改变这个世界。

## 内容概述

有些读者喜欢在读一本书之前去了解书的大致内容。抛开有问题的自指性[①]，对于这样的读者，我在这里特地给出了本书的简要概述。但是，坦率地说，我建议读者跳过这部分内容，直接从第1章开始阅读。因为本书所要讲述的内容是无法用几个段落来准确概括的。任何类似的内容摘要都必然会使本书看起来比它实际的内容更为晦涩难懂。然而，对于那些真的需要内容提要的读者而言，以下便是我对本书内容的简要总结。

人们对技术和工程的普遍看法往往是这样的：这是一个缺少激情的领域，它由逻辑和枯燥乏味的事实与真理主导。在第1章，我

① 自指性（self-referentiality），是20世纪西方文学理论中一个重要的术语，其基本含义是指文学将读者的注意力吸引向其自身的特性。——译者注

探讨了技术中的事实和真理的概念，我认为这些事实和真理并不只是被人类发现的，实际上更多是被人类发明或设计出来的。技术不是建立在永恒的柏拉图式的理想之上的，而是建立在更灵活多变且有时更为离奇的构思之上的。真理的概念变得更具主观性；集体的智慧比个人的智慧更加完善；关于事实演变的描述要比事实本身更为有趣；事实和真理可能都是错误的。然而，要想证明一个事实为真，有时可能会花费数十亿美元的巨资。因此，我在这里提出这样的观点：工程学和科学都是建立在事实和真理基础之上的学科，二者相辅相成、相互重叠，且相互利用彼此的方法。在这一章中，我试图理解工程学一直以来被视作科学的“胞妹”的文化现象。

第 2 章的内容主要是研究发现与发明之间的关系。该章的一个重要主题是，模型是被发明的，而不是被发现的。正是模型的有用性，而不是它们的真实性，赋予了它们价值。请读者注意，模型的有用性并不一定是一种实用的、功用的有用性。一个模型可能仅仅是因为解释或预测了观测结果就成为有用的模型，即使其所观测到的现象并没有实际的应用价值。

当模型与正在被研究的自然系统相符时，该模型对科学家而言就是有用的。而当符合该模型的物理实现总是能被构建时，该模型对工程师而言才是有用的。实际上，这些用途是相互补充的，且常常被组合使用。

本书第 2 章的内容深受库恩（1962）思想的影响。但是，库恩关注的是科学，而不是工程学。模型的工程应用给模型的构建带来更大的创造性空间，因为这些模型无须与某些已存在的自然系统保持高度一致。但是，另一方面，模型的使用会减缓技术的变革，这是因为模型建立在使我们思想条框化的范式之上，会对我们的思维造成限制。模型也可能变得相当复杂，从而导致更加专业化的发展。

当然，模型也会因为不顺畅的跨专业融通而发展缓慢。

在第 3 章，我深入探讨了模型的工程应用是如何激活创造力的。我会通过说明模型在数字技术发展中所起的作用来进行讨论。在数字技术中，模型被层层叠加起来，每一层的设计都会影响其上、下相邻层的设计。通过这种多重的分层，数字技术已经从广泛的工程化系统中基本上消除了任何有意义的物理约束。每一层模型都与一个已建立的范式相符合，这是一种建模和抽象工程化设计的方法。因此，创新并不会受到技术物理学的制约，而会受到我们的想象力和吸收新范式的能力的影响。

我认为范式在数字技术中起着核心作用，因为如果没有它们，人类就不可能理解我们今天用常规方法所构建的系统的复杂性。但这些范式属于人类构造的范畴，会受到文化和语言的支配。在许多情况下，已经出现的范式会显得有些不同寻常，这是因为它们还呈现了创造者的个性和审美标准。

数字技术的一个显著特点是，这些范式是层叠的。半导体物理学赋予我们制造晶体管的能力，我们可以使用晶体管作为电子控制开关，其只具有两种截然不同的状态："导通"和"截止"。这使得作为诸多分层中第一层的数字抽象成为可能，最终建立起使我们能够构建数据库、机器学习系统、网络服务器等的编程语言。这些层中的每一层都是通过聚结一组相互竞争的范式形成的。

在第 4 章，我探讨了构成当今大多数数字技术硬件的层次化范式。我将说明硬件的物理实体并非长久不变，但范式却可以长久存在。这些硬件通常每隔几年就会被丢弃，因为它们已经被严重损耗，或者因为过时而被淘汰了。然而，硬件的设计原理以及它们所有的缺陷和特性仍会持续几十年。

在第 5 章，我将探讨构成当今大部分信息技术的层次化范式。

这些范式界定了我们是如何构造软件的。事实证明，软件比硬件的生命力要持久得多。范式就像人类的文化，变化缓慢，特别是当它与技术的变化速度相比时，就更是如此了。虽然从严格的意义上说，库恩的科学范式是人类构建的结果，但软件的范式会被编码在软件之中。在自我参照的狂欢中，软件会构建自己的“脚手架”。尽管软件是一种短暂的非实体性存在，但是软件的自我支撑使得它的生命力要比硬件更为持久。可以说，软件的寿命甚至可能超过人类的寿命。

第 6 章探讨了技术革命的结构，并特别聚焦于数字技术。这一章的内容同样深受库恩的影响，但主要是致力于找出技术革命与科学革命的不同之处。我认为，其中一个关键性的不同点就是，相较于科学范式的变化，技术范式的出现和消失的速度要快得多。这可能是因为，技术范式相对而言不受物理世界的限制，而且是深度层叠的。与科学范式一样，新的技术范式并不一定必须取代旧范式。相反，它们可能会覆盖旧的平台，在现有平台的基础上构建出新的平台。能否做到这一点取决于我在前三章中所探讨的模型的传递性。与科学范式不同的是，触发新技术范式的那些危机并非来自一场现象的发现，而是来自日益增长的复杂性和技术驱动的新机遇。

为了不让读者对数字技术的发展过于感到乐观，接下来的几章将会探讨什么是我们不能用数字技术来解决的，至少目前如此。这就需要我先向读者解释一下 20 世纪出现的三个经典概念：香农的信息理论，丘奇-图灵论题，以及哥德尔关于形式化模型的不完备性。在后面的章节，我将考虑继续探讨决定论的概念，并进一步论述我们如何利用概率的概念来建立非确定性的模型。在探讨该问题的过程中，我需要面对 20 世纪出现的被称为数字物理学的另一个范式，以及人类认知就是软件的观点。

这一部分内容是从第 7 章开始的，在本章，我分析了信息的概念——信息是什么，以及如何测量信息。在这一章，我介绍了克劳德·香农的信息测量方法，并指出通常无法用数字化的方式表达他的信息概念。我定义了一个比现在用软件和计算机所能实现的用途更为宽泛的"信息处理机"。

在第 8 章我会解释软件功能的局限性。。我认为，信息处理函数的数量远远大于可能的计算机程序的数量。在这一章，我介绍了艾伦·图灵的不可判定性研究结果，该结果表明存在一些有用的但当今计算机上的软件所不能实现的信息处理函数。但这并不意味着，一个函数如果不能通过软件实现，它就不能通过其他任何机器来实现。

我希望大家不要被这种热情冲昏头脑，不要对软件已经取得的成就感到惊讶，也不要预言诸如认知和理解等自然现象在软件中是可以实现的。在这里，我不得不面对被一些人称为"数字物理学"的信念，即物理世界在某种程度上就是软件或相当于软件。我认为，作为理解物理世界的一种方式，这种想法不太可能是正确或有用的，至少在更极端的方式下如此，而且我认为这一论题是不可证伪的，因此也就是不科学的。

在第 9 章中所探讨的内容超越了可数的计算世界。我会阐明，计算机不是通用机器，且它们真正的力量源于它们与人类的伙伴关系。在这一章，我解释了连续统的概念。这个概念超出了软件的范畴且为数字物理学所排斥，但其似乎对物理世界的建模又必不可少。我分析了作为软件世界基础的形式化模型的局限性，同时我认为人类和计算机的共同进化与伙伴关系要比二者之一都更强大。在本章，我还解释了库尔特·哥德尔著名的不完备性定理，其对任何具有自我参照能力的建模形式化方法设定了一些基本的限制。我们应该秉持谦逊的态度，但我们也需要认识到仍有巨大的开发潜力等待我们去发掘。

在第 10 章，我们讨论了决定论、软件的性质以及许多自然界的数学模型。我认为，确定性是模型的一种属性，而不是物理世界的属性。但它是一种极为宝贵的属性，在历史上为工程学和科学都带来了可观的回报。然而，决定论也有其局限性。由于混沌和复杂性，即便确定性的模型也可能无法被有效地预测。同时，包含离散功能和连续行为的确定性模型家族目前仍不完善。因此，我认为，决定论被瓦解是不可避免的，确定性模型有其明显的局限性。在许多情况下，非确定性模型更为简单，也能够更好地反映出我们所不知道的东西。如果非确定性模型能被明智而审慎地使用，那么它将在工程学中起到至关重要的作用。

在第 11 章，我最终将面对随机性的含义及其度量，即概率，其量化了非确定性事件的可能性。我认为，从根本上讲，概率是一种关于事物不确定性的模型，而非事物的直接模型。它建模了我们所不了解的东西。在本章，我分析了频率学派和贝叶斯学派存在已久的争论，并会坚定地支持贝叶斯学派。我认为，在使用工程学而不是科学意义上的模型，以及使用贝叶斯意义上的概率做出解释时，随机性所带来的哲学困扰就会骤然消失。在这一章，我还重新考虑了连续统问题，并阐明连续统上的概率模型进一步强化了“数字物理学是极不可能的”这一结论。因此，在接受数字物理学之前，我们必须为其找到无可辩驳的证据。

在最后一章，我通过分析模型在技术中的认知作用，以及模型与它们最终建模的物理系统之间的关系，将所有这一切都联系在一起。我运用了本书前面内容中的论点：至少在数字技术中，模型和物理现实之间存在着许多抽象层，两者之间的联系的确变得非常脆弱。但是，如第 5 章所述，软件范式所具有的自支撑能力允许这些模型独立存在，允许它们几乎但并非完全独立于物理现实。我认为，这不会导致笛卡儿的身心二元论，但它确实强调了以极大的决心和约束坚持将地图与地域进行区分的必要性。尽管模型存在于物理世界之中，但最好将其视为与物理世界相分离的现实。

最具表现力的建模范式能够自我参照，这使得它们能够不断地构建支撑自身的“脚手架”，但同时必然使得它们是不完备的。从根本上讲，正是这种不完备性激发了创造力，并确保我们能够运用技术完成的事情是无限的。那么到底是什么因素阻碍了我们呢？在本章，我既分析了进步过程中存在的障碍，同时也指出技术应用不当可能给社会带来的威胁。

# 第一部分

# 1.

# 墙上的影子

在本章，我讨论了“事实”和“真理”的概念，并将阐明：关于事实和真理的集体智慧可能比个体智慧更好；关于事实的叙述可能比事实本身更加有趣；事实和真理可能是被发明甚至是被设计出来的，而不仅仅是被发现的；事实和真理可能是错误的；而且要证明事实的真实性，很可能会花费数十亿美元的巨资。哦，是的，技术呆子被人们严重误解了，科学和工程也被混淆在一起。

## 1.1 技术呆子

我就是一个典型的技术呆子。《韦氏大词典》中，技术呆子是指：

> 穿着不时髦、自身没有吸引力或者完全不善于社交的人，特指专心致力知识或学术事业的人，对技术主题、计算机等非常感兴趣的人。

除了我这个技术呆子，还有谁会以词典的释义作为一本书的开场白呢？我不指望像我这样的技术呆子能把一本书写得很好，尤其是对普通的读者而言。实际上，我十分确定，如果让别人来写这本书，一定会比我写的好很多。但是，我找不到其他人来完成这项任务。为了让本书的内容更加丰富，我会不时地引用他人的观点作为补充，当然也包括词典里的释义。

上面的定义大概是一位令人信赖的专家就技术呆子这个主题而给出的。我们衷心期望词典的出版商能够确保这些定义是由真正的专家编写的。然而，我们还不能确定一个关于技术呆子的维基百科页面是不是由专家编写的。因为任何可以上网的用户，不需要专业资格的审查，就都能修改维基百科页面上的内容。尽管如此，"技术呆子"的维基页面在很大程度上与《韦氏大词典》上的定义是一致的，但也提供了更多的信息：

> 虽然"技术呆子"最初是一个带有刻板印象的贬义词，但与其他贬义词一样，这个词已被一些人重新定义为一个有着自豪感和群体认同感的术语。

现在，我的内心不再纠结了，可以毫不犹豫并自豪地称自己为技术呆子了。下面是关于这个词的来源：

> "技术呆子"这个词用来指称一类人，最初出现在苏斯博士的《如果我来经营动物园》(1950)一书中。书里的讲述者杰拉尔德·麦格鲁声称，他要为想象中的动物园搜集"一个圣诞控(Nerkle)、一个呆子，外加一匹泡泡纱(Seersucker)"。(引用《韦氏大词典》和《美国传统词典》。)这个词的俚语意思可以追溯到后一年，也就是1951年，当时《新闻周刊》报道了该词在密歇根州的底特律被广泛地用作"乏味之人"或"与环境格格不入的人"的同义词。……在某种程度上，这个词语带有"书生气"和"社交低能"的意味。

比起词典里的定义，我更喜欢这个描述，因为它关注这个词的生成和演变过程，而不只是简单地介绍它是什么。当我们理解了事实是如何演变为事实的，而不是仅仅接受它们，就好像它们一直就在那里，那么大多数事实都会变得更为有趣。

但是，这篇维基百科的文章是否具有权威性呢？文章指出，美国歌曲恶搞专家艾尔·扬科维奇（绰号“怪人艾尔”）的歌曲《又白又宅》是这样说的：“编辑维基百科是一个刻板的书呆子感兴趣的工作。”因此，我确信这篇文章很可能是由某个书呆子专家撰写的。

词典释义与文化叙述在风格上有很大的区别。词典里的定义通常是给出一个事实或一个真理。《韦氏大词典》将“定义”定义为“对一个词、短语等的意义的解释”。这一释义给“释义”赋予了事实和真理耀眼的光环，却弱化了它们在人类文化中的不稳定性和流动性。

我们中的大多数人对待技术就好像它也是事实和真理的概要。我们会理所当然地认为技术进步是因为人们发现了更多的事实和真理。由于事实和真理的发现属于科学范畴，因此可以理解为科学推动了技术的发展。但是，我不相信维基百科的技术是由于事实和真理的发现才产生的。

维基百科是由吉米·威尔士和拉里·桑格创建的软件系统，第一个版本于 2001 年上线发布。尽管我并不认识他们，但是，我的成见之一就是，许多软件开发人员都是技术呆子，所以可以合情合理地认为他们也就是这类人。

根据维基百科上的文章，桑格创造了它的名字“维基和百科全书的合成词”。根据“维基”页面上的链接，我们了解到维基是一个“允许通过网络浏览器直接对其内容和结构进行协作修改”的网站。它还让我们了解到，“wiki”是一个夏威夷土语，意思是“快速”，感谢沃德·坎宁安发明了维基这一概念。我希望你能同意我的观点，如果说坎宁安“发现”了维基，这听起来会令人感到奇怪，所以这大概不算是科学的进步吧。但发现与发明以及科学与工程之间的微妙关系并不总是那么清晰可辨。

坎宁安与博·勒夫在 2001 年合著的著作中对维基的概念做了如下描述：

> 维基旨在邀请所有用户编辑维基网站的任何页面，或者创建新的页面，仅是使用普通的 Web 浏览器就能完成，而且不需要任何额外组件。维基促进了不同页面之间有意义的主题关联，其使页面链接的创建非常简单，并会显示目标页面是否存在。维基不是一个为普通访问者精心设计的网站，相反，它试图让访问者参与到不断改变网站布局的创建与协作过程中。（勒夫和坎宁安，2001）

我很喜欢网页浏览器具有“朴素”的风格。当然，我也希望知道还有什么不同的风格。

上面这段描述给了我们这样一种感觉，那就是，类似于维基这样的系统，尤其是维基百科，它既是一种文化产品，也是一种技术产品。和所有的文化产品一样，它并不是在被发明的那一刻突然出现的。事实上，它几乎从来不是被发明的，而且几乎总是充满强烈的文化元素。“不同页面之间有意义的主题关联”实际上已经出现在万维网上了。根据维基百科的文章我们可以知道，万维网是“由英国科学家蒂姆·伯纳斯·李在 1989 年发明的”。

有趣的是，该文认为蒂姆·伯纳斯·李爵士（他因卓越的工作成就被伊丽莎白二世封为爵士）是一名“科学家”，尽管他的公认贡献并非发现事实和真理的本质，当然也不是关于自然世界——科学的主要焦点。伯纳斯・李在牛津大学获得物理学学士学位，毫无疑问物理学是一门科学学科，所以我认为称他为科学家是有一定道理的。但是，我还没看出他是一位成功的科学家。

也许是我误解了当科学家到底意味着什么。让我们回到值得信赖的、古老的《韦氏大词典》看看它是如何定义科学家的。词典中解释，科学家指的是“受过科学训练的人，其工作涉及科学研究或者解决科学难题”。嗯，这个定义好像不是很有帮助。让我们再来查查“科学”的意思。可以看到，科学是指“关于自然世界的知识或研究，其基础是通过实验和观察所获得的事实”。根据这个定义，如果伯纳斯・李的职业目标是研究自然世界，那么我不得不得出这样的结论：他的职业生涯（还）不是很成功。相比之下，如果他的职业目标是发明和设计从未存在过的人工制品，那么我们可以说他的确取得了惊人的成功，完全配得上爵士这一荣誉。他创造了今天发达国家几乎每个人都在使用的一组机制。他改变了世界。

可以说，伯纳斯・李的贡献更多是在文化方面，而不是在技术领域。网络和维基百科的文化背景可以追溯到更早时期。万尼瓦尔・布什[①] 在 1945 年的一篇题为“诚如所思”的文章中写道：

> 百科全书的一些全新形式将会出现，它们中间会有许多相互关联的痕迹，它们将被存入麦克斯存储器里，并在那里被放大。(布什，1945)

---

① 万尼瓦尔・布什，维基百科的介绍为“工程师、发明家和科学管理者”。布什于 1974 年去世，是位杰出人物。他是麻省理工学院的教授，麻省理工学院工程学院院长，美国主要国防承包商雷神公司的创始人之一。在第二次世界大战期间，布什协调了数千名科学家，将科学技术应用于战争。他启动了曼哈顿计划，该计划导致了核武器的发展。第二次世界大战结束时，布什敦促政府加大对科学的支持。他的主张促成了美国国家科学基金会（NSF）的成立。该基金会如今是科学和工程研究的主要支持机构之一。

麦克斯存储器是布什假想出的微缩胶片阅读器，其结构类似于超文本，这是伯纳斯·李发明的万维网的主要特征。伯纳斯·李的技术贡献是使布什的梦想成为现实。

那么，为什么伯纳斯·李会被认定是科学家呢？可能是写维基百科这一词条的人想要表达“科学家”是一种有荣誉的身份，而“工程师”不是。在纳西姆·塔勒布精彩的著作《黑天鹅》中，我获得了本书书名的灵感。塔勒布用“柏拉图主义”一词来表示“将现实分割为清晰形状的愿望”（塔勒布，2010）。我把人（包括我自己）归类为“工程师”或“科学家”（甚至是“技术呆子”），就是源于这种柏拉图主义。然而，人是复杂的，很难被准确归类。你可能会感到惊讶，我是一个技术呆子，同时竟然也是一个业余的艺术家（见图 1.1）。

塔勒布认为，柏拉图主义，这一对分类的渴望以及对分类学的痴迷，“让我们误以为我们理解的比实际的要多”。

> 在哲学家柏拉图的思想（和个性）形成之后，我称其为柏拉图主义，它使我们倾向于把地图误认为是地域，并倾向于关注纯粹和明确界定的“形式”，无论是有形物体，如三角形，还是无形的社会观念，如乌托邦（根据某种“有意义”的蓝图建立的社会），甚至是民族。

诸如“科学家”和“工程师”等分类的任意性是柏拉图主义的一个例子。它使我们对世界的理解变得乐观，但也可能产生误导。在本章的其余部分，我将聚焦于区分发现与发明、发明与设计以及科学家与工程师等方面的困难。

图 1.1 技术呆子的自画像（2007 年）。

## 1.2 人工的与自然的

赫伯特·西蒙，20 世纪最具影响力的思想家，计算机科学的图灵奖和诺贝尔经济学奖得主，在他的《人工科学》一书中对“人工的”现象和“自然的”现象进行了区分。

> 其观点是，某些现象在非常具体的意义上是“人工的”：它们之所以如此，仅仅是因为一个系统为其所处环境的目标或目的所塑造。（西蒙，1996）

如果一个系统是“被某些目标或目的塑造”的，那么这个系统就是人工的。但是，在这个陈述中，到底是谁塑造了这个被提及的系统呢？西蒙假定塑造者是人类。它也可以是上帝或其他目的论的原因，这样的话，“自然科学”和“人工科学”之间就不会再有任何区别了。人们甚至可以把上帝定义为通过目标或目的塑造我们整个自然世界的人。但是，人工的和自然的之间确实存在差异。按照西蒙的说法，它们之间存在着很大的差异。

西蒙举的人工现象的例子包括政治制度、经济、工程产物和行政组织。“按照目标或目的”对这类系统进行“塑型”就是该类系统的设计过程。

> 每个人都在设计行动方案，目的是将现有的情况转变为自己喜欢的那样。（西蒙，1996）

工程学，作为一门学科，从本义上讲是关于设计的。正如你现在可能已经意识到的那样，维基百科总是我解决许多研究问题的首选资源，它对工程学的定义是这样的：

> 工程学是为了发明、创新、设计、建造、维护、研究和改进结构、机器、工具、系统、部件、材料和过程而对数学、实证以及科学、经济、社会和实用知识的运用。（2016 年 3 月 1 日检索）

然后，它又指出一个显而易见的事实，即“工程学科是极其宽广的”，并给出了该术语的起源：

> “工程”一词源于拉丁文“ingenium”，意思是“聪明”；拉丁文“ingeniare”的意思是“发明，设计”。

请注意，这个词并非像许多人可能认为的那样源自“engine”（引擎）一词。相反，“engine”也源自与之相同的拉丁语词根。

维基百科有效地利用了最近取得的工程成就。但是，它是否具有权威性呢？它创造了集体智慧，并压制了专家个体的作用。如果你现在已有一定的年纪，就可能知道一些20世纪的百科全书，例如，《不列颠百科全书》。维基百科是这样描述《不列颠百科全书》的：

> 该书是由大约100名全职编辑和4 000多名参编者共同编写的，其中包括110名诺贝尔奖获得者和5位美国总统。

《不列颠百科全书》的编纂方式与维基百科的创建方式截然不同。编辑们聘请了顶尖的专家为词条撰稿。其重心在于专家个体，他们可以通过自己的声誉为内容增添权威性。

然而，维基百科的创建方式却并非如此。任何人都可以编辑维基百科的页面。那么，这些页面又如何才能具有权威性呢？从某种程度上讲，维基百科以责任取代了权威。图1.2给出之前引用的维基百科中工程学页面的编辑历史。请读者们注意，该图的底部显示此页面是在2016年2月25日被最新编辑的。

这条编辑的注释是“恢复可能的破坏”。事实上，对不到一分钟之前的这条编辑，有这样的一条评论：“这只是一个谎言。”这条编辑删除了相当多的文本，包括以前对工程学的定义，并将其替换为“这只是一个谎言”（原文如此）。这些编辑工作的全部历史都可以在维基百科网站上被找到。

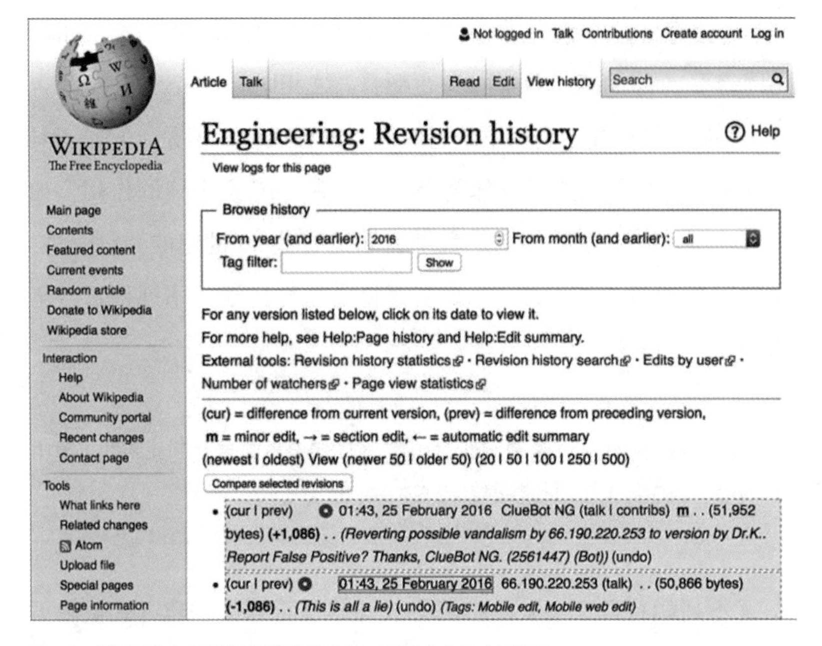


图 1.2　维基百科中工程学页面的编辑历史，2016 年 3 月 1 日检索。

那么究竟是谁逆转了这种破坏行为呢？这个用户被标识为“ClueBot NG”。单击该名称将会显示出如图 1.3 所示的页面。原来 ClueBot NG 是一个“虚拟机器人”，维基百科将其定义为“在互联网上运行自动化任务（脚本）的软件应用程序”。在图 1.3 所示的页面上，列在第 8 项的是对“恶意破坏行为检测算法”的描述，这显然是一个软件。该软件将对词条的编辑操作归类为“恶意破坏”或“非恶意破坏”。如果是恶意破坏，它就会逆转编辑。用于进行分类的方法是统计机器学习法，其是当前数据科学热点领域的关键方法。我将在第 9 章研究这一机制是如何与免疫系统相类似的，以及它为什么会如此重要。我将在第 11 章解释其背后的原理。

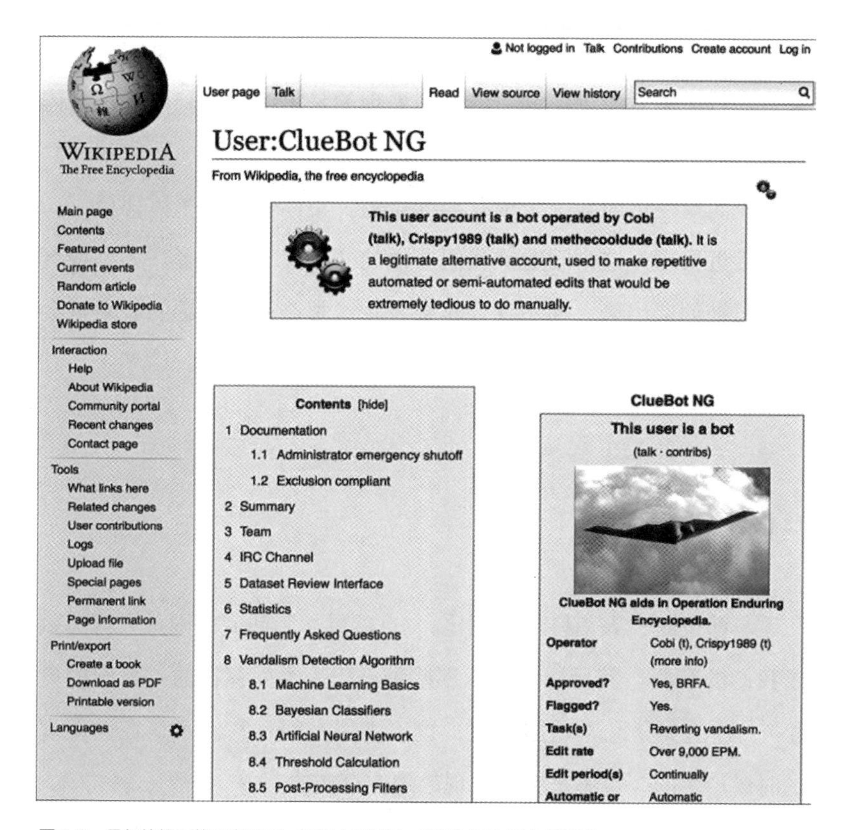


图 1.3　最新编辑器的用户页面，如图 1.2 所示，2016 年 3 月 1 日检索。

现在，我们有必要停下来思考一下，与 20 世纪的百科全书相比，这一切究竟有多大的不同。这是值得我们思考的问题。稍后我还会对此发表更多的看法。然而，21 世纪的发展趋势之一将是对专家个体、高端权威以及知识分子精英形成压制。在 20 世纪，“现代物理学的胜利”这样的字眼将在我们的脑海中唤起有关爱因斯坦、玻尔、薛定谔、海森堡和其他几个人的辉煌记忆。当然，还有很多人也在物理学方面做出了贡献，其中许多人也被认为是英雄。不可否认，专家们确实为维基百科的词条做出了贡献，但是他们的文字可能会被任何人改动和编写，其中也有恶意的破坏者。然而，大多数读者很少会去查看是谁编写的这个文本。可以说，作者的权威性似乎变得无关紧要了。词条的文本展现的是集体智慧，而不是个体智慧。

我们现在正面临一个很有趣的难题。集体智慧和个体智慧哪一个更接近真理？这个问题被我们所说的“真理”困扰着。如果说真理可以被创造出来，而不仅仅是被发现，那么这个问题的答案将会不同。

## 1.3 设计和发现

与西蒙的“人工科学”相比，“自然科学”研究的则是大自然赋予我们的东西。其目标是揭示那些独立于人类而存在的“自然的奥秘”。这些奥秘既不占用时间，也不占用空间；它们不是在被发现的时候产生的，也不是在被发现的地方存在的。

然而，认为这些自然的奥秘无形存在的想法至少可以追溯到柏拉图时代。柏拉图假定了理想的“型相”，并认为客观的和永恒的真理是不可能被完全知晓的。柏拉图认为这些“型相”是唯一的客观真理，而“哲学家”（知识的爱好者）的最终目标就是理解这些型相。这些型相代表了最准确的现实，而且柏拉图把对这些型相的理解称为“善”。

著名的柏拉图《洞穴之喻》（见图 1.4）说明，人类对现实的感知总是不完美的。在这个寓言故事中，囚徒们背靠一堵矮墙被锁在一起（图的右下角）。他们的头朝向洞穴的空白墙壁，墙上有火光（上中部）照射所产生的影子（右上）。这些影子是矮墙后面被操纵的木偶和人物在火光下形成的，而洞穴墙壁上的影子构成了囚徒们体验的唯一现实知识。如果一个囚徒被允许回头并可以看到创造光明的火焰，那么他将拒绝接受火焰或木偶投射出影子的现实。如果囚徒进一步被允许离开洞穴，那么他将会被太阳蒙住眼睛，并进一步抗拒外部“理想”世界的现实。假如一个囚徒确实接受了他所接触到的一些真相，并试图将这些真相传达给矮墙后的那些囚徒，那么他们会认为他的想法是荒谬的，并且会拒绝接受。

图 1.4 柏拉图的《洞穴之喻》，萨恩列达姆，1604 年，大英博物馆。

这则寓言强调了实现善的困难，并解释了为什么那些成功说服他人相信一些新发现的、看似客观事实的人，例如我们这个世界的爱因斯坦和玻尔，最终会被认为是英雄。

西蒙将客观真理与人工现象做了对比。他认为，“如果自然现象在服从自然法则的过程中有一种‘必然性’的意味，那么人工现象在受环境影响的可塑性方面则有一种‘偶然性’的意味”。然而，它们“服从于自然法则”的先决条件是，不论是否可以被认识到，自然法则都是柏拉图式的、无形的存在。

一种截然相反的观点认为，自然法则是人类创造的模型，用来描述物理世界的运作方式。这一观点在过去几十年里得到广泛传播，它或许是从托马斯·库恩于 1962 年出版的具有开创性和争议性的著作《科学革命的结构》开始的。该书假设科学理论是由“范式”构成的，而范式则是人类思考世界的方式。

在上述两种情况下，称自然规律为“法则”会令人觉得有点儿奇怪。就如同公民必须遵守国家法律一样，大自然也一定要遵循自然法则。那么，当大自然违背自然法则时会发生什么呢？违背了自然法则，大自然也不会受到惩罚！相反，自然法则却变得没有效力了。我们设想一个国家是这样运作的，每当司机超速时，限速就会失效。但是“自然法则”会怎样呢？一个理想的真理怎么会变得无效呢？然而，我们的确已经多次看到自然法则失效的情形了。

牛津大学物理学家戴维·多伊奇是量子计算的先驱，他在 2011 年出版的《无穷的开始》一书中认为，科学更多是关于“好的解释”的，而并非关于自然法则的。多伊奇将这些解释归因于人类，而不是一些早已存在的、无形的真理：

> 本质上，发现一种新的解释就是一种创造性活动。（多伊奇，2011:7）

相比之下，“自然法则”的作用更为卑微，它们不过是将过去与未来的联系编纂成文罢了：

> 任何流传的关于未来和过去的所谓自然法则——无论是对是错——都声称它们彼此“相似”，都符合这一法则。（多伊奇，2011:6）

多伊奇进一步驳斥了经验主义的观点，并认为自然法则和好的解释都并非源于对物理世界的观察：

> 经验对于科学而言确实是必不可少的，但是，经验所起的作用与经验主义所设想的不同。它不是理论的来源。它的主要用途是在已经被猜想的理论之间做出选择。（多伊奇，2011）

在这里，多伊奇的观点呼应了奥地利籍英国科学哲学家卡尔·波普尔（1902 —1994）早期提出的论点。波普尔指出，这些关于自然的猜想和假设来自“创造性直觉”，只有在它们被提出之后才能得到经验的验证（波普尔，1959）。多伊奇认为，物质世界中的大多数现实并不是任何人都能直接观察到的。例如，太阳中的黑洞、夸克和核聚变等现象，包含着人类从未经历过的规模、力和温度。它们就像柏拉图型相那样难以接近，充其量只能像墙上的影子那样被观察到。不可能是对黑洞的观察导致我们提出了有关黑洞的理论，因为我们无法直接真实地观察它们。

柏拉图认识到，型相的理想真理不可能被人类完全了解。因为它们不可能被人类完全了解，所以，我们把对自然的认识看作人类构建的模型或多伊奇所说的解释不就更加实际吗？这会使我们谦逊地承认，即便我们那些最坚定的关于自然的信念也有待改进。请读者不要误解我的意思，我并不是说不存在真理，而是说我们应该对真理永远保持质疑的态度。

这种谦逊是维基百科集体智慧模式内在固有的特质。任何个人，任何权威，无论他声名多么显赫，都不能被认为是“真理”的持有者。知识应该也必须进化。随着知识的进化，“真理”不也在进化吗？当然，现实主义者可能会回答说，进化的是信念，而不是知识。

对那个现实主义者来说，一个信念如果不是真实的，它就不应该是（而且从来都不是）知识。

多伊奇指出，对权威的尊重早在启蒙时代就被经验主义取代了。经验主义的思想和理论都是建立在检验和经验的基础上的。但他认为，仅凭经验是不够的，因为物理世界大部分都是在无法支持人类生存的条件下运作的，因此无法被直接体验。

> 经验主义从来都没有达到把科学从权威中解放出来的目的。它否认了传统权威的合法性，这是有益的。但不幸的是，它又建立了另外两个错误的权威——感官体验和虚拟的“推导”过程，如归纳法等，即人类头脑里的想象被用来从经验中提炼理论。（多伊奇，2011）

多伊奇再次呼应了波普尔的观点，他认为知识不是从经验中获得的，而是从一个基本的创造性的猜想过程中获得的。通常在很久以后，人们往往用一些精心设计的实验来支持猜想（通常是由于不能伪造它们）。这种有目的的实验通常只能观察到间接的副作用。换句话说，知识是被设计出来的。

下一章将重点讨论模型在科学和工程中所起的作用，但就目前而言，设计和发现之间存在着一种紧张关系。有些人工现象不是被刻意设计出来的，而是在人类活动中偶然出现的。例如，经济学领域就充满了对这种涌现现象的研究。这些人工现象的运作规则可以说是被发现的，而不是被设计出来的。虽然有许多其他的人工现象的确是被设计出来的，但它们也会受到自然法则的支配，而自然法则至少在柏拉图式的观点中是必须被发现的。但是，我们对自然法则的认识是不完善的，所以我们必须用数学的方法来构建这些法则的模型。难道这些模型不是被设计出来的吗？

众所周知，艾萨克·牛顿爵士的运动定律现已为大自然所违背，因为它们在相对速度和量子尺度下会失效。这些定律以数学公式的形式出现，例如牛顿第二定律[①]：

$$F = ma \tag{4 096}$$

这一定律表示力等于质量乘以加速度。这看起来很像一种柏拉图式型相的表达，但它是错误的！尽管它是错的，我们还是会毫不犹豫地说牛顿“发现了”它。如果我们说牛顿“发明了”它，那么人们一定会觉得我们很可笑。

对于某些现象，我们会毫不犹豫地使用“发明”这个词来表达发现了它们的意思。以贝尔实验室的约翰·巴丁、沃尔特·布拉顿和威廉·肖克利（见图 1.5）发明晶体管为例。[②]他们“由于对半导体的研究和对晶体管效应的发现”而获得了 1956 年的诺贝尔物理学奖。他们用一种由金和锗材料制成的器件演示了晶体管效应，尽管今天晶体管的实现主要是使用掺杂了特定杂质的硅晶体。请注意诺贝尔奖颁奖词中的谨慎措辞，“他们发现了晶体管效应”。诺贝尔奖好像并不是为发明而颁发的，而仅仅是为发现而颁发的。然而，我

---

① 我的博士论文导师戴夫·梅塞施米特教授曾经告诉我，当你出版一本书的时候，你在书中放入的每一个方程都会让你失去一半的读者。我将这个原则称为“梅塞施米特定律”。尽管戴夫告诉我，他没有发现这条定律。但是，我确实是第一次在他那里听到这个说法的。现在，我将这个告诫有点儿抛至脑后了，我正在引入一个方程。但为了有个原则，我会给每个方程编号，以及估计剩余读者的数量。在这里，我乐观地假设初始读者群有 8 192 人，因为出现了这个方程，我的读者人数将减少到 4 096 人。下一个方程对应的数字将为 2 048 人。这些都是 2 的乘方，更容易每次都被 2 整除，并且也强调了我是一个技术呆子。如果我写出方程（1）时，我就可以写任何我想写的内容了，因为我大概没有更多的读者了。顺便提一下，我的博士论文里有几十个方程，所以我一直怀疑戴夫其实根本没读过我的论文。

② 1956 年，肖克利从新泽西搬到加利福尼亚州的帕洛阿尔托，并在后来被称为硅谷的地方创办了肖克利半导体实验室。1957 年，也就是我出生的那年，肖克利的八名员工离开了他的公司，创立了硅谷第一家成功的高科技公司——仙童半导体公司。包括英特尔在内的许多硅谷其他巨头都是由前仙童半导体公司先前的雇员创立的。可以说，搬到帕洛阿尔托的肖克利是硅谷的奠基人。

们大多数人会说晶体管是20世纪50年代在贝尔实验室被发明的。

但事实上，朱利叶斯·利林菲尔德在1925年发明了一种现在被称为场效应晶体管（FET）的晶体管，并在1930年获得了一项美国专利的授权（利林菲尔德，1930）。因此，如果晶体管效应是一种柏拉图式的型相，那么它实际上是由朱利叶斯·利林菲尔德在更早的时候发现的。但专利并不是为发现而颁发的，而是为发明而颁发的。根据美国专利和商标局的规定，人们不能为“自然规律、自然现象和抽象概念申请专利”。当然，专利可能是为自然法则的一种“新用途”而颁发的，因为任何事物都可能受到自然法则的约束，这种新颖的用途就是一项发明，而不是一项发现。

公平地讲，对诺贝尔奖委员会而言，利林菲尔德发明的场效应晶体管实际上与巴丁、布拉顿和肖克利开发的晶体管有着显著差异。

图1.5　约翰·巴丁、沃尔特·布拉顿和威廉·肖克利因发现晶体管效应而获得1956年诺贝尔物理学奖。

贝尔实验室研究的晶体管是一种今天被称为双极型晶体管的晶体管。有趣的是，由于双极型晶体管对能量的要求较高，其现在的应用已经变得非常小众了。而场效应晶体管的使用则更为普遍，并已成为数字技术的主力军。在今天，一部苹果手机里可以有数十亿个场效应晶体管。

发明和发现以这种方式变得混乱的情形并不少见。一种思想的知识历史很少是清晰的，然而，作为一种文化，我们应该坚持挑选出那些把这些思想带到前台的“精英”。[①]

发现和发明之间的紧张关系由来已久。晶体管效应是一种一直存在并有待被发现的“自然现象”吗？据我所知，还没有人在自然界中发现过由金和锗构成的“三明治”或用作晶体管的掺杂硅。所以晶体管一定不是一种自然现象。但当这些“三明治”被人类制造出来的时候，自然就会接管并调节这些材料中的电子流动，从而实现晶体管效应。因此，晶体管似乎是自然法则的一种新颖应用。

但是，直到晶体管被制造和研究之后，人们对电子在掺杂过的晶体材料中的运动才有了更好的理解。事实上，直到今天，随着更多研究的开展，人们对这一现象的了解还在不断加深。自然法则是指在人类创造发明之前在自然界中没有表现出来的法则，而且是在这样的创造之后才被理解的法则。这是一个柏拉图型相吗？然而，在我看来，声称晶体管效应一直存在，而且是一种永恒的、无形的存在的说法是有问题的。对我来说，这一说法已经超出我对“存在”这个词的理解极限。

这场关于自然法则的争论由来已久。亚里士多德是柏拉图的学生，但是他对柏拉图式的理想型相进行了质疑，并认为知识是建

---

① 当那些科学精英令我们失望的时候，我们会非常尴尬，就如同肖克利后来成为优生学的支持者一样。

立在对特定事物进行研究的基础之上的，归纳的知识是从这种研究中产生的，而不是以一种无形的型相预先存在的。亚里士多德将对自然界中的现象的研究称为“自然哲学”，也就是我们现在所说的“科学”。亚里士多德的事实世界是可扩展的，它随着人们对自然世界的不断研究而增长。然而，柏拉图的事实世界是固定不变的，所有的事实都以型相的形式存在着，且其中的许多仍然有待被发现。

但是，事实似乎可能会出错。以牛顿第二运动定律为例，尽管它是错误的，但是仍然非常有用。工程师们一直在用它设计汽车、飞机、机器人、桥梁、玩具等等。它为刻画特定事物的运动行为提供了一个很好的模型，只要它们的运动速度没有接近光速，就不需要在亚原子刻度上被检验。但是，牛顿第二运动定律不可能是柏拉图式的型相，因为它已然被自然违背。然而，牛顿第二运动定律可以构成亚里士多德意义上的知识，因为它很好地归纳了宏观对象的行为。

## 1.4 工程和科学

西蒙认为，设计就是“将现有情况转变为优选情况”。但是我们所说的“优选”情况是什么意思呢？在政治体系中，这可能是非常主观的。在工程系统中，其可能更加客观。一个政治领袖可能更喜欢将所有的移民拒于门外的局面，即使没有客观证据表明这样做会给任何人带来什么好处。相比之下，工程师则常常被要求以客观的标准来实现他们所希望的“优选”情况，例如降低成本或降低能耗等。西蒙所说的“优选情况”是开放性的。但在大众文化中，认为工程师主要是优化现有设计的看法并不少见。下面这个有些幽默的笑话恰好强调了这一点：

问：乐观者、悲观者和工程师之间有什么区别吗？
答：乐观者看到的是一个半满的玻璃杯。悲观者看到的是一个半空的玻璃杯。而工程师看到的则是玻璃杯比实际需要大了一倍。

这个笑话源于我们脑子里对工程师的成见，即工程师喜欢成本更低的那些产品。尽管缺乏任何客观的衡量标准表明工程系统比“现有的情况”要好，但是许多工程系统仍被认为是“优选的”。例如，苹果手机并没有比诺基亚手机更好用，电池续航时间还明显更短，而且价格也不便宜！人们说苹果手机是“优选的”手机，是因为其具有一些非客观的属性。从根本上说，它是对人类的一种创造性贡献，而不是一种优化。然而，它无疑是一件工程制品。

当使用“人工科学”一词来指称创造和研究人工制品的时候，西蒙为“人工”一词的贬义含义感到惋惜，他说：“我们的语言似乎反映了人类对自己产品的极度不信任。”可以说，对自然产物的不信任同样合理，正如下面的这首诗所暗示的那样。但是，作为一位拥有苹果手机的青少年的父亲，我可以证明对人工制品的不信任是真实存在的。不管是否可信，毫无疑问，智能手机是变革性的人工制品。苹果手机（及其后来的竞争对手）以及最近在无线通信和计算机系统方面的其他创新，使得我们能够将几乎所有人类曾经发布的几乎所有信息都装在口袋里。将其称为“变革性的”似乎太过于轻描淡写了。这是工程学——“人工科学”的胜利，而不是自然科学的胜利。然而，我们不得不承认，苹果手机里几乎没有任何新的发明。当苹果手机上市的时候，它的每一项重要功能几乎已经存在于其他产品中了。苹果手机更多是设计的结果，而不是发明或发现。

### 非自然

斯蒂芬·邓恩

我确信这些年来，自然早就不再喜欢我了，
似乎它无意中听到了我对它的一些沉默而冗长的心声。
我坚信只有人工技艺才能真的丰富造物主最初创造、设计及修正的世界。
如果自然能够开口讲话，它也许会说，
瞧！那娇媚的百合、凄美的沼泽还有神奇的蜘蛛网，
就是这一切构成了世界的本来面目，
这是任何人工技艺都无法比拟的。
自然就是这么周而复始地运行着。
如果自然想要再说些严厉的字眼儿，
它可能会举出人工技艺的种种劣迹，
看看人类制造出的光滑完美的炸弹吧，
还有那些折磨人的酷刑工具。
我们的本性是如此人性，
我们隐藏在伪装和辩护的言辞背后。
我们对自然总是充满溢美之词。
但是，我在慷慨地赞美自然的同时，
也会指出它的冷漠。
看看它的那些暴力行为吧，
冰雹、大雨和狂风
足以顷刻间破坏拖车营地、运动场以及老年人的家园。
我这次真的要面对自然大声说出我的心声，
真心希望自然能够听到我的话语。
我想说，我更喜欢那些人工技艺。
那些通常隐藏着的技巧。
没有它们，人类无法真正地认知自我，
也无法欣赏自然的鬼斧神工。

然而，当今的西方文化中有这样一种司空见惯的现象，大多数人似乎更尊重发明家而不是工程师，更尊重科学家而不是发明家。科林·麦基尔文在《自然》杂志的一篇文章中，将此归因于美国国家工程院前院长威廉·伍尔夫，声明如下：

科学界普遍认为科学优于工程。（麦基尔文，2010）

这种态度从科学界蔓延到一般文化领域。我们常用“火箭科学家”这个词形容非常聪明的人，尽管大多数太空计划的参与者所做的都是工程。麦基尔文继续说：

伍尔夫认为此现象在一定意义上归因于创新的“线性”创新模式。该模式认为，科学发现会导致技术的进步，而技术进步反过来又会推动

> 人类的发展。这种模式在决策者的头脑中根深蒂固，就如同它不被知性地信任一样。正如任何一位工程师都会告诉你的那样，诸如航空和蒸汽机等创新，通常都早于对事物如何运行的科学理解。

很难具体指出是哪一项科学发现最终促成了苹果手机的出现，因为它所依赖的每一项科学发现都已经在其他产品中得到了广泛的应用。然而，我们很容易找到足够的证据，证明流行文化认为这种线性创新模式实际上就是事物的运作方式。例如，About.com 是一个由广告资助的网站，其围绕着各种各样的主题收集读者的评论。在其中一项关于“工程师和科学家——区别是什么？”的问卷调查中，一些读者给出如下回答：[①]

> 科学家是创造理论的人，工程师是将理论运用于实践的人。他们简直是在互相恭维（原文如此）……
> 科学是许多高层次的理论，而工程则是实现和优化。
> 工程师处理数学、效率和优化，而科学家处理“什么是可能的”。
> 工程师受过使用工具的训练，而科学家受过制造工具的训练。
> 科学家创造理论并努力去验证理论，工程师在这些理论中不断地探索以“优化”现实生活中的事物。
> 科学家发明法则，而工程师则应用法则。
> 科学家发明新的理论，工程师将这些理论运用于实际。

上述这些观点显然并不具有权威性，而是在一定程度上反映了大众的普遍看法。请读者对比一下这个网站和维基百科的风格。显然，这个网站是个体智慧（和愚昧）的入口，而维基百科是集体智慧的

① http://chemistry.about.com/od/educationemployment/fl/Engineer-vs-Scientist-Whats-the-Difference.htm, 2015 年 6 月 29 日更新，检索于 2016 年 3 月 1 日。

门户。

库恩是一位备受尊敬的科学史学家和哲学家，他在 1962 年出版的《科学革命的结构》一书中呼应了伍尔夫关于“科学界的普遍态度”的观点，并指出某些类型的科学测量任务是“降级交给工程师或技术人员去做的苦差”（库恩，1962）。对于库恩来说，工程师显然要低科学家一等。但就像他在同一篇文章中反复提到科学家也是“人”一样，我们姑且原谅他对工程师的这种轻蔑言论，因为在他写作的时候，这种观点在当时的文化中正处于主流地位，并且具有很强的真实性。

库恩在谈及什么是科学的问题时说：“‘科学’一词在很大程度上专门用来指那些以明显的方式取得进展的领域。”但是，他又指出，许多领域的进展都是显而易见的：

> 我们之所以很难看到科学和技术之间的深刻差异，其中的部分原因一定与这一事实有关：进步是这两个领域都有的一个明显特征。

库恩拒绝接受一种普遍认可的观点——科学的进步正朝着某种柏拉图式的真理发展：

> 我们可能……必须放弃这样一种观念，无论这种观念是显性的还是隐性的，即范式的变化使科学家和那些向他们学习的人越来越接近真理了。

如果真理不是目标，那么是什么赋予了“进步”的方向性？库恩假设科学也许实际上就没有什么目标。库恩认识到，许多人很难接受这一观察结果。

我们都深深地习惯于把科学看作一项不断向大自然预先设定的目标靠拢的伟大事业。

然后，他进一步把科学的进步和达尔文的进化论做了一个类比：

《物种的起源》不承认任何由上帝或自然设定的目标。

科学缺乏目标可能会令人感到震惊，但对于技术而言，这似乎更容易接受，因为我们很难假设任何终极的、柏拉图式的技术“真理”，也很难假设任何在达成目标时就会结束的领域。一旦人们知道如何来做某些事情，这种知识就不会被遗忘，技术就会进步。

哲学家约翰·塞尔在 1984 年出版的一本书中支持伍尔夫和库恩关于 20 世纪科学的观点：

“科学”已经成为一个令人崇敬的术语了，各种不同于物理学和化学的学科都渴望称自己为“科学”。一个很好的经验法则就是，任何自称“科学”的东西都可能不是“科学”——例如，基督教科学、军事科学，甚至是认知科学或社会科学等。（塞尔，1984:11）

斯宾塞·克劳在他 1968 年出版的《新婆罗门——美国的科学生活》（*The New Brahmins: Scientific Life in America*）一书中写到了“科学家现在所激发的敬畏”：

科学已经成为国教的一种形式，而科学家则是其神父和牧师。（克劳，1968:12）

许多学科试图效仿科学的方法，希望得到类似的回报。提出一个假设并设计实验试图证伪该假设的“科学方法”，这对许多与自然科学几乎没有联系的学科是有用的。但是，在这些非科学的领域中，科学方法的价值往往并不那么大。塞尔在提到社会科学时指出，“自然科学的研究方法在研究人类行为的方面并没有带来类似于物理学和化学那样的回报”（塞尔，1984:71）。

在库恩之前，波普尔强调科学方法的核心是可证伪性。波普尔认为，一个理论或假设只有在可证伪的情况下才是科学的。要证明是可证伪的，至少应存在一种实证性实验的可能性，以证明这一理论或假设是不成立的。例如，“所有天鹅都是白色的”这个假设是无法通过任何观察到的白天鹅的数量来得到支持的。但是，这个假设是可证伪的，因为某些实验可能会发现一只黑天鹅。因此，尽管它是一个错误的理论，却是一个科学的理论。

库恩驳斥了波普尔关于科学理论会被证伪否定的结论，并认为，即使面对反驳这个科学理论的证据，一个理论也不应该被否定，直到一个作为替代的理论被发明出来：

> 导致科学家做出拒绝一个先前已接受的理论的判断行为，总是建立在将这个理论与现实世界进行比较的基础之上。拒绝接受一种范式的决定总是同时伴随着决定接受另一种范式，而导致这一决定的判断涉及两种范式与自然以及它们彼此的比较。（库恩，1962:77-88）

库恩旨在表明，即便是一个实验似乎证伪了一个假设，科学家也不会立刻抛弃这个假设，除非他们已经拥有一个用于替代的假设。他认为：“如果有任何不相符之处都是否定理论的理由，那么所有的理论都应永远被否定。”

波普尔强调用实验来证伪假设是有益的这一观点。因为精心设计的实验可以揭露占星术、颅相学以及其他许多伪科学。但是，正如库恩所指出的那样，实验证据总是取决于对它们的解释。如果没有与实验证据相一致的新范式，那么实验结果更有可能被视为是错误的，而并非证明为假。

实验在“人工科学”中也起着十分重要的作用。工程师和计算机科学家确实会进行各种各样的实验，但是，他们通常不会着眼于证伪，或者与大自然做比较。简言之，你开展实验的这一事实并不能使你成为一名科学家。

正如之前《韦氏大词典》中的定义所反映的“科学”一词的狭义含义，科学指的是对大自然的研究，而非对人工制品的研究或创造。按照这样的解释，许多自称“科学”的学科，包括计算机科学在内，即使它们进行实验并使用科学方法，也不能称为科学了。

可以肯定，从 20 世纪 90 年代的信息技术革命开始，工程学的作用就一直在变。我认为这是因为数字技术和软件在“人工科学”中创造了巨大的可能性。现在，不管一个人在地球的哪个角落，他几乎都能与另一个人进行即时交流，这一点儿都不自然。能够对人体内部进行观察也不是自然界的一件事情。把人类发布过的所有信息都装进你的口袋也并非大自然的事情。这些都是工程而不是科学的结果。更重要的是，它们是创新性的产品，而不是科学发现的必然结果。

尽管如此，科学仍然抓住了我们的想象力，并为人类带来令人震惊的结果。例如，2016 年 2 月 11 日，有关探测到黑洞碰撞所产生的引力波的消息被大量报道（参见欧弗拜 2016 年在《纽约时报》发表的文章）。爱因斯坦早在一个多世纪前就预言了引力波的存在，但要探测到它却是异常困难的。该报道所宣布的探测工作是由激光干涉引力波天文台（LIGO）完成的，该项目共耗资约 11 亿美元。探测到的引力波仅持续了五分之一秒，后续的分析表明其是由 10 亿光年以外的两个黑洞碰撞产生的。这种风格的科学不太可能产生 20 世纪初科学所带来的实际成效。它属于“纯科学”，因为它追求知识本身。

不出所料，这一项目投入的高昂成本招致了一些批评之声。2016 年，霍根在《科学美国人》杂志的专栏中以如下副标题报道了这一结果：

> 如果引力波实验仅仅证实了爱因斯坦是正确的，那么它是否值得 11 亿美元的巨额投入？

在文章中，他引用了化学家阿斯托什·乔加莱卡的一段话，其博客为奇怪的波函数（Curious Wavefunction）：

> 一些消息源已经称这一公认的发现是物理学近几十年来最重要的发现之一。请允许我在这里直言不讳地说：如果情况真是如此，那么物理学的发展可太糟糕了。

霍根继续写道：

> 在写给我的一封电子邮件中，一位技术史学家更加直言不讳地说：“因此，一个有着 100 年历史的理论已经在实验中得到证实——这就是巨大的成功。有人认为爱因斯坦错了吗？这并没有产生任何争议，不是吗？有没有人确信地声称时空不是弯曲的，或者黑洞是不存在的？我认为这是一个相当具有实验性的技巧和技术壮举。但是，这并不能让我相信，花费在这件事情上的公共资金并不比将其用在医疗研究，或清洁燃料，或任何能将科学的专业知识应用于正义或减轻人类痛苦的

事情上更有价值。”

承认这一实验是“一个相当具有实验性的技巧和技术壮举”是十分有趣的。它引发了一个问题，激光干涉引力波天文台的贡献到底属于科学还是工程？自 20 世纪 70 年代以来，科学家已经把激光干涉测量作为测量引力波的一种方法。然而要建立一个具有足够灵敏的系统其实并非易事。

鉴于爱因斯坦的模型在 100 年前就预言了引力波，科学家似乎对这一预测的正确性没有任何争议，而且测量引力波的激光干涉测量技术早已在几十年前就已为人所知了，这 11 亿美元的巨额投入似乎并没有带来任何新的科学成果。但是，真正的科学贡献可能并不是证实了引力波的存在，而是证明了一种观测宇宙中我们以前看不到的事件的新模式。具体来说，这个实验第一次给出对两个黑洞碰撞合并的观测结果。这类事件的发生也许并不能令人感到惊讶，但可以肯定的是，我们可以在一种能够观测到此类事件的新型望远镜的首次亮相中发现它的学术价值。

因此，或许我们应该把 11 亿美元视为对一种新装置工程的投资，它现在可以使一种新的天文观测形式成为可能。因此，可以说，这个装置是工程上的一次巨大胜利。

这里，我来简要解释一下激光干涉引力波天文台工作团队面临的巨大工程挑战。首先，两个探测器相距 3 000 公里，这样引力波到达两个探测器的时间差就可以指示出波源的方向，由此，两个完全独立的观测就可以相互确证了。建造两个探测器的难度并不会超过建造一个探测器的两倍，所以这并不是最大的挑战。

每个探测器由一个 L 形的超高真空腔体组成，每一端长 4 公里（仅此一项就是不容易建造的，如图 1.6 所示）。它用激光干涉技术测量由引力波通过时引起的时空中极其微小的扭曲。这些扭曲使 4 公里的真空腔两端之间的距离发生了非常微小的变化，比质子的直径还要小得多！通过测量这个距离的变化，且一旦消除了所有其他可能引起距离变化的因素，人们就可以推断出距离的变化是由一个穿过的引力波扭曲时空所引起的。为了尽量消除可能引起距离变化的干扰因素，每个探测器都必须与诸如地震等振动源以及诸如车辆交通等人类活动完全隔离。因为即便是最轻微的振动也会使这些仪器变得毫无价值。

很难证明引力波望远镜会以任何切实的方式改善（甚至影响）人类的生活状况。尽管如此，该项目实际上可能会对改进工程方法产生实际和具体的影响。这种能够探测如此微小距离变化的能力，肯定在其他地方也能得到应用。

图 1.6 激光干涉引力波天文台安装的引力波探测器。地点在路易斯安那州利文斯顿，加州理工学院 / 麻省理工学院 / 激光干涉引力波天文台实验室。

美国航空航天局（NASA）的主要任务（我相信）是以科学的名义进行空间探索，并经常以其对技术发展的贡献作为空间探索经费支出的理由。NASA 声称对发光二极管（LED）、红外线耳式温度计、假肢、心室辅助装置、飞机防结冰系统、高速公路上的安全凹槽、改进的汽车轮胎、化学探测器、排雷、消防员装备和许多其他技术都做出了贡献（美国航空航天局，2016）。在我看来，这是对技术的重大贡献，而不是对科学的贡献。

假设激光干涉引力波天文台的工作是一个胜利，那么谁才是真正的英雄？ 2016 年 2 月 11 日发表在《物理评论快报》上宣布测量引力波的文章共有 1 019 位作者（阿博特等，2016）。作者列表占了这篇文章 16 页中的 5 页的篇幅。人们很难从这份冗长的名单中找出一个“爱因斯坦”。据《波士顿环球报》的报道，现为麻省理工学院名誉教授的雷纳·韦斯被许多科学家认为是该项目的策划者。但是，韦斯本人对此提出了不同意见。他反驳说，许多人都为此做出了巨大的贡献（莫斯科维茨，2016）。假设韦斯是对的，那么激光干涉引力波天文台项目像维基百科中的词条一样，是集体智慧而非个体智慧的一种体现。而且，这些作者中的大多数很可能会自称“科学家”，而非“工程师”。在我看来，这 1 019 位作者中的绝大多数（如果不是全部的话）既是工程师，也是科学家，因为他们都在挑战柏拉图主义。

像苹果手机这样的人工制品同样是一种集体智慧的体现。我们不可能逐一确定所有为苹果手机贡献了重要技术要素的个体进行逐个确定，但我肯定这些人员的数量一定远远超过 1 019 这个数字。

在一篇著名的文章中，自由主义者、经济教育基金会（FEE）创始人伦纳德·爱德华·里德（1898 —1983）解释了制造一支普通的木质铅笔所需的技术要素（里德，1958）。文章是从铅笔的视角来写的，文章这样开始："地球上没有一个人知道我是如何被制作出来的。"然后，作者记录了制作铅笔的整个过程和所需的全部材料：

> 我的家谱得从一棵树算起，一棵生长在加利福尼亚州北部俄勒冈州的挺拔的雪松。现在仔细想想要砍伐雪松原木并将其运抵铁路线所需的锯子、卡车、绳子和无数的其他工具。再想想整个制造过程中包含的所有人力和无数的技能：矿石的开采、钢铁的炼制以及将它们精加工为锯片、斧子、发动机，还有麻的生长以及如何将麻制成沉重而坚固的绳子……

他接着解释了木材是如何被研磨、烘干和着色的；如何开采石墨，然后又与黏土和磺化油脂混合；如何由蓖麻子和蓖麻油制成油漆；标签是如何用炭黑与树脂混合制成的；金属是如何被开采和提炼的；以及橡皮擦是如何由菜籽油、氯化硫、橡胶、浮石和硫化镉制成的。

可想而知，苹果手机的制造要比铅笔复杂得多。显然，就连史蒂夫·乔布斯也不知道如何制造苹果手机（甚至是铅笔）。在提到经济学家亚当·斯密（1723 —1790）"看不见的手"的说法时，里德这样写道：

> 还有一件事就更令人称奇了：并没有一个主宰者发号施令，或强制性地指挥我们产生无数的行动。我们一点儿也找寻不到这样一个人物存在的迹象。相反，我们发现，是一只看不见的手在发挥作用。

这样的人工制品甚至需要比维基百科还要极端的集体智慧，因为维基百科至少还保存了个人贡献的记录。

尽管我们无法追踪看不见的手背后的力量，但人们普遍认识到，这些力量中有许多是由人们的技术技能驱动的。培养这样的人才是现代经济的先决条件。今天，决策者和许多公众已经认识到科学、技术、工程和数学（四者的首字母缩略词为 STEM）教育的巨大价值。这个术语融合了一组广泛的技术学科。但是，读者也许已经注意到，该缩略词仍然将科学放在第一位，也许更多是为了便于发音以及它相对的优先度吧。的确，利亚娜·海廷在她的博客中写道，STEM 最初是 SMET，这或许更好地反映了人们理解的优先度，但又不必显得那么高调（海廷，2015）。

提出 STEM 缩略词的政治动机可能是非常实际的，它更多是关于是否能找到工作，而非知识探索。但是我们可能低估了“人工科学”中内在的知识探索的因素。如果没有激光干涉引力波天文台项目的工程杰作，我们就不会有人类第一台引力望远镜。也许这台望远镜将有助于我们揭示其他的黑洞碰撞，以及其他可能帮助我们更好地理解宇宙起源的现象。因此，有的时候工程确实先于科学，而不是科学先于工程。

一些迹象表明，人们对技术和工程的态度正在发生重大转变。20 世纪，人们认为“技术学院”与职业学校没什么区别，并不是智力活动的中心。麻省理工学院和加州理工学院让人们改变了这种观念。我们甚至开始看到许多“技术高职学校”的出现，它们绝不只是进行一些职业培训。

技术和工程显然并非要发现预先无形存在的那些真理，它们是被用来创造从未存在过的事物、过程和想法的。对柏拉图式的善的追求，即那个预先存在的、固定型相的世界，不再是推动人类进步的动力。相反，我们正在创造以前从未存在的、已被或尚未被揭示的知识和事实。

在下一章，我将重点讨论发现和发明的关系。这一章的一个关键主题是理解模型在工程和科学中的作用。我的基本主张是，模型是被发明出来的，而且当这些模型在建模物理现象时，相应的那些物理现象而不是这些模型就会被发现。这些物理现象甚至可能是全新的，就像晶体管一样。

# 2.
# 发明自然法则

在本章，我将阐述模型是被发明的，而不是被发现的；工程师和科学家以互补的却又几乎相反的方式使用模型；所有模型都是错的，但有些是有用的；模型的使用可以通过建立未知知识的背景、强制提升专业化程度以及要求人类吸收新的范式，来减缓或促进技术的进步。

## 2.1 未知的已知

受其颇具煽动性的标题吸引，我最近读了安德烈娅·武尔夫所著的《发明自然》一书（武尔夫，2015）。武尔夫在书中讲述了有关亚历山大·冯·洪堡（1769 —1859）的故事。洪堡是一位杰出的普鲁士人，之前除了听说过用他的名字命名的加利福尼亚州洪堡县和洪堡红杉州立公园以及其他许多地方和东西之外，我对他就知之甚少了。武尔夫大胆地评论说："洪堡给了我们关于自然本身的概念。"她的评论缓解了我因自己的无知而产生的尴尬，她接着说："颇具讽刺意味的是，洪堡的观点已经如此不言自明，以至我们基本上已经忘了提出这些观点的这个人。”在一篇题为“为什么洪堡在美国被遗忘？”的文章中，桑德拉·尼科尔斯（2006）的观点进一步消除了我的尴尬，让我再次确信自己其实并不孤单，还有其他人和我的想法一样。尼科尔斯为我们的集体健忘症假定了很多原因。但是，对我来说，最令人感到心酸的是“学术上的转变”，即“对科学的全面观点的研究很快就被搁置一边，转而支持专业化”。在德国，洪堡和他的哥哥威廉肯定没有被遗忘。柏林洪堡大学是以他们两人的名字命名的。他的哥哥威廉被誉为“洪堡式高等教育模式”的创立者，该模式将文理学科中的教学与研究结合起来。这是当今所有顶尖大学的基本原则。

武尔夫声称亚历山大·冯·洪堡“发明了自然”，她向我们表明，科学真理可以存在，然后成为人类精神的一部分。我们如此坚定地接受了这些背景知识，以至我们不再将它们视为科学真理。然而，它们就是科学真理。武尔夫用下面这段话总结了洪堡的成就：

> 洪堡彻底改变了我们看待自然世界的方式。他认为联系无处不在。没有任何东西是孤立存在的，即使是最小的有机体，也不是孤立的。“在这个巨大的因果链中，”洪堡说，“我们不应孤立地考虑其中的任何一个事实。”

武尔夫称赞说，洪堡是第一位证明人类活动导致气候变化的科学家，他创立了生态学领域，并阐明了“自然”本身的第一个现代概念。这个故事最令人惊讶的地方在于，我从来没有想到，大自然的连通性不再是一个简单的理所当然的真理。现在，人们已经如此广泛地接受了这种观念，以至它与时间和因果关系的概念一道逐渐融入我们直觉的背景中。武尔夫解释了洪堡时代盛行的科学思想：

诸如望远镜和显微镜这样的发明，它们揭示了人类尚不了解的新世界，并且使人类相信自然法则是可以被发现的。

但是，武尔夫指出，这些自然法则一次只能被理解为一种现象，就像支配下落物体的牛顿运动定律一样。连通性成为还原论的牺牲品。

连通性从我们对科学的有意识方法中逐渐消失，进而进入无意识中，成为一个看不见的大背景的一部分，一个未知的已知。2002 年，美国国防部长唐纳德·拉姆斯菲尔德在国防部新闻发布会上发表了以下这段被广泛引用的声明：

> ……如我们所知，存在一些已知的已知，有些事物我们知道我们是知道的；我们也知道存在一些已知的未知，也就是说，我们知道有一些事物我们是不知道的。但也存在一些未知的未知——那些我们不知道我们还不知道的事物。纵观我们国家和其他那些自由国家的历史，我们就会发现后者往往是最难的一类。（拉姆斯菲尔德，2002）

斯洛文尼亚哲学家斯拉沃伊·齐泽克指出，拉姆斯菲尔德没有提到显而易见的第四类知识，即“未知的已知”。它指的是那些我们不知道其实我们已经知道的事物。齐泽克说，“正像弗洛伊德的无意识一样”（齐泽克，2004）。直到我读了武尔夫的书以后，大自然的连通性才成为我的未知的已知之一。我过去不知道我已经知道了。多亏了武尔夫，我现在也意识到我所知道的“真理”并不总是为人所知，她相信正是洪堡使其为人所知的。

我们的未知的已知导致我们的思想产生了许多偏见。托马斯·库恩在他 1964 年出版的《科学革命的结构》一书中，打破了普遍流行的“积累式发展”（库恩，1962）科学观。库恩认为，一门科学学科是建立在“范式”的基础之上的，而非建立在已经发现的关于世界的事实积累之上。这是一种概念性框架，实践者常常在不知不觉中使用它来解释观察到的现象，并发展各种理论。库恩认为，这些范式使我们对科学的理解必然带有主观性。

> 观察和经验可以而且一定会大幅限制可接受科学信念的发展范围，否则就不会有科学。但它们无法单独决定这种信念的某一特定主体。一个**明显的任意性因素，混合了个人和历史的偶然性**，常常成为一个特定科学群体在特定时期所崇尚的信念的形成要素。

库恩所说的“任意性因素”往往是以未知的已知这种形式存在的。一种范式被如此广泛地接受，并获得强烈的支持，以至接受它的主体不再能体会到它的存在，这些主体认为范式即真理。正如康德所言，我们在世界上所感知到的秩序是由我们的头脑塑造的，我们的头脑为我们提供了感知世界的歪曲的透镜。我们把秩序强加给自然，而不是反之。

库恩的核心主张认为，科学革命，也就是不时发生的真正重大的科学进步，是通过范式的转换而不是知识的积累实现的。因此，科学真理的概念是主观的，其是由科学界的共识而不是柏拉图式理想的无形真理所定义的。由此，就可以得出一个明显的推论——范式多是被发明的而非被发现的。

库恩的观点备受争议。这与当时流行的科学哲学观点背道而驰，也就是波普尔清楚地表达过的寻求客观真理。1965 年，在伦敦召开的一次学术研讨会上，许多最杰出的科学哲学家齐聚一堂并对库恩的观点做出了回应。匈牙利数学和科学哲学家伊姆雷·拉卡托什担任研讨会论文集的共同编辑，他写道，“在库恩看来，科学革命是非理性的，是群氓心理下的肆意行为”（拉卡托什，1970）。他接着又批评了库恩的“范式转换”的概念，并写道：

> 一种不受也不可能受理性规则支配的神秘转变，完全属于（社会）发现心理学的范畴。科学变革类似于一种宗教革命。

尽管存在这些异议，但是库恩的支配范式概念对于理解科学思想的演变还是有用的。对于理解工程技术来说，库恩的观点甚至更有价值，因为在工程技术中范式可能会显得更加主观。

在现代科技的世界里，我们的生活被一些范式支配。这些范式更明显是被发明出来的，而不是被发现的。这些范式塑造了我们对世界的理解，成为未知的已知。举个例子，过去我们要听音乐或观看表演，就必须和表演者共处在相同的时空里。而今天，我们可以使用诸如 Spotify 音乐服务平台和 Hulu 视频网站等服务平台，它们能够把世界上大部分音乐和剧院里演出的剧目装在我们的口袋里，让我们随时随地都可以欣赏。今天，我们中的大多数人已无须到现场就能听音乐了。这一事实不经意地改变了“音乐”这个词的含义。例如，让我们来想想“我的音乐”这个短语的含义吧。在爱迪生发明留声机之前，这个词对于 19 世纪的人们意味着什么呢？

有一次，我告诉我的妻子，伯克利大学的一位同事米基·卢斯蒂格正在负责一门课程，教伯克利大学的学生、行政人员和教职人员学习业余无线电知识，并帮助他们准备获得业余无线电台使用资格的考试。

我妻子问我为什么那些人要使用业余无线电台。可是，我从来没有想过这个问题。我想了想，我能想到的最好的答案是：“这样他们就可以和世界上的任何人进行交流了。”她又问我：“他们为什么不直接发电子邮件呢？”我看到不同范式的相互碰撞。当然，这种碰撞没有两个黑洞的碰撞那么严重，但仍值得我们注意。能够与世界各地的任何人进行即时交流已经成为一个不争的事实，是一个未知的已知，是我们理解和支配日常生活的技术范式的一部分。

图 2.1 斯科特 · 亚当斯漫画中的呆伯特，一个标志性的书呆子。( 呆伯特 © 1995, 斯科特 · 亚当斯。UNIVERSAL UCLICK 授权使用。保留所有权利。)

范式经常会发生改变。库恩的科学范式变化相对较少，但这些变化可能会对科学界造成相当大的破坏。在《科学革命的结构》一书中，库恩引用了马克斯 · 普朗克的话：

> 一个新的科学真理并不是通过说服对手并让他们看到真理之光而获得胜利的，而是因为它的对手最终会死去，而熟悉它的新一代人会成长起来。

同样的事情也发生在技术范式上。让我们来看看有多少现代科技让老化的大脑根本无法领悟。我们的孩子当然能够很快接受老年人无法理解的技术真理。事实上，我认为当今技术进步的步伐更多地受到人类无法吸收新范式的限制，而非技术本身存在的任何限制。

库恩对那些曾经持有的范式被后来更好的范式取代的科学家说

出了以下的慷慨之词：

> ……总的来说，那些曾经流行的自然观与今天流行的自然观相比，无论在科学性还是人文性方面都毫不逊色。
> ……如果这些过时的信念可以被称为神话，那么可以用同样的方法制造神话，并以同样的理由坚持这些神话，而这些理由现在导致了科学知识的产生。

我们应该同样慷慨地对待那些生活在过时的技术范式时代的人，而不应把他们当作卢德派分子或恐龙。我会对我的孩子们说："别担心，有一天你也会变成恐龙的。"

尽管有相似之处，但是，技术范式与科学范式在许多重要的方面的确存在差异。如今，技术范式要远比科学范式更加多样，这反映了该领域发展的不成熟和快速变化。库恩认为，不同的科学范式之间是不可通约的。一种范式不能以另一种范式的概念体系和术语加以理解或判断。然而，技术范式不存在这种情形，因为技术范式是以互操作的方式进行分层的。我将在第 3 章进行说明。然而，不可通约的范式确实出现了，因此有必要建立一个元范式，并在该范式中比较不同的技术范式。我将尝试通过建模的概念达成这一目标。

科学、技术和工程都是建立在模型之上的。模型是范式概念框架中的组件。例如，牛顿第二运动定律是物体在受力作用下的运动模型。它的形式是一个方程，具体来说就是方程（4 096）。它在牛顿和莱布尼茨微积分的范式中，在力的概念以及牛顿的时间和空间概念中都有意义。如果你在高中学过物理，那么你可能已经被彻底洗脑了，以至力、时间和空间的概念都成为你未知的已知。但从客观上来说，牛顿并没有对这些概念做出实质性的解释。相反，他建立了一个自我一致和自我参照的模型。如果说他下了什么定义的话，就是其中的每个概念都是以其他概念来定义的。

每个工程设计都类似于一个模型，它可以像一个物理形状的原型那样简单，也可以像一百万行代码那样复杂。每个这样的模型只有在某种建模的范式中才有一个含义，或者说一个语义。建模范式往往是一个未知的已知，从未被清晰地表达或有意识地选择过。现在，我将尝试打破由于没有认识到这些未知的已知而造成的困难局面。

## 2.2 大自然的模型

韦氏在线词典对“模型”一词至少有 14 种定义。其中只有少数与模型在科学和工程中的应用有关：

> 4. 通常是某个事物的缩影，也就是要制作的某个事物的模式；
> 5. 模仿或仿制的例子；
> ……
> 7. 原型；
> ……
> 11. 一种描述或类比，用来帮助将无法直接观察到的事物（如原子）形象化；
> 12. 一个由假设、数据和推论组成的系统，其被表示为一个实体或事态的数学描述；也是基于这种系统的计算机模拟。

第一个定义是一个具体的模型，是物理世界中的一个物质对象。而最后两个是抽象的模型，就后两者而言，诸如纸上的墨水等任何物质实现都是偶然的。而中间的其他两个则可以是具体的模型，也可以是抽象的模型。抽象模型和具体模型都有助于人类掌握概念。这两种模型都是人类创造的。因此，模型可以作为人类记录和交流概念的一种方式。

对于亚里士多德来说，关于世界的概念来自特定事物的共同属性（见图 2.2）。特定的事物可以作为符合这个概念的一系列事物的模型，也可以作为这个概念本身的模型。例如，马的概念是通过观察几匹马得出的一种概括性概念。一个外形为马的塑料雕像，如图 2.3 所示，就可以作为马的具体模型。请读者注意，模型本身并不需要是一匹真实的马。一个具体的模型是一个能够捕捉被建模事物的某些本质的实际存在。

一个有关具体模型的概念与《韦氏大词典》中的另一个定义联系在一起，即“受雇去展示衣服或其他商品的人”，如图 2.4 所示海报中的模型。这个模型大概是被用来展示某个品牌的香水的，然而，有趣的是，海报所宣传的商品“古龙水”并没有出现在海报中。相反，这个模型被用来代表一个“魅力男子”的经典形象（当然，我指的是海报上的那个人，而不是镜子中反射出来的那个人[①]）。该模型（一个人）被用作一个代表魅力男子形象的模型（原型）。这样一个模型的目的是通过唤起某些人“自己喷了古龙水会变得多么有魅力”的遐想，而将古龙水卖给这些人（也许就是镜子里的这个人）。

① 即作者本人。——译者注

图 2.2 《雅典学院》是拉斐尔在梵蒂冈创作的一幅壁画。亚里士多德站在右边，手心向着地球，表示知识源于对事物的研究。而柏拉图站在左边，手指向天空，表明知识是对存在于一个理想的、无形的且独立于人类世界的型相的发现。

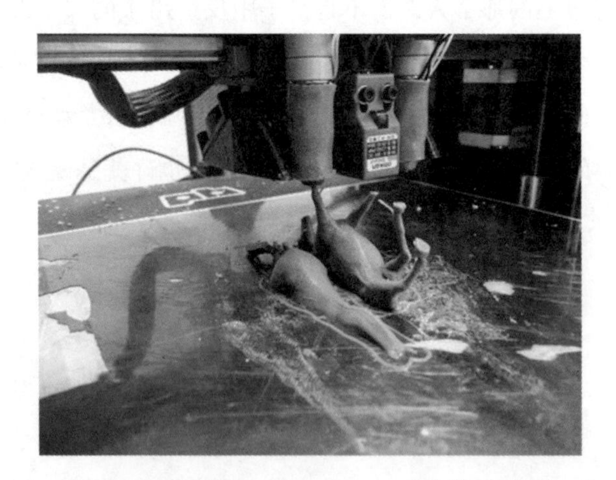

图 2.3 一个由 3D 打印机打印的马的模型。[ 张奔（Ben Zhang）供图，致谢。]

图 2.4 作者梦寐以求的自画像。

柏拉图认为，柏拉图型相作为无形的真理独立于人类而存在。柏拉图式的球体是理想的，但是，我们在物理世界中找不到这种理想的球体。它不是也不可能作为一个物理对象而存在。球体的任何物理形式都将是一些由原子和分子构成的物质组成的。无论它被打磨得多么光滑，球体的表面都不会符合柏拉图式的理想球体概念，任何球体表面都会有波动不平的痕迹，以及由于构成原子的电子的位置或边界所具有的量子力学的不可确定性造成的模糊性。表面到底在哪里？表面是什么？如果没有一个表面，我们就不能谈论表面积的问题，但是一个柏拉图式的球体应该有一个正好等于 $4\pi r^2$ 的表面积，其中 $r$ 是球的半径。然而，在原子的尺度上，表面的概念并没有严格的物理学基础。

那么柏拉图式的球体在何种意义上独立于人类而存在呢？结论

是它并不存在于物理世界之中。我们可以建立一个球体的数学模型，但是，它仍然是一个人类的构造，而不是无形的真理。例如，我们可以给出一个球体的数学模型。在笛卡儿的坐标系中，以坐标（0，0，0）为圆心、$r$ 为半径的球体是满足如下条件的点（$x$，$y$，$z$）的集合。

$$\sqrt{x^2+y^2+z^2}=r \qquad (2\,048)$$

毫无疑问，这样一个柏拉图式的模型一点儿都不令人着迷。

方程（2 048）的数学模型是人类用代数语言和笛卡儿空间三维模型构造的。它可以被视为物理世界中事物的、类似球体的不理想（即错误）模型。物理世界中的这些东西可以被视为球体的心理概念模型，就像方程一样。但是，没有任何直接证据表明，柏拉图式的理想球体是独立于人类而存在的。数学模型并不是柏拉图型相，充其量不过是柏拉图型相的模型，存在于建模范式（代数和笛卡儿空间）之中。还有许多其他的方式可以用数学方法建模一个球体，正如我将在第 9 章中讨论的那样，每种方法都有其局限性。所以即使是一个抽象的模型也只是墙上的影子罢了。当然，即使只是墙上的一个影子，它也比任何物理模型更接近一个柏拉图式的球体。它可能是我们所能得到的柏拉图式理想的最佳代表。

图 2.3 所示的是由 3D 打印机打印出来的马的具体模型。该打印机以包含马的模型的另一类文件作为输入。具体来说，该文件使用了一种被称为 STL 的语言（STereoLithography，光固化立体造型术的缩写），其被广泛运用于描述并建立三维形状。STL 语言是由总部设在南卡罗来纳州罗克希尔的 3D 系统公司在 1987 年创建的，这是一家家生产和销售 3D 打印机的公司。

用 STL 语言建立的马的模型是一个抽象模型。它是一个基于共享边的二维面来建模三维形状的范式。图 2.5 给出了一个非常简单的 STL 模型的例子。左边的 STL 文本描述了右上角的金字塔形状。它由四个构成物体外边界的三角形组成。在一个三维笛卡儿坐标系中，给出了这四个三角形的顶点。

要完全理解图中的文本，首先需要明白 STL 所基于的范式。如果你愿意原谅一场短暂的技术呆子头脑风暴，那就请继续阅读下面这段内容。这个范式就是二维平面的三维镶嵌，以及诸如右手定则之类的规则，右手定则决定了一个面的哪一边位于形状的内部而不是外部。如果你学过计算机图形学的话，上面的内容就很容易理解，否则，就可能有些难度。

打印图 2.3 所示马的 STL 文件要比金字塔复杂得多，所以我不打算在这里继续阐述了。它注定是由机器而不是人类来阅读的。马的模型是由图 2.5 右下角的 STL 文件来呈现的。如果读者仔细观察的话，就可以看到定义这个形状的二维平面。这种马的模型有时被称为虚拟原型，因为它的用途与物理原型相同，只是它没有物理形式。

模型是以某些物理介质来呈现的。图 2.3 中马的具体模型是一个三维打印的塑料原型。物理介质是由 3D 打印机用来打印组装的塑料。同一设计的抽象模型可以是描述其形状的数学公式，如方程（2 048）也可以是图 2.5 所示的 STL 文件。这个抽象模型可以被发送到 3D 打印机生成具体的模型。从某种意义上说，抽象模型也具有物理形式，如方程（2 048）是页面上的墨迹（或屏幕上的像素），而 STL 文件是排列在磁盘上的磁性铁分子或计算机内存中的电荷。但是，它们的物理形式是偶然性的。当抽象模型从一种物理形式转换为另一种物理形式的时候，例如，当你读取方程（2 048）时，或者当你将 STL 文件从一台计算机复制到另一台计算机时，我们最终得到的并不是两个模型。

```
solid pyramid
facet normal 0 0 0
    outer loop
        vertex 0 0 0
        vertex 1 0 0
        vertex 0.5 0 0.866
    endloop
endfacet
facet normal 0 0 0
    outer loop
        vertex 1 0 0
        vertex 0.5 0.901 0.433
        vertex 0.5 0 0.866
    endloop
endfacet
facet normal 0 0 0
    outer loop
        vertex 0 0 0
        vertex 0.5 0.901 0.433
        vertex 1 0 0
    endloop
endfacet
facet normal 0 0 0
    outer loop
        vertex 0 0 0
        vertex 0.5 0 0.866
        vertex 0.5 0.901 0.433
    endloop
endfacet
```

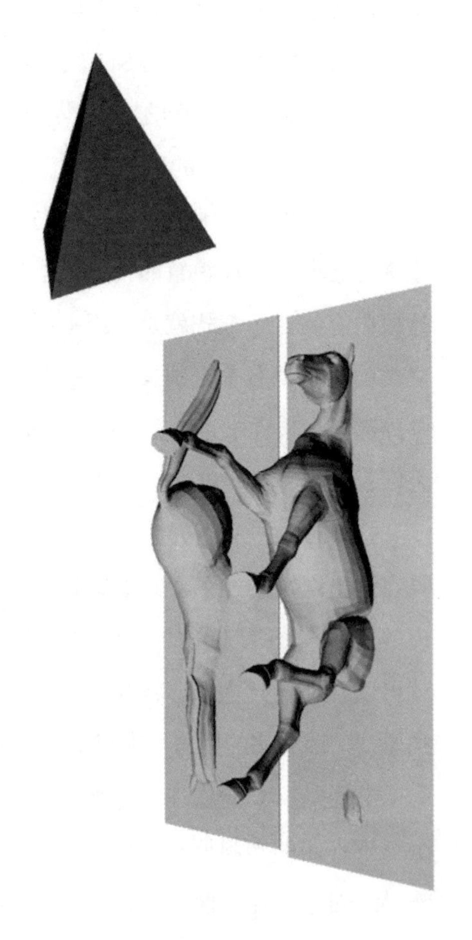

图 2.5 用 STL 制作的 3D 模型。

这仍然只是一个模型，尽管有两个或更多的物理表示。抽象模型的本体论独立于其物理具象。

具体模型是某个类的一些物理形式范例，而抽象模型是某个类的一些抽象。对于抽象模型来说，其表现媒介的可能性要比具体模型丰富得多，因为它们很少受到物理世界的限制。事实上，STL 文件可以建立物理世界中不存在的形状，如一组重叠的平面或不共享边的平面。建模语言是抽象的，而非具体的，它们更容易激发人类的创造力。此外，它们还会带来发明，甚至是范式的转换。设计人员精心选择的建模语言能够优雅地表达设计。

具体模型和抽象模型都可以用于分析。例如，可以使用组件的物理原型来确定它所建模的组件是否适合其外壳。但是，抽象模型为分析提供了更丰富的可能性。如果建模媒介（用于表达模型的语言）具有严格的语义，那么模型可能会进行自动分析。计算机程序可以确定一个组件是否适合其外壳，而无须构建物理原型。

图 2.6 是用碳化竹灯丝制成的白炽灯泡的原型，它是一个具体的模型。这个原型是在新泽西州门洛帕克的托马斯·爱迪生实验室制作的。根据爱迪生论文计划（2016），爱迪生最初尝试用铂丝制作灯丝，因为这种金属具有很高的熔点。但后来他发现，当在空气中加热这种金属时，它的结构会发生改变，这削弱了灯丝的功能且使其熔点降低。最后，他通过把灯丝装在真空灯泡里解决了这个问题。

爱迪生以一种我们称为原型—测试的发明风格闻名于世。为了找到一种能产生适量的光、有稳定的电压和使用寿命的灯丝材料，爱迪生做了许多尝试。虽然在最初，金属铂在真空状态下也能很好地工作，然而铂是一种昂贵的贵金属，爱迪生制作的铂金灯泡很可能因为太过昂贵而无法在商业上取得成功。以下内容同样来自爱迪生论文计划（2016）：

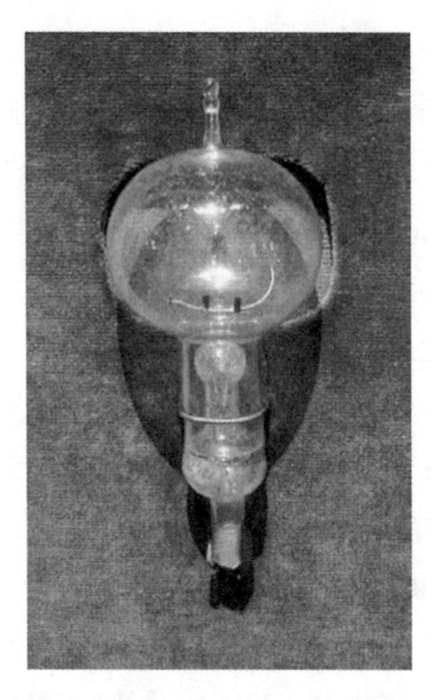

图 2.6　托马斯 · 爱迪生的白炽灯泡和碳化竹灯丝原型。（特伦 – 爱迪生灯泡公司供图，知识共享署名许可 2.0 授权。作者对原文进行了删减，原文来自维基共享资源。）

> 他转向了碳类材料，并尝试使用一些棉线、不同种类的纸和纸板以及各种木材做实验，然后还试过几根长纤维植物材料，最终选定了竹子。后来，他在全球范围内进行了一次大搜索，以确定是否能找到更好的长纤维植物，那时他还没有获得人造纤维的关键专利，而这些人造纤维将被证实是更好的材料。

爱迪生的方法是一种亚里士多德式的问题解决方法：用材料进行实验，并从观察中推断出不同材料的特质。他试图解决的问题是如何用电来产生光。作为这项工程的辅助性工作，他也做了一些科学工作，结果竟然发现了自然界的一种特性。具体来说，他发现自然界中存在的金属铂在空气中被加热时其结构会发生改变。

竹丝灯泡于 1882 年投入生产，大约 6 年后被钨丝灯泡取代。这两种类型的灯丝都需要在真空中工作，否则灯丝会燃烧、熔化或迅速降解。爱迪生发现加热的金属在空气中会降解，在真空中则不会，这一科学事实是一项工程发明，并成为开发实用灯泡的核心支撑。

除了物理原型，托马斯·爱迪生还使用了白炽灯泡工作过程中涉及的抽象模型。具体来说，他使用了欧姆定律。该定律由乔治·西蒙·欧姆在 1827 年首次发表。欧姆定律把通过电阻的电流 $i$ 与电阻器两端的电压 $v$ 联系起来。

$$i = v/R \qquad (1\,024)$$

其中的比例常数 $R$ 为阻值。阻值的单位是欧姆，这样命名是为了纪念乔治·欧姆。阻值是用来制作电阻器的材料及电阻器几何形状的一种性质。灯泡的灯丝是电阻，在爱迪生的时代，灯丝的阻值是靠经验推算出来的。

因为阻值的存在，所以灯丝可以被加热，而正是因为灯丝被加热，它也才会发光。金属铂容易导电，这意味着它的阻值很低。诸如竹纤维等碳基材料则具有高得多的阻值，因此，在固定的电压 $v$ 下，流经铂丝的电流要比流经竹丝的电流大得多。因此，金属铂除了成本很高，低阻值也是它的一个缺点。为了应对低电阻产生的高电流，爱迪生将不得不使用更粗的铜线向灯泡供电，从而推高了系统成本。

欧姆定律是一个抽象模型。与图 2.6 中所示的模型不同，该模型没有任何物理特性。尽管如此，它仍然代表了“事物的本质”。然而，如果我们以一种真正的亚里士多德的方式来解释的话，该定律就很可能是欧姆从观察和测量中得出的，而不是从基本真理中得出的。

欧姆定律可以被视为一条自然法则，在这种情况下，它对任何电路必须都成立。换言之，我们可以把欧姆定律看作“阻值”和“电阻”的定义。根据后一种解释，如果流经它的电流与它两端的电压成正比，那么任何装置都是一个电阻［也就是说，其行为是否符合方程（1 024）给出的模型］。

这两种解释之间的区别十分微妙，但很重要。首先，请注意，在方程（1 024）中有一个隐含的假设，即我们所讨论的是瞬时的电流 $i$ 和电压 $v$。在几乎所有的电路中，电流和电压都是随时间的变化而变化的。对于一个灯泡来说，电流和电压在电灯开关断开时都为零，而当灯泡的开关接通时，电流和电压都不是零，所以很明显，电流和电压的变化都与时间有关。

现在的一个关键性问题是，阻值 $R$ 是否也会随着时间的变化而变化。结果表明，铂和竹丝都不满足表示恒定阻值的方程（1 024）。事实上，这些材料的阻值会随着材料温度的变化而变化，其温度又取决于电流。如果灯丝一开始是冷却的，那么当电流流过它的时候，灯丝的材料就会变热，其阻值就会增大。如果灯丝过热，材料就会熔化，阻值就会变得无穷大（没有电流流动）。因此，在某一时刻，电流不仅取决于当前的电压，也取决于电压和电流在前期的状况。灯泡点亮的时间会影响它的温度，从而也会影响电流。

所以，把阻值 $R$ 固定为常数是行不通的。我们必须让它随时间的变化而变化。但在此时，我们会遇到一个难题。如果阻值 $R$ 是一个根据经验确定的值，那么欧姆定律就变成了一个恒真的命题！也就是说，每个电路都是如此。在任何瞬间，电阻都等于电压除以电流：

$$R = v/i \qquad (512)$$

这不过是方程（1 024）的另一种形式。通过简单地将方程（512）中的 $R$ 作为阻值的定义，每一个非零电压和非零电流的电路就都应满足欧姆定律。这就将 $t$ 时刻的阻值定义为使得欧姆定律成立的任何值！当然，乔治·欧姆并没有因为发现了一个恒真命题而获得一个以他的名字命名的基本电子元件。所以，这不可能是正确的解释。

解决这个难题的一个办法在于，将电阻的概念作为一种柏拉图式的理想型相。电阻是一个在任何时候都能满足方程（1 024）和（512）且具有恒定阻值 $R$ 的器件。但是在物理世界里没有这样的器件。至少，每一种已知材料的阻值都会受到温度变化的影响。此外，大多数已知的材料都会在电流流过时发热。[①]

除温度以外的其他物理效应，特别是电感和电容，都会确保物理材料不可能完全以常数 $R$ 来遵守欧姆定律。这些效应在系统中带入了记忆和动力学。例如，即使电压降到零，电感也是电流持续流动的趋势。非零电感的材料需要一些时间才能将电流调整到新的电压。在此期间，它不能以同样规定不变的常数 $R$ 来满足欧姆定律。实际上，所有材料都带有非零的电感，即使很小。[②]

事实上，没有任何物理对象是电阻，因为没有任何物理对象可以遵循欧姆定律，那么我们又怎么能把欧姆定律当作一条自然法则呢？在柏拉图的关于洞穴的寓言中，人类的感知局限于现实的影子，

---

① 当一些被称为超导体的材料冷却到临界值以下之后，就进入超导状态，此时的电阻则变为零，此时会出现一个例外。但是所需的温度条件必须非常低。1987 年，格奥尔格 · 贝德诺尔茨和卡尔 · 亚历山大 · 米勒因发现“高温超导体”而获得了诺贝尔物理学奖。他们的陶瓷化合物在 −243.15℃或 −405.67 ℉的“高”温下表现出超导电性。在写作本书时，已经观察到的超导电性的最高温度是 −70℃（−94 ℉），温度仍然非常低，甚至只有在极高的压力下才能达到。在实际生活中，我们不能指望有这样的一个灯泡在这样的温度和压力下工作。

② 如果读者没有研究过电学，那么一个不太完美的类比可能会对读者有所帮助。可以将电流想象成沿着倾斜的水闸或通道流动的水流。倾斜的程度类似于电压，水流的速度类似于电流。较小的通道比较大的通道具有更大的阻力（在特定的倾斜度下，较小的通道只能通过较少的水流）。电感类似于流动的水流保持流动的趋势（它有惯性）。如果水沿着倾斜的水闸向下流动，而你突然将水闸拉平，并且去掉倾斜度，此时水并不会立即停止流动。这个类比也许不是特别合适，这是因为：电流没有惯性，或者至少是惯性不太大，电感是通道而不是电流的一种特性。不管怎样，我希望能够提供一个适合的形象的类比，这样就可以帮助读者获得关于电的基本概念。

但物理对象似乎只是电阻的柏拉图式理想型相的影子。这种柏拉图式的型相是人类无法接触的，也是大自然无法接触的！

因此，欧姆定律要么是微不足道的，要么就是错误的。我不得不得出这样的结论——欧姆定律是一个人类构建的模型，而不是关于自然的基本真理。在乔治·欧姆提出欧姆定律之前，它并不作为一个基本存在，因为世界上没有任何物理对象遵守它。在某种程度上，它之所以能够成为一个真理，是因为我们宣称它是真理。我们将“电阻”定义为一个物理对象，其行为与欧姆定律的方程所建模的行为非常接近，我们将阻值定义为该对象两端的电压与通过该对象的电流的比值。除了在人的头脑中，自然界中并不存在一个理想的电阻。因此，欧姆定律是被发明的，不是被发现的。

## 2.3 模型是错误的

建模是每一项科学和工程工作的核心。所罗门·沃尔夫·格伦布（1932 —2016）曾撰写过关于在科学和工程中应用模型的一篇精彩文章，他强调理解模型和正在被建模的事物之间的区别特别重要。他有一句名言：“通过在地图上钻孔，你永远不会找到石油。”（格伦布，1971）地图就是模型，而土地是被建模的对象。显而易见，你应该在土地上钻井，而不是在地图上（如图 2.7 所示）。

对于科学家和工程师来说，“被建模的事物”通常是物理世界中的一个对象、过程或系统。[①]让我们把被建模的事物称为模型的目标物。模型的保真度就是它模仿目标物的接近程度。

---

① “被建模的事物”也可以是另一个模型。我稍后会在第 3 章讨论这个问题。

图 2.7 在地图上钻孔。（这张照片由摄影师鲁西 · 姆切德利什维利提供。）

当目标物是物理对象、过程或系统的时候，模型的保真度永远不会是理想的。博克斯和德雷珀（1987）曾指出：“从本质上讲，所有的模型都是错误的，但有些是有用的。”图 2.4 中给出的模型并没有什么用（至少对我而言是如此）。相反，欧姆定律却是非常有用的模型。它对某些物理装置进行了建模，如爱迪生的灯丝。虽然所建立的模型还不够理想，但它让爱迪生明白竹丝比金属铂丝更适合用来制作灯泡。

一个有用的模型必须有一个目的，并且模型的保真度应该根据这个目的进行评估。作为灯泡的模型，欧姆定律可以告诉爱迪生会有多少电流流过灯丝，但它不会明确告知爱迪生该模型能够产生多少光。为此，我们还需要另一个不同的模型。

请注意，模型可能在不实际或不产生实际效果的方面是“有用的”。《韦氏大词典》对“有用”的定义是“帮助做某事或达成某事”。“某事”可能指的是进一步的知识探索或纯科学。也就是说，一个模型可能是有用的，因为它解释或预测了一种现象，即使它没有对应于这种现象的实际应用。即使我们对黑洞碰撞没有实际应用，爱因斯坦的引力波模型也很有用，因为它提出了一种观察黑洞碰撞的方法，就像激光干涉引力波天文台所做的那样。

在使用模型时，在其适用的范围内应用它们是非常重要的。所有模型都有其适用范围。欧姆定律本身不适用于已经熔化的电阻。引力波在研究亚原子量子的相互作用时也是无用的。[①]

模型的保真度越高，它们通常就会越有用。那么，我们如何才能获得良好的保真度呢？我们可以有两种可用的不同机制。我们可以选择（或发明）一个高度符合于目标对象的模型，也可以选择（或发明）一个高度符合于模型的目标对象。前者是科学家工作的本质，后者是工程师工作的本质。两者都要求假设目标对象在模型的某个适用范围内运作。

爱迪生是他那个时代的一名杰出的工程师。在选择灯泡的灯丝（一个目标对象）时，除了耐用性、耐高温性等特性之外，爱迪生还需要一种能由欧姆定律很好地模拟的灯丝。假设爱迪生选择了一种人们熟知的法拉第电磁感应定律所模拟的灯丝，那么这种选择一定会生产出一个非常糟糕的灯泡。请允许我再次进行一场简短的技术呆子风暴，以解释其中的原因。

正如我之前指出的那样，即使电压降为零，电感仍然会维持电流的流动趋势。电感是一种能够抵抗电流变化的装置，而电阻只是一种能够抵抗电流的装置。打个比方，电阻就像一个懒惰的人，而电感就像一个固执的人。要想让一个懒惰的人为你工作并持续工作

---

① 彭罗斯（1989）推测，引力波实际上可能与某些亚原子量子力学现象有关。但在撰写本书的时候，这个观点还没有得到实验的确证，也没有得到物理学家的广泛支持。

需要更多的努力，而一个固执的人一旦做了某件事，他就会一直做下去（就像我写这本书一样）。一个人可能既懒惰又固执，就像一个物理装置可能既有电阻又有电感一样。

在法拉第定律的一种较简单的表现形式中，电感的电流 $i$ 和电压 $v$ 具有如下关系[①]：

$$v(t) = L\frac{di(t)}{dt} \tag{256}$$

其中，常数 $L$ 被称作感应系数（即电感值）。[②] 这个方程表明，$t$ 时刻的电压 $v$ 与电流 $i$ 的变化率成正比，其中比例常数为 $L$。这意味着，如果电流变化很快，电压就会升高；反之，如果电压高，电流就会变化很快。

根据维基百科的解释：

> 电磁感应是由迈克尔 · 法拉第在 1831 年以及约瑟夫 · 亨利在 1832 年分别独立发现的。法拉第是第一个公布这个实验结果的人。（2016 年 3 月 15 日检索）

我们可能会试图把维基百科页面上的“发现”改为“发明”，但这并不完全正确。“发现”一词用于电磁感应是正确的，但不适用于方程（256）。方程（256）是一项发明，就像欧姆定律一样。这个方程也是一个理想化的模型，没有物理对象能够完全遵循它（$L$ 为常数）。因此，作为一个模型而言其是错误的，但又是非常有用的。

---

① 当方程使用微积分时，就像这个公式一样，梅塞施米特定律可能会变得过于保守。我怀疑这个方程可能会令我的读者减少一半以上，但我仍会坚持我之前的编号方案。

② 感应系数的单位以约瑟夫 · 亨利的名字命名为“亨利”，习惯上用符号 $L$ 表示。

库恩（1962）就发现和发明之间的关系阐明了自己的观点，他认为“发现和发明是分不开的，因为解释发现的理论必须出现，才能使这个发现真正出现”。正在流动的电流趋向于保持流动（感应系数），以及某些装置（电感）会呈现这一特性的发现，与方程（256）中所表示的模型不可分割地联系在一起。从某种意义上说，必须理解这一模型的某种形式才能认识这一发现。库恩说，发现和发明之间的这种联系，也使得人们很难准确地确定一个发现是谁在什么时候发现的：

> ……“氧气是被发现的”这句话极大地误导了我们，因为它认为发现某种东西是一种简单的行为，与我们通常（我对此同样表示质疑）所理解的“看”的概念类似。这就是为什么我们如此轻易地认为，发现，就像看或触摸一样，应该明确地归属于某个人和某个时刻。然而，后一种归因总是不可能的，前一种也经常是不可能的。（库恩，1962:55）

发现从来不会在瞬间发生，也很少能完全归因于某个人。晶体管效应的发现获得了诺贝尔奖，这一发现的混乱情况在晶体管作为一项发明而获得专利的数年后更为显著。

让我来解释一下爱迪生可能是如何使用方程（256）中的电感模型的。假设他选择了如图 2.8 所示的电感作为灯泡的灯丝。他遇到的第一个问题就是这种灯丝不会产生任何光。但这只是问题的开始。为了简单起见，假设 $L$=1 亨利[①]，并假设我们现在给灯泡施加 1 伏特的恒定电压，那么根据方程（256），电流的变化率为：

$$\frac{di(t)}{dt}=1 \qquad (128)$$

① 1 亨利实际上是一个非常大的电感，但它使数学变得更简单了，而小于 100 万亨利的一个更合理的选择可能会伤害我的读者。

它的单位是每秒的安培数。这意味着每经过一秒，电流就会增加 1 安培。如果我们接通灯泡时的最初电流为零，那么 10 秒之后，电流将变为 10 安培；1 分钟以后，电流将达到 60 安培；1 小时后，电流将达到 3 600 安培；过不了几天，整栋房子就会被烧毁，房子外面电线杆上的变压器也会爆炸，而电费也将会超过读大学的学费。这样，爱迪生卖给我们的灯泡就不可能超过一个。[①]

我已经得出结论——欧姆定律和法拉第定律都是错误的，因为没有任何物理对象能够完全遵守这两条定律。但是，真空灯泡中的竹纤维非常接近遵守欧姆定律，而铁芯周围的铜线圈（如图 2.8 所示）则非常接近遵守法拉第定律。然而，即便是在这两种情况下，模型也是错误的。

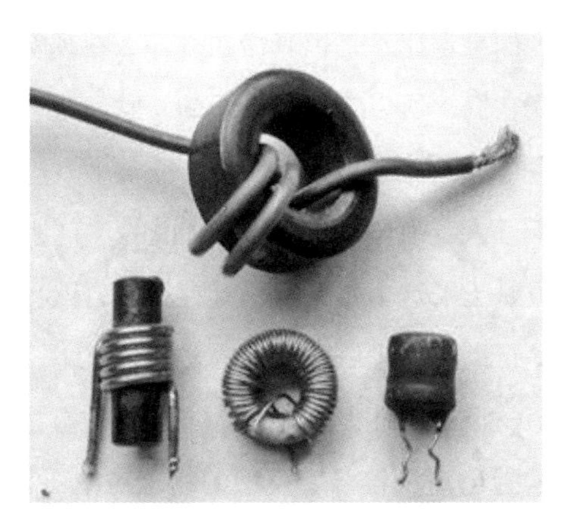

图 2.8 几个手工制作的电感。[ 图片由“我”提供，并获得 CC BY-SA（署名 - 非商业性使用 - 相同方式共享协议文本）3.0. 授权。原图片网址 https://commons.wikimedia.org/w/index.php?curid=1534586。]

① 在美国，大多数家庭电路都有保险丝，当电流超过 15 安培或 20 安培时，它就会中断电流，所以这种情况不会在你家里发生。此外，家庭电路中提供的电压要大得多，在美国的常见峰值可以达到 170 伏特［请参见李和娜拉耶（2011）第 11 页的补充报道以了解家庭电力］。因此，在电压为 170 伏特时，电流将以每秒 170 安培的速度增加，这意味着它将在 11 毫秒内达到 15 安培。此时，保险丝就会熔断，你将身处一片漆黑之中。所以灯泡只能工作 11 毫秒。

爱迪生是一名工程师，但他对科学也做出了巨大贡献。他和许多科学家一样，非常依赖实验。对于科学家来说，模型的价值在于它的特性与目标物（通常是在自然界中发现的对象）属性的匹配程度。欧姆定律和法拉第定律的价值在于它们描述研究对象属性的准确程度。但是，对于像爱迪生这样的工程师来说，一种对象的价值（如竹纤维）取决于它的属性与模型（这里就是欧姆定律）的匹配程度。爱迪生对电有足够的了解，他知道感应灯丝是没用的。相反，他知道他需要一根以欧姆定律为相符模型的灯丝（并且还能产生光），于是，他开始为这个模型寻找一根灯丝（一个目标物）。

根据波普尔的科学哲学，一个科学模型，或者是一种“理论”，在科学上必须是可证伪的。按照这一原则，欧姆定律和法拉第定律要么是不科学的，要么是错误的。如果定律是恒真命题，那么它们是不可证伪的。如果定律不是恒真命题，那么在现实中就没有任何物理对象会遵守它们，所以它们是错误的。欧姆定律和法拉第定律是有用但不正确的。

为了有别于“人工科学”，在西蒙所说的“自然科学”中，科学家根据定义被赋予了这个目标物，其存在于自然界中。这样的科学家建立模型，帮助人们理解该目标物。相比之下，工程师则构建目标物模拟一个模型的特性。工程师为不存在的事物使用或发明模型，然后尝试构造出高度符合于模型的物理对象（目标物）。对于工程师来说，模型提供了一种设计，而目标物是其实现。任务在于，要找到一个高度符合于该模型的实现。

这两种模型的使用是互补的。工程师和科学家通常会以这两种方式使用模型。爱迪生花费了大量精力来研究各种天然材料的电特性，之后才选定竹纤维。因此，好的工程要以好的科学为基础。至少对于实验科学来说，好的科学研究需要好的工程来配合，正如我们在上一章提到的激光干涉引力波天文台的工作一样。

但是，很遗憾，在这两种情形下模型都会是错的。在工程中，如果我们能够找到一个高度符合于模型的实现，那么该模型就是有用的。在科学中，如果一个模型高度符合于大自然给我们的一个目标物，那么这个模型是有用的。科学家常常会问这样的问题："我能为这个东西构造一个模型吗？"工程师则会问："我可以为这个模型做点儿什么吗？"

模型是由人类所构造的，建模的范式也是由人类构造的。因此，二者都受制于人类的创造力。它们都是被发明的，而不是被发现的。因为工程师会为尚不存在的事物构造模型，所以和专注于自然科学的科学家相比，他们的创造力空间更大。原因在于，科学家常常被困于为已经存在的事物构造模型。此外，我认为数字技术已经为一切的可能存在打开了可能性，创造力的空间确实是巨大的。我将在下一章分析数字技术是如何做到这一点的。

# 3.
# 事物之模型之模型之模型

我认为，工程中的模型是深度层叠的，并且每一层的设计都会影响上、下相邻两层的设计；而且模型的工程运用能激活创造性，这是因为模型的分层使设计者能够摆脱现实的物理约束。实际上，特别是数字技术已经在很大程度上消除了一大类工程系统中任何有意义的物理约束。因此，可以说，人类的想象力和吸收新范式的能力是限制创新的因素，而不是技术本身的因素。

## 3.1 技术的分层

让我们先来看一看工程师给出的一个问题："我可以为这个模型做点儿什么吗？"假定对于一大类模型来说，该答案是"是的"。例如，今天的技术使我们能够构造电气控制的开关网络。在这个网络中，闭合一个开关会导致另一个开关断开或闭合。半导体芯片就是这样的网络，其中的开关就是晶体管，网络是由连接这些晶体管的线路组成的。制作该类网络的介质是硅金属半导体，它是一种物理介质。

一旦这个问题的答案是“是的，我们可以”，那么开关网络就变成了构造模型的媒介。就如同库恩的科学范式一样，这种媒介也有它自己的范式。正如科学家使用范式来构建事物的模型一样，工程师也使用范式来构建事物的模型。范式提供了理解模型的概念框架。

那么，我们可以建立什么样的开关网络呢？开关网络的范式是颇具表达力的。每个开关只有两种状态——开（导通）和关（截止），它看起来不那么有表达力，但事实证明，我们可以将这些开关连接起来，以执行与自然语言相对应的逻辑功能，例如“与”、“或”和“非”。我们可以将这些逻辑功能互联起来，以比较和操作表示文本的位串，并对二进制表示的数字执行算术运算。事实上，开关网络能够对任何可以表示为 0 、1 序列的信息进行极其丰富的操作。作为二进制开关的晶体管能成为信息技术的关键，这并非偶然。

一旦我们拥有了执行算术运算的能力，我们就有可能开启另一种设计范式——算术表达式。这一范式与开关网络的范式有着明显的不同，但算术表达式范式中的模型与开关网络范式中的模型一样具有可实现性。因此，如果一个工程师有一个由二进制数的算术运算组成的模型，并且再次回到这个问题——“我可以为这个模型做点儿什么吗？”，那么答案依然会是“是的”。然而，要实现“做点儿什么”的愿望，首先需要将算术模型转换为一个开关网络模型，然后将其转换为硅芯片。由此，算术表达式就变成了一种虚拟的媒介，它并非直接就是物理的，但可以通过一个间接层转换到某个物理介质。这是我要解释的第一个传递性模型的例子。

事实证明，我们可以用开关网络做更多的事情。我们可以用它创建存储器，存储二进制模式。例如，256 美元的银行余额可以用二进制模式 0000000100000000 来表示。这种二进制表示法共有 16 位。我们可以设计一个由 96 个开关组成的网络，其可以存储银行无限多的数据。如果客户存入账户 16 美元，该数据可以用二进制模式 0000000000010000 来表示，随后，开关网络可以将这两个数进行相加，并得到一个二进制数 0000000100010000，这个二进制数表示十进制数 272。然后，它可以用新的银行余额更新存储器。我们可以看到计算机银行系统是如何从开关网络中慢慢浮现而出的。

但是，把计算机银行系统看作一个开关网络是不现实的想法。首先，它实际所需的开关数量比我前面给出的例子要多得多，同时，所需执行的操作也要复杂得多。银行不会雇用一名工程师来连接实现开关功能的晶体管，以构建一个计算机银行系统。相反，银行会聘请一名工程师编写软件，这些软件将被计算机翻译为二进制模式，从而控制最终由晶体管构成的机器。这位工程师不需要知道如何制造一个晶体管，也不需要知道如何使用开关网络进行二进制运算，更不需要知道如何组织开关网络来制造一块存储器。

事实上，在银行系统的工程师和最终的计算机银行系统之间有许多模型层次。银行的应用，一个由字母、数字和标点符号组成的计算机程序，实际上是另一个模型的模型，另一个模型又是第三个模型的模型，以此类推，直到我们最终向下到达某个事物的模型。每个建模层次都有一个范式，而且每个范式都是由人类发明的。只有最低层的物理实体是大自然给予我们的。

在本章中，我试图阐明为什么分层的范式会如此强大，以及这些层次如何将范式转化为其他工程师可以用来实现其模型的创造性媒介。此时，你可能会带有成见地认为，这些范式层是枯燥的和充满事实的技术，同时也是复杂的和无聊的。然而，事实并非如此。它们是由物理上的可能性塑造的，尤其是有了数字技术之后，事实证明，它们更可能带有缔造者（工程师）的个性和气质的深深印迹。

教育工作者往往不承认技术的个性。他们把技术描述为人们必须掌握的关于世界的柏拉图式的事实。这就是教育家学习它的方式。但是，技术的创造者并不是以这种方式来学习的。他们发明了技术，就像文学和艺术是被发明的一样。他们的发明反映了创造者的个人偏好，以及他们所处的（技术）文化环境。反过来，他们所处的文化环境又为其他人的发明所定义。技术不是一直潜伏在幕后等待被发现的柏拉图式真理的集合，而是由人类发明家创造的丰富的社会学思想的结晶。它是由这些人塑造的，并且是由一群不同的人创造出来的，其中包括很多女性。因此，技术无疑会有所不同。

我将把许多细节推到接下来的两章中进行阐述。在这两章中，我将尝试捕捉在硬件和软件技术中表现出来的范式和文化。而在本章中，我主要是给出一个高层次的观点。

## 3.2 简化的复杂性

简单系统的工程，如爱迪生的灯泡，可以用一种原型—测试的方法来实现。但随着系统变得越来越复杂，这种方法可能会失效。对于更为复杂的系统，模型的使用变得越发重要。

复杂性是一个很难被界定的概念。粗略地说，当一件事迫使我们绞尽脑汁去思考才能理解时，它就是复杂的。因此，复杂性是一种人工制品或一个概念与观察者之间的关系。

复杂性的一个来源是大量的组件。人类的大脑很难同时记住几个不同的组件。例如，在电话网络发展的早期，贝尔实验室对人类的记忆能力进行了大量研究。研究结果表明，人类在短时间内可以可靠地记住 7 个数字，但不能再多了。

所以电话号码是由 7 位数组成的。

计算机没有这样的困难。它们可以很容易同时“记住”数十亿个数字。因此，计算机对我们人类来说既是复杂性的来源（我们无法理解它们在用这些数字做什么），也是帮助我们管理复杂性的一种方法（我们将自己的记忆托付给它们）。

以图 2.3 中 3D 打印的马的模型为例，图 2.5 所示的虚拟模型共有超过 23 000 个三角形平面。每个平面都由 9 个数字指定，因此，定义虚拟模型的 STL 文件中包含了由 4 600 万比特表示的超过 207 000 个数字。然而，我的笔记本电脑可以用这些数字生成图中的图形，并在不到 1 秒钟的时间内完成模拟光线。我还可以在没有明显延迟的情况下交互式旋转该图形，以便计算机重新渲染和重新模拟每个角度的光线。该图像的渲染需要对代表 23 000 个三角形顶点的数字进行数百万次的算术运算。

使用爱迪生的原型—测试法设计一个复杂的系统比较困难，因为有太多可能的配置可供尝试。尽管如此，针对原型的这些原型—测试方法在今天的工程中仍然扮演着重要的角色。图 3.1 所示的是崔伊等人（2001）报道的电子元件现代原型。这是一种被称为鳍式场效应管（FinFET）的晶体管，是由杰夫·博科尔、金智杰、胡正明和他们的学生在伯克利大学发明的。图中所示的原型是在 2001 年制造的，其原理与朱利叶斯·利林菲尔德申请的场效应晶体管专利具有相同的原理（利林菲尔德，1930）。

这种晶体管的创新之处在于其结构，它比以前的集成电路更加立体。它的垂直结构使得更多的晶体管可以被封装到一个硅芯片的特定区域。

我要强调一下图中所示的几个尺寸大小。鳍式场效应晶体管上的“鳍”的宽度是 20 纳米。我们知道，1 米有 10 亿个纳米，所以这确实是相当小的。

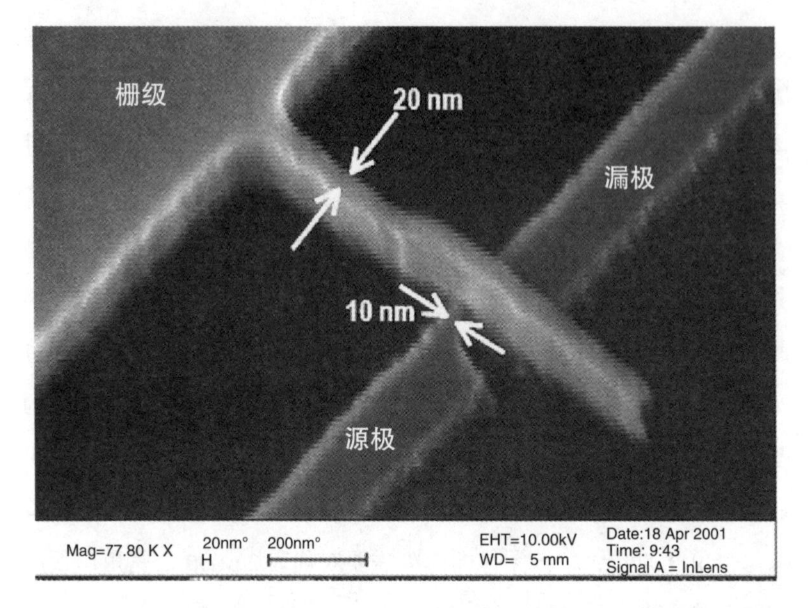


图 3.1 一个现代晶体管的原型。（金智杰供图，致谢。）

让我们来思考一下实现如此小的晶体管的意义。一个中等规模的硅芯片的面积约为 1 平方厘米。想想看，1 平方厘米的硅芯片上能有多少个 20 纳米的小方块呢？我要不要先停下来，等你计算一下呢？

我先暂停一会儿。

好吧，希望你得到的答案和我的一样，那就是 $2.5 \times 10^{11}$，也就是 2 500 亿！下面这个小方块的面积就是 1 平方厘米：

□

要把 2 500 亿个不同的人造对象装进上面的空间，这的确令人难以想象。

在 2016 年之前，还没有人制造出拥有 2 500 亿个晶体管的芯片，部分原因是除了晶体管之外，芯片中还包括许多其他的东西，例如连接晶体管的线路。此外，任何两个晶体管之间都需要一定的距离和空间。那么，一个芯片实际上能有多少个晶体管呢？

英特尔公司使用 22 纳米的鳍式场效应晶体管制造了一系列的微处理器芯片，并将它们命名为 Haswell 系列芯片。你的电脑里可能就有这样的一块芯片。图 3.2 给出了包含多个此类芯片的硅芯片的一部分。作为高科技工厂，“晶圆厂”生产这种晶圆，然后将其切割成单个芯片，并将它们安装在计算机中。图中每个芯片的面积是 1.77 平方厘米，几乎是如上所示正方形的两倍，且具有 14 亿个晶体管（辛皮，2013）。这远远少于如前所述的 2 500 亿，但是仍然是一个庞大的数字。[①]

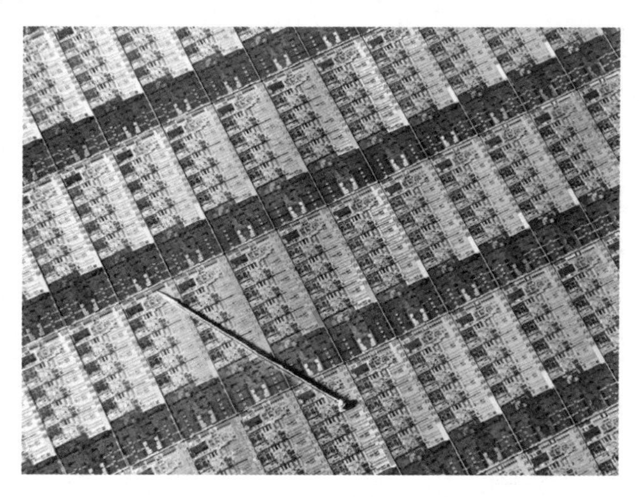

图 3.2 这是一张带有多个英特尔 Haswell 微处理器芯片的硅片照片。通过上面的别针可以感受其大小。[照片由英特尔免费媒体（雅虎网络相册：Haswell 芯片）发布，已获得维基共享资源 2.0 授权。]

① 图 3.2 所示的芯片是 Haswell 产品的“四核 + GPU”版本。这意味着每个芯片实际上包含 5 个计算单元：4 个执行程序的“核”和一个管理屏幕上图形及文本渲染的“图形处理单元”。尽管 GPU 非常专用，但它也是一台计算机。如果你斜着看这个图形，那么你可以看到每个芯片的裸片，即图中连续排放的矩形形状。在每个裸片中，你可以看到 4 个相同的形状，这是 4 个核。GPU 位于 4 个核之上。芯片的其余部分可能大部分是存储器。截至撰写本书时（2016 年 8 月），最大的 Haswell 芯片上有 55.6 亿个晶体管，它的面积约为 6.6 平方厘米，包括 18 个核。

很多关于这类技术的文章，包括我在上面所写的，都对大的数字有着令人窒息的热情，因为它们比我们在日常生活中遇到的任何东西都要大得多。但实际上，我们大多数人很难给这些庞大的数字赋予任何意义。事实上，我想说明的一点是，尽管人类的大脑有大约 1 000 亿个神经元，且每个神经元的功能都比一个晶体管更复杂，但人类的大脑还是无法理解任何由 14 亿个功能都可能不同的单个组件构成的设计！

每个晶体管都可以作为一个电子开关。它有一个控制输入，可以使得开关导通或截止。它可以在每秒钟开关数十亿次。数十亿计的晶体管以每秒数十亿次的速度进行开关，其结果就是产生了难以想象的潜在复杂性。

我们如何才能利用这项技术设计任何东西呢？我们可以使用爱迪生的原型—测试实验风格吗？博科尔、金智杰以及胡正明很可能在成功设计鳍式场效应晶体管之前，的确做了一些原型—测试的实验。即便如此，仅仅因为所涉及的尺度，他们的实验也比爱迪生的要困难得多。要雕刻一个 20 纳米的物理结构是非常困难的，你不能用锤子和凿子来做到这一点。因此，与爱迪生相比，他们不得不更多地使用模型。

但是更重要的是，如果你想设计一个基于硅芯片的系统，你会从晶体管的组装和连接开始吗？

例如，我们来看看我用来编写本书的系统。我使用了一个名为LaTeX的软件包，它能够把我输入的文本转换成可电子分发或打印的格式化书籍。假设我想设计这样一个系统，那么，我是否应该从一堆晶体管开始，以各种方式把它们连接起来，再看看它们能做些什么？肯定不会是这样的。

LaTeX是一个有趣的软件。它为我（一本书的作者）提供了建模图书的范式。我在文本编辑器中构造了我的书的模型，其中包含诸如用 \ footnote { 脚注内容 } 的注释创建一个脚注。然后，我会运行一个 LaTeX 程序，将文本模式的内容转换为一个 PDF 文件——待打印文件的另一种页面模式。LaTeX 软件是莱斯利·兰波特 20 世纪 80 年代初在斯坦福国际研究院工作时开发的。兰波特是一位多产且有影响力的计算机科学家。他因在分布式软件系统方面的突出贡献获得 2013 年的图灵奖（有时也被称为诺贝尔计算机科学奖）。LaTeX 是“Lamport 的 TEX”的缩写，它以斯坦福大学的另一位图灵奖得主高德纳于 20 世纪 70 年代末设计的 TeX 排版系统为基础。高德纳因他不朽的多卷型巨著《计算机程序设计艺术》而声名显赫。这是一本关于算法和编程原理的百科全书。维克拉姆·钱德拉在他的关于软件美学的著作《极客写作：代码与小说之美》（*Geek Sublime*）一书中写道：

> 如果有一个人能流利地说出机器里的方言，那么这个人一定是高德纳——计算机领域的活佛。（钱德拉，2014）

在一篇名为“文学编程”的文章中，高德纳认为，软件是一种文学，在这种文学中，编写的代码不仅可以告诉计算机该做什么，还能用来与他人进行交流：

> 让我们改变一下我们对构建程序的传统态度：与其设想我们的主要任务是指导计算机去做什么，不如让我们集中精力向人类解释我们想让计算机做什么。（高德纳，1984）

从 20 世纪 70 年代末开始，高德纳花了大约 10 年创建了 TeX 排版系统，因为他发现当时的照相排字系统的排版实在太难看了。今天，成千上万人已经为TEX和LATEX软件做出了贡献，主要是通过一个支持各种文档准备需求的软件包系统。它是一个蓬勃发展的开源社区，几乎所有的软件都是免费的。人们阅读并改进其中的代码，这几乎就像是在向高德纳致敬。在我看来，TEX软件生成的字体比我遇到的任何商业文字处理器的都要好。在第5章，我将更多地谈及有关软件的人类表达的内容。

## 3.3 模型的传递性

一个文字处理系统，就像我在写作本书时使用的一样，运行在图3.2所示的微处理器上，其使用基于图3.1所示原型的晶体管。

在硅物质和文字处理器之间存在着许多建模层次。在物理和维基百科这样的系统之间可以找到更多的层次。就像铅笔一样，没有人知道如何制作这样一个系统。然而，这种系统的存在的确是人类伟大智慧和创造力的直接结果。每个建模层都允许个人对设计做出贡献，而无须了解或关心他们正在使用的建模层是如何产生的，也无须知道他们正在创建的建模层将如何被其他设计人员使用。

图3.3给出了构建一个系统（例如维基百科）所涉及的几个层次。我的朋友兼同事阿尔贝托·圣乔瓦尼-温琴泰利称这些层次为“平台”（圣乔瓦尼-温琴泰利，2007）。这是一个恰当的术语，因为每个平台构成了构造上层模型的基础。上面的一些模型又定义了用于进一步构造的平台。圣乔瓦尼-温琴泰利指出，这些平台给了设计人员“选择的自由”。每个平台下面都存在很多种可能性，这些可能性提供的选择比任何设计人员所能处理的都要多。而在平台之上，

可做出的选择很少。例如，与使用逻辑门相比，你可以通过创建一个晶体管网络设计更多的系统（将在第 4 章中做出解释）。但是，当逻辑门提供了一个合适的平台时，如果你使用逻辑门而不是晶体管网络，设计工作就会变得容易很多。

| 云计算 | 96 页 |
| --- | --- |
| 库，语言与方言 | 91 页 |
| 编程语言 | 81 页 |
| 指令集体系架构 | 78 页 |
| 数字机器 | 71 页 |
| 逻辑图 | 69 页 |
| 逻辑门 | 66 页 |
| 数字开关 | 65 页 |
| 半导体 | 63 页 |

图 3.3　范式的分层。

人们偶尔会在科学中遇到这种抽象分层的使用。但与工程相比，科学中的这种情况还是比较少见的，而且也不会出现那么多的层次。科学家希望构建物理现实的模型，然而，物理现实的模型的模型会仅仅因为其离物理现实更远而变得更加令人怀疑。

18 世纪末发展起来的气体定律是模型成功分层的科学的例子。这些定律与气体的压力、温度、体积和质量有关。它们包括玻意耳定律、查理定律、盖-吕萨克定律和阿伏伽德罗定律。这些模型描述了最终由气体中大量分子的运动所导致的现象，但它们并没有从单个分子的角度描述这些现象。例如，玻意耳定律指出，在不变的温度下，气体的压力与它所占的体积成反比。因此，如果你要减小气体的体积（压缩气体），气体的压力就会增加。这些都是非常有用的模型的模型，其中较低层次是随机移动的分子之间的相互碰撞以及与外壳表面碰撞的模型。

可以说，生物学是最复杂的自然科学学科。一些研究人员认为，只有通过这样的分层才能使自然生物系统变得容易理解。例如，费希尔等人在 2011 年提出了如图 3.4 所示的层次“以征服生命系统的复杂性”。他们类比计算机硬件系统的分层而明确提出了这些层，甚至相应地命名了其中的一些层，如“生物逻辑门”。然而，图中的问号显示这种方法还不成熟。至少到目前为止，生物学似乎比工程更难利用模型的传递性。

我相信这个限制是非常基础的。科学不能像工程那样从建模范式的分层中获益。原因在于，工程师构建系统来匹配模型，而不是构造模型来匹配系统。我将在后面的章节对此进行更全面的讨论。

图 3.4　费希尔等（2011）为合成生物学提出的抽象层次。

即使没有分层，我们物理世界中的许多现象（甚至也许是大多数现象）也不适合于科学建模。例如，约翰·塞尔写了大量关于科学模型无法处理认知和社会现象的文章，尽管这些现象显然属于物理现象。我们回顾一下他的观点，“自然科学的方法在研究人类行为时并没有像在物理学和化学中那样带来回报”（塞尔，1984:71）。据我的理解，他的解释是模型传递性失败的一种形式。作为一个例证，他从较低层次的物理现象来看待我们无法预测战争和革命的现象：

> 不管是什么样的战争和革命，它们都会涉及大量的分子运动。其结果是，任何有关战争和革命发生的铁律都必须与分子运动的规律完全一致。（塞尔，1984:75）

他指出，我们没有关于战争和革命发生的规律（从物理规律意义上讲）。尽管最终“战争和革命，和其他一切事物一样，都是由分子运动组成的”。

这并不是说更高层次的现象不能用分子运动来解释。有些现象是可以的。塞尔引用了玻意耳定律和查理定律，这两个定律与分子运动的模型是一致的。这种关系相对简单，而且模型具有预测性。但是，战争和革命并非如此。战争和革命距离分子运动是如此遥远，以至没有任何关联是有意义的。

塞尔认为建立这种关联不仅是困难的，也是不可能的。他给出的理由既深刻又发人深省。为了证明他的观点，他让我们思考一下“货币”这个概念。正如他指出的那样，“货币就是人们所使用和认为是货币的东西”（塞尔，1984:78）。这个概念是自我参照的这一事实，是塞尔观点的关键所在。原因在于，“命名现象的概念本身就是这个现象的组成部分”。货币可以有不同的形式，如纸币、金币或（今天）存储在电脑中并以数字形式显示在屏幕上的比特位。塞尔说，试图将货币解释为一种神经生理学现象的尝试为货币的多种形式所羁绊。因为，当我们看到这些不同形式的货币时，视觉皮层上的刺激会完全不同。塞尔提出问题——这些完全不同的刺激是如何对大脑产生同样的影响的：

> 从货币可以有范围不定的物理形式这一事实来看，它可以对我们的神经系统产生范围不定的刺激作用。但是，由于它可以给我们的视觉系统带来一种范围不定的刺激模式，如果它们都能对我们的大脑产生完全相同的神经生理效应，那么它会……是个奇迹。（塞尔，1984:80）

因此，塞尔认为，货币的概念对我们的大脑不会仅仅是一种神经生理效应。

> 这种现象的物质和社会或者精神属性之间不可能有任何系统的联系。（塞尔，1984:78）

同样的观点似乎也适用于与货币这一社会学概念截然不同的现象，如人脸识别。例如，我们能够在一张我们出生以前拍摄的黑白照片中认出自己母亲的脸，尽管那时黑白照片上母亲的面容与现在有很大的差异。塞尔似乎必须得出这样的结论——这也不是一种神经生理效应。但是，我怀疑它是。尽管刺激有很大的可变性，但人类大脑已经进化到将视觉刺激归类为不相关联的类别了。

我是工程师，不是哲学家，更不是神经学家。我不能言之凿凿地拒绝或支持塞尔的观点，但坦率地讲，我并不需要它得出本质上相同的结论。我完全愿意接受这一点——没有人会在视觉系统的生理刺激和货币的社会学概念之间建立任何有意义的联系。即使我们能构建出副现象的层次[①]，它们之间的关系也会特别复杂，或者会有很多层次，以至从它们的联系中也不会产生任何有意义的东西。较高层次的现象是涌现现象，它们包含了较低层次的现象，但又有其自身的特征和属性。在后面的章节中，我将探讨建模的基本限制。即便货币的概念确实是一种神经生理学效应，这些限制也会使这种联系变得不可能。

这也许是更为有趣的事实，即使我们清楚地知道如何解释产生于物理效应的一些现象，这样做本身也没什么意义。在第 5 章，我会谈到，尽管软件最终是在硅材料中流动的电子，但是物理效应和软件之间存在着太多的建模层。实际上，这已经使得它们之间的联系变得毫无意义了。

我认为，像维基百科这样的高端技术，与使其运转的半导体物理学中的潜在物理现象几乎没有（而且正在减少）什么有意义的联系。对于数字技术，我们实际上可以将这种关系从维基百科一直追溯到半导体物理学。我将在第 4 章和第 5 章中探究这些问题。但在这个过程中，我将向大家展示，较高层次与较低层次的模型之间存在着许多间接层次，以至高层次上发生的事情与低层次上发生的事情几乎没有什么有意义的联系。

在处理模型的分层时，工程师比科学家有优势。自然生物系统以及战争与革命都是我们的世界赋予的，而工程系统不是。就工程系统而言，工程师的目标不是用较低层次的现象解释它们，而是用较低层次的现象设计它们。这个不同的目标使得利用模型的传递性变得更加容易。

以合成生物学为例，它与设计人工生物系统有关。这一领域较

---

① 副现象是一种可以用更基本的现象完全解释的现象。

少关注解释自然产生的系统，而更侧重于利用自然生物途径来合成新的系统。在合成生物学中，研究人员采用了分层的抽象概念，并获得了很大的成效。例如，恩迪（2005）主张使用预设的功能模块创建生物系统。实际上，像合成生物学这样的工程学科，可以更容易地使用分层抽象，因为模型只需要对正在创建的系统建模。生物工程师选择要建模的系统，而且他们选择系统的部分依据是他们可以建模这些系统。为了提高效率，科学模型就需要对大自然赋予我们的众多系统进行建模。而且，我们不能选择这些系统，它们是大自然赋予我们的。

在接下来的两章中，我将详细介绍图 3.3 中的这些层，重点在于理解它们是如何产生的，而且我的目的在于说明这些层是人类的创造性工作，而不是上帝给予的事实的集合。但是，我首先还是想先花一点儿时间来思考，对任何给定的任务，如何确定应该关注哪个层。

## 3.4 还原论

在最低层次上，文字处理器和维基百科都是在硅材料和金属中流动的电子，而构成维基百科的程序是硅材料和金属中流动的电子的模型的模型的模型的模型……人们很容易落入还原论的陷阱，于是认为维基百科“除了”是电子在材料硅中流动外什么都不是，但这会极大地歪曲事实。

对于任何建模层的系统，还原论的观点是用其下面的一层来进行解释的。例如，我们可以解释，维基百科的搜索功能是如何使用编程语言中比较文本的操作符的，这些操作符通过比较机器码中的文本二进制表示来实现，机器码使用了某个指令集体系架构中的一条比较指令，指令集体系架构由带有一个可以执行比较操作的算术逻辑单元（ALU）的微体系结构实现，该逻辑单元由实现比较功能的一组逻辑门构成，这些逻辑门是互连的一组晶体管，而晶体管是三维结构的掺杂硅。显然，这是对维基百科搜索功能的一个糟糕解释。

还原论蕴含的一个含义是，一种副现象对解释它的现象没有任何影响。例如，气体的温度和压力的副现象可以用潜在的分子运动来解释，但是，即便我们不了解温度和压力的概念，分子运动也不会发生改变。然而，对于图 3.3 所示的这些层来说，这一含义显然是错误的。只有这些层的最低层，即移动电场的电子，是自然界赋予我们的。其他的每一层都是由人类构建的，而且其目的通常是更好地服务于上层。以逻辑门在数字机器设计中的作用来解释逻辑门的操作，以及用数字机器所要执行的软件来解释数字机器的设计，都是非常有效的，因为每一层的设计都要受到其下面以及上面层的影响。

在自然科学中，如果科学家想要使用这样的层，那么声称栈中更高的层影响其中较低的层将是一次信念的目的论飞跃。图 3.4 中生物门的存在如何影响自然界的信号通路的实现？相比之下，如果认为图 3.3 的栈中，晶体管是启动维基百科的很好的开关，这样的观点就不会让人觉得牵强了。

事实上，基于物理电子学的设计者一直在努力改进晶体管，使其更像理想的开关。从根本上讲，晶体管并不是开关，而是一个放大器。然而，工程师们对晶体管的设计进行了不断调整，使它们更像开关。例如，当晶体管处于截止状态时，通过它的泄漏电流应该非常小。这样可以减少能耗，这使得将更多的晶体管封装到一个小空间而不产生可能融化硅材料的过多热量成为可能。因此，工程师将会调整物理结构的设计，以减少电流的泄漏。他们这样做是为了让维基百科更好地运行。在这种情况下，有目的论的解释是完全合理的。

因此，图 3.3 与图 3.4 所示模型栈的相似之处充其量只是表面的。

我现在要重申一下我在 2.3 节提出的观点——在科学中，模型的价值取决于它的特性与目标物属性的匹配程度，而在工程中，目标物的价值在于它的属性与模型特性的匹配程度。如果我们的晶体管模型是一个开关，那么最有价值的晶体管会是那些表现得最像理想开关的晶体管。

尽管我们有着坚持实证主义教条的决心，但是我们仍然可以坚持一种还原论的方法。一旦我们得到了物理电子工程师设计的一些晶体管、超大规模集成电路软件设计的一些逻辑门、英特尔设计的微体系结构以及指令集体系架构、甲骨文开发的 Java 编译器、Eclipse 基金会的 Java 组件库，我们就可以用这些基础来解释维基百科是如何工作的。

但是，这些解释对我来说太过于呆子气了。首先，这些基础并不是静态的，所以我们费力构建的解释只会在瞬间有效。而更重要的是，这种解释大大低估了维基百科存在的真正意义。在抽象的更高层次，出现了一些很难（如果不是不可能的话）用较低层次的抽象来解释的属性。从本质上说，维基百科使技术和文化达成一种伙伴关系。这在很大程度上就是维基百科的价值所在。我承认，当我看到一个写得特别好的维基百科页面时，我确实感到一种真正的审美上的愉悦；而当我看到一个写得很糟糕的页面，或者过于清晰地反映太少人的观点的页面时，我会感到非常沮丧和郁闷。一个写得好的维基百科页面很难用流动的电子来解释。

技术本身并不能创造出像维基百科这样的现象。对该类现象进行任何简化的解释都是幼稚的。在后面的章节中，我将说明，还原论的失败是复杂技术中不可避免的基本问题。

请注意，我们的分层不需要止步于在图 3.3 所示的顶部层次。

维基百科中的软件是在该图顶部的建模范式中被创建的。但在很大程度上，技术是为了支撑其上的社会学层次才被建模的。我只是个技术呆子，我不了解人，所以我不会试图把我的分析扩展到那些社会学层次。我把这个任务留给社会科学家。

在下一章，我将重点介绍硬件技术。我认为，硬件的生命力并没有该硬件的模型那么持久。尽管没有物质的形式，但是模型和它们所基于的范式比它们所建模的事物具有更持久的生命力。我之所以关注数字技术，是因为当我们从物理层（硅芯片）开始向上时，我们很快就会得到极具表现力的媒介，其可以实现极其复杂的模型。这些媒介的表现力释放了人类的创造力，并促成了像维基百科这样的变革性技术的出现。

在第 5 章，我将聚焦于软件技术。在这里，我需要指出，软件对构建它的范式进行编码。这种自我支撑能激发真正的创新力，并创造出那些能够对人类文化产生深远影响的真正的创新产品。在后面的章节，我将阐释软件的局限性。进一步创新的大门依然敞开着。

# 4.

# 硬件快速演化

在本章，我会说明硬件也是软的，以及一种比硬件本身生命力更持久的思想的短暂表达。同时，我在本章还追溯了使数十亿晶体管组成数字机器成为可能的分层范式。

## 4.1 硬和软

史蒂文·康纳是伦敦大学伯克贝克学院现代文学和理论专业的教授，他认为斯坦福大学的法语教授、法国哲学家米歇尔·塞尔创立了一套精妙而漂亮的“硬和软”的理论。据康纳所说，塞尔的论题贯穿于他的多部作品之中，其中许多作品尚未被翻译成英文。康纳评论说，要引用塞尔的原文是有点儿难度的，所以我在这里就引用了康纳的一段文字：

> “硬”和“软”的对比指的是自然领域和文化领域的区别，自然领域是我们所说的“硬科学”关注的对象。硬指的是给予的，而不是制造的。

> 它指的是物质上的，而不是概念上的。它指的是硬件而不是软件。它指的是对象而不是想法，是形式而不是信息，是物理世界而不是文字。（康纳，2009）

康纳在塞尔的著作中发现了一系列令人吃惊的硬和软的经典对立情形，包括身体与语言、科学与人文、事物与符号、物理的与概念的、对象与想法、形式与信息、物理与语言、石头与鬼魂、发动机与信息论、手册与数字、声音与意义、桥梁与连字符、能量与信息、肉体与文字、真实与虚拟、力量与代码、立方体与几何学、客观与主观、战争与宗教、一本书与一个故事以及声音与音乐等等。

然而，塞尔并未屈从于柏拉图主义，那需要在硬和软之间有一个清晰的界限。恰恰相反，康纳表示：

> 塞尔的主要成就是，允许他的读者领悟（硬和软）是可以相互转换的……硬的总是能蒸发成软的，而软的也常常可以钙化为硬的。（康纳，2009 年）

塞尔在自己的著作中提道（康纳翻译自法语）：

> 硬的东西常常显示出软的一面；当然，材料本身就像软件一样可以被记忆和编程。硬件（法语 matériel）中有软件（法语 logiciel）。（塞尔，2003:73）

然后，我们又在硬和软之间发现了更为微妙的对立关系，例如，蜡和蜡、自然和自然、绳子和绳子，或者数学和数学。根据作用和用途的不同，上述例子中的每一方既可以是硬的，也可以是软的。

按照塞尔的观点，“硬中有软，软中有硬”。

在塞尔的观点之后，我想简要地概括一下本章的内容——“硬件和硬件”，意思是硬件既是硬的也是软的。我要说的是，对于一个从事数字技术工作的工程师来说，硬件仅仅是一种思想的短暂表达，它的持续时间也许只稍稍长过一个几毫秒内就会从房间里消失的口语表达词语，但在宏大的计划中仍然是短暂的。相比之下，硬件所表达的思想，尽管总是处在不断的变化和演变之中，但确实可以持续很长的时间。这些思想是通过分层的范式来表达的。这些范式以设计者都不知道的方式形成和约束着这些思想。

在本章的其余部分，我将概要阐述专门用于计算机硬件的建模层。感到抱歉的是，我承认本章后续内容会像一场技术呆子的头脑风暴。如果你是个急性子或者对硬件不感兴趣，并且同意我的基本论点，那么请直接跳过这部分内容。

我的基本论点是，现代计算机的硬件过于复杂，根本无法直接进行设计。因此，抽象层是必不可少的，除了最低层的半导体物理层之外，所有其他的层都不是大自然赋予我们的。它们都是人类构建的，是库恩所指意义上构建我们对硬件设计的思路的范式。

此外，我还想表明，尽管这些范式没有物理形式，却比硬件本身的生命力更持久。范式的转换对人类来说是一件十分困难的事情。它们也可能会有很高的代价，因为技术范式的转换可能意味着重大的重组。用以支持设计的软件，例如硬件描述语言及其编译器，可能必须被重新设计并进行重大的范式转换，甚至就连制造工厂也可能不得不进行改变。

尽管如此，范式的分层使得范式的转换比其他情况下的转换要更容易。例如，微处理器的设计在转向一种新的半导体技术时，通常不需要进行改变。本章的重点在于这种范式的分层是如何激发创造力和推动技术进步的。在第 6 章，我将进一步解释技术进步是如何引发范式转换的。

如果你坚持阅读本章的内容，那么我可以先告诉你我的主要目标是，向那些很少或根本没有接触过电子技术的读者展示诸如维基百科这样的一个应用程序是如何以晶体管为开关实现基本操作的。关于这个过程的解释不可能一下子就给出来，它必须是分层的。否则，人类大脑就要应对过于复杂的事物了。但是，从把单个晶体管抽象为一个开关开始，我们很快就得到了在芯片中实现时需要的成千上万、数百万和数十亿个晶体管的抽象。我的目标是向读者展示这些分层的抽象是如何实现这种扩展的。

## 4.2 半导体

现代微处理器是由硅晶体和被称为掺杂剂的杂质精心制成的。这些晶体被雕刻成微小的图案和形状，就像图 3.1 所示的“晶圆厂”中的产品。在晶圆厂，穿着连体防尘服的人们会在无尘室里制造硅晶片，这是因为哪怕是最小的灰尘都会毁掉一个芯片。晶圆厂的产品是图 3.2 所示的硅晶片，这些硅晶片被切割成单个的裸片，然后裸片被置入一个塑料或陶瓷的封装里，并将金属引脚从封装中引出。

当通过金属引脚向芯片施加电压时，就产生了电流。此时，我们就可以用欧姆定律、法拉第定律以及其他一些模型来理解发生了什么。例如，一个场效应晶体管是使用电场来改变硅片中“沟道”的阻值的。当电阻低时，晶体管就是“导通”的，而当电阻高时，晶体管就会“截止”。因为这种材料可以导电，也可以不导电，所以它既不是绝缘体也不是导电体，故而被称为“半导体”。

最终，电流是电子的运动，电压和电场是由电子聚集或空出一个区域产生的。可以说，微处理器的行为就是电子在硅材料中的流动。

半导体物理学是一门深奥的技术专业，它更多是科学而非工程。在这个专业化世界中，物理世界的事实占主导地位。尽管如此，各种设计模型层出不穷，这使得设计者能够重复使用经验法则来设计有用的电子电路，而无须深入了解这一物理学。这些设计模型构成了一个范式，而这种范式使一个行业的发展能够超越实验室中一次性的科学实验。

从原则上讲，芯片设计人员可以通过详细地说明如何构造一个结构来设计类似于图 3.1 所示的结构。这种设计采用了一套“掩膜”的形式，在光刻中其被用来“打印”芯片。例如，图 4.1 给出了某个掩膜设计的一部分。该掩膜说明了硅晶体的哪些区域应掺杂哪些掺杂剂，哪些区域应该覆盖多晶硅，以及哪些区域应该覆盖金属。到了 20 世纪 70 年代末，当一个芯片上放置 2 万个晶体管成为可能时，手工为每个电路设计这样的掩膜就变得非常不切实际了。

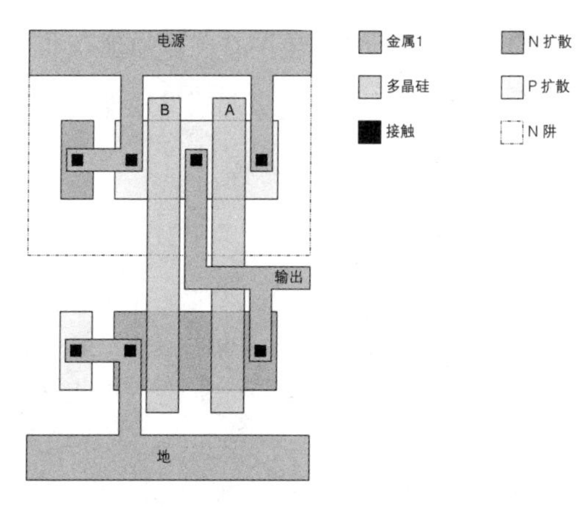


图 4.1　四晶体管的 CMOS 与非门掩膜设计及其逻辑符号。

图 4.1 所示的版图只给出了 4 个晶体管。图 4.2 给出了一个裸片，其包含 4 个类似于图 4.1 所示的设计实例。

那个芯片上只有 16 个晶体管。芯片的外围有一组较大的管脚，这使得可以将线路焊接到芯片上，并连接到封装芯片外部的金属引脚上。

20 世纪 70 年代末，加州理工学院的卡弗 · 米德和当时在施乐帕克研究中心工作的琳 · 康维[①]共同编写了名为《超大规模集成电路导论》[②]的教科书，这本书通过引入对可伸缩“设计规则”的使用在该领域掀起了一场革命。他们的方法现在被普遍称为米德–康维方法。

他们提出的设计规则是根据一个称作 λ（希腊字母 lambda）的变量参数来定义标准版图的模式。该参数是一个版图中特征图层之间的最小距离。例如，用于制造图 3.2 所示 Haswell 芯片的 22 纳米英特尔制程中，$\lambda = 22 \times 10^{-9}$ 米。有了这些设计规则之后，芯片设计者可以反复使用这些版图，即使是芯片的特征尺寸一直在减小。

米德和康维引发了一次范式转换。如同大多数范式转换的情形一样，他们也遇到一些阻力。一些固执的电路设计者坚持认为，他们可以设计出更好的芯片，而不受米德–康维方法的限制。他们拒绝接受这种“选择的自由”。当然，这样的设计师现在几乎已经完全消失了。今天，你也许会在行业的边缘部门发现他们的身影，在设计专门的芯片或者在从事制造技术的研究。

---

① 为了强调范式是由人类发明的，而且有时是由一些有趣的人发明的，我不得不在这里多用些笔墨。在去施乐帕克研究中心工作之前，琳 • 康维曾经在 1968 年被 IBM 公司解雇。原因是她当时宣布打算从一个男性变性为女性。事实上，我甚至无法想象，这在当年需要多大的勇气。此后，她成为变性人权利的积极倡导者。

② 超大规模集成电路（VLSI）一词在 20 世纪 70 年代开始被使用，当时的芯片已经开始拥有成千上万个晶体管了。这个术语现在仍然被用于具有数十亿晶体管的芯片。

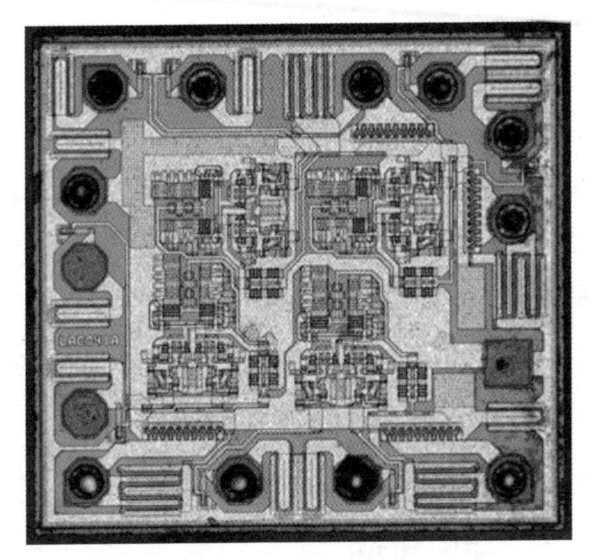

图 4.2 NXP 74AHC00 的裸片图（左边）和封装后的产品图（右边），该芯片有 4 个 2 路输入的 CMOS 与非门。（裸片图由 ZeptoBars 的米哈伊尔 · 斯瓦利切夫斯基提供，由知识共享署名许可 3.0 未移植版授权。）

设计规则的使用使芯片的设计者和半导体物理学家这两类人得以分离。物理学家可以制定设计规则，软件可以合成一组掩膜。这种职能上的分离也催生了新的商业模式。在这种模式下，芯片由“硅晶圆代工厂”制造，如台湾积体电路制造股份有限公司（台积电）或者格罗方德半导体股份有限公司等。这些公司只需要向它们的客户发布它们的设计规则就可以了。由于米德–康维方法的使用，系统设计公司可以“没有晶圆厂”，也不需要投资数十亿美元开设晶圆厂来生产芯片。相反，它们与硅晶圆代工厂签订合同，让这些工厂制造芯片。

## 4.3 数字开关

虽然晶体管可以用于其他用途（例如放大信号），但微处理器中的大多数晶体管被用作数字开关。这意味着我们可以通过了解晶体管是“导通”还是“截止”来了解电路的行为。实际上，我们并不需要关心“中间的那些行为”。以下是用于表示图 3.1 所示场效应晶体管的标准符号：

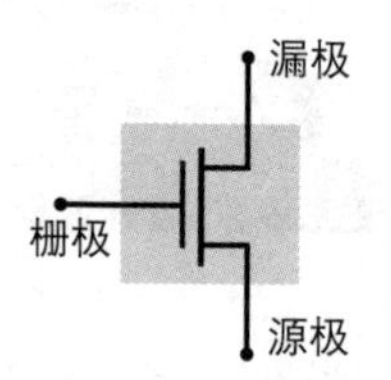


晶体管有一根控制输入线（称为栅极），用于打开（导通）或关闭（截止）晶体管。每个晶体管还有其他两个端子（称为源极和漏极）。当晶体管“导通”时，我们将其行为建模为一根连接源极和漏极的简单导线。当它“截止”时，我们将其行为建模为断开的两个端子。

栅极上的电压决定了晶体管是导通还是截止的。对于上述晶体管来讲，当栅极电压比源极电压足够高时，晶体管就会导通。否则就是截止的。

我们还可以制造出一个“互补”的晶体管，当栅极电压比源极电压足够低时，晶体管就导通。该类晶体管的栅极处标有一个圆圈：

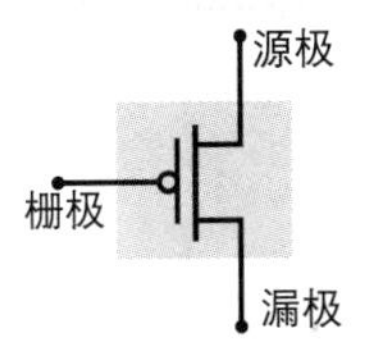


将这两种晶体管结合在一起的技术被称为 CMOS（互补金属氧化物半导体）技术。这个缩略词中的金属氧化物半导体（MOS）部分实际上已经过时了。它起源于最初用来制造这些晶体管的结构，但是这个名称现在仍然存在。CMOS 已不再是半导体技术文化中的缩略词了。它只是一个名词，发音为“sea moss”（海藻）。

晶体管的开关模型是一个近似模型，但是特别有用。它是一种数字式抽象，分为截然不同的两种状态——导通和截止。但真正的晶体管并不那么清晰：它是在硅中流动的电子。即使再好的晶体管也无法完全匹配这个数字式的抽象。

## 4.4 逻辑门

晶体管的数字开关模型提供了一个范式。我们可以用它来构建执行逻辑功能的电路。图 4.3 给出了反相器的电路图，它将高电压转换为低电压，或者相反。如果高电压表示数字 1 且低电压表示数字 0，那么，反相器就在 0 和 1 之间进行转换。这被称为“逻辑门”，因为它实现了一个简单的逻辑操作：否定。

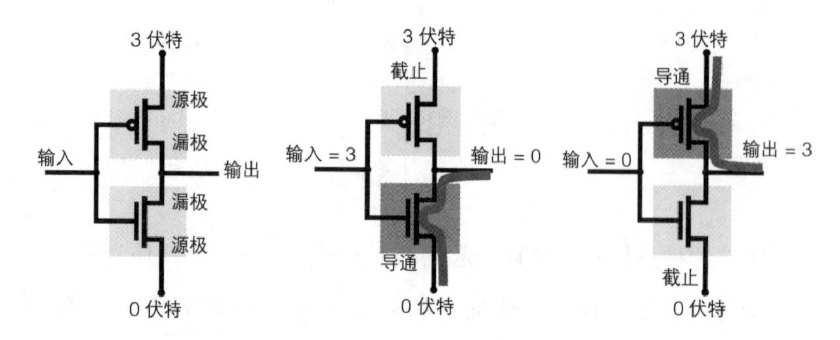


图 4.3 一个反相器逻辑门的电路图（左图）。当输入为高电压（3 伏特）时，底部的晶体管导通（中间图）。当输入为低电压（0 伏特）时，顶部的晶体管导通（右图）。

即使你以前从未研究过电路，也能够很容易理解这个电路。两个阴影框表示两个互补的场效应晶体管。顶部多出一个圆圈的晶体管补充下部的晶体管。在这个电路中，两个晶体管的栅极连接在一起，所以当一个截止时，另一个就是导通的。

由图可知，其底部端子的供电电压为 0 伏特。当底部的晶体管导通时，输出将连接到 0 伏特线路上，如中间的图所示，那么输出电压为 0 伏特。当栅极电压为 3 伏特时，底部晶体管将导通。所以，如果输入电压（栅极电压）为 3 伏特，那么输出电压为 0 伏特。

图中，顶部终端的供电电压为 3 伏特。当顶部晶体管导通时，这条 3 伏特的线路会直接连接到输出端，此时，输出端的电压为 3 伏特，如图中的右图所示。当输入电压为 0 伏特时，上面的晶体管导通。当输入电压为 0 伏特时，输出电压为 3 伏特。因此，这个电路确实实现了一个反相器的作用，这里假设 3 伏特代表二进制数字 1，0 伏特代表二进制数字 0。

上图中的晶体管符号代表了一些相当复杂的物理对象的简单模型。该电路可以进一步抽象为一个反相器的逻辑符号，如下：

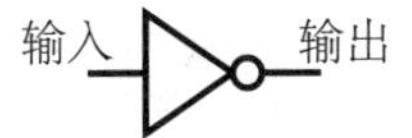


这个符号代表了一个数字式的“逻辑门”，具体来说就是一个反相器。这个抽象表达了一个特别简单的含义——当输入为二进制数 1 时，输出为二进制数 0，反之亦然。

反相器也被称为非门，因为它可以被看作实现了逻辑否定。如果数字 1 表示“真”，数字 0 表示“假”，那么非门会将真转换为假，反之亦然。当使用这样的符号时，我们将不再明确地给出供电电压（指连接到顶部和底部端子）。这些都是隐含的。

开关电路和逻辑间的联系显然是由克劳德·香农首先完全建立起来的。香农是一位电气工程师，他将以信息论之父出现在第 7 章。1938 年，22 岁的香农是麻省理工学院一名硕士生。他写的一篇硕士论文，很可能是有史以来最有影响力的硕士论文（香农，1938）。在这篇论文中，他给出了电子开关可以通过多种方式的连接来实现任何符号逻辑功能的结论。例如，人们可以用电子开关表示这样的命题，“如果 $y$ 为真且 $z$ 为假，或者，如果 $y$ 为假且 $z$ 为真，则 $x$ 为真”。香农表明，这种逻辑命题可以用英国数学家乔治·布尔在 19 世纪创建的逻辑代数来设计、分析和优化。从那时起，这种电路就被称为布尔逻辑电路了。香农在撰写他的硕士论文时，电子开关是用机械继电器或真空管来实现的，晶体管在那时还没有被发现。尽管晶体管 20 世纪 20 年代就被发明了（见第 1 章），但它并没有被人们广泛地认识或使用。

另外，还有一些其他有用的布尔逻辑门。例如，一个与门可能有两个输入和一个输出。与门以如下的这个符号表示：

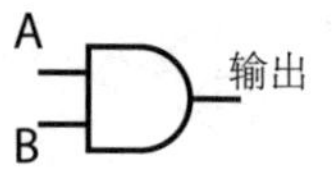


当两个输入都是 1 时，输出为 1；否则，输出为 0。一个与非门相当于一个与门的后面跟着一个“非”门。它的表示符号如下：

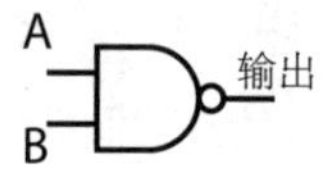


图 4.4 给出了与非门的一个实现。如果你现在已经了解了图 4.3 中反相器的工作原理，你可能就可以理解与非门是如何工作的了。香农使用机械继电器作为开关设计了类似的门。

如果任何一个输入为 1，则或门的输出为 1，其不像与门那样是要所有的输入都为 1。有两个输入的异或门的输出为 1 时，如果其中的一个输入为 1，那么另一个输入为 0。换句话说，异或门可以确定输入是否不同。这里，我就不再额外列举它们的实现及符号了。

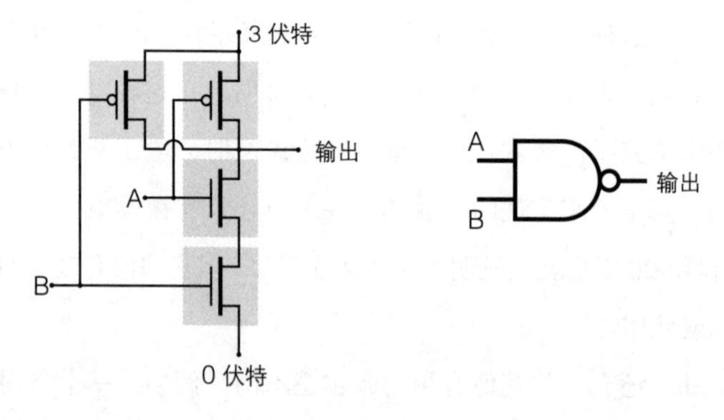


图 4.4　与非门及其逻辑符号的电路图。当两个输入 *A* 和 *B* 都为高电压时，输出为低电压，否则输出为高电压。

到目前为止，我们对我们目标的维基百科系统有了三个抽象层次：我们有待构建系统的物理对象，如图 3.1 中所示的那些晶体管，设计规则使我们不必为每个设备提供详细的几何参数；图 4.3 所示的电路图，将晶体管抽象成开关；一些逻辑门，与图 4.3 中右侧的类似，将一个电路抽象为一个逻辑函数。每一层都有自己的范式，有自己的词汇和符号。但是，我们距离建立维基百科系统还有很长的路要走。让我们继续，我保证我们一定会实现这个目标！

## 4.5 逻辑图

图 4.5 给出了一个有 67 个逻辑门的逻辑图（要实现这些逻辑门的功能大约需要 400 个晶体管）。其中一些逻辑门是图 4.3 所示的反相器，其余的是代表与、或、与非、或非和异或函数的逻辑门。读者并不需要花时间研究这个图，但是，我们可以利用它来了解维基百科设计中的抽象层次。

该图给定了算术逻辑单元的设计。如我们所知，算术逻辑单元是任何微处理器的重要组成部分。这个算术逻辑单元的输入是 4 位二进制数。它们进入顶部标记为 $A_0 \cdots A_3$ 和 $B_0 \cdots B_3$ 的输入线。每条输入线携带一个比特。[①] 底部有一些不同的输出，例如，有一根标记为 $A=B$ 的输出线。这条输出线告诉我们这两个输入的 4 位数是否相等。因此，算术逻辑单元执行的功能之一是比较两个数是否相等。这个算术逻辑单元还有加减两个二进制数以及其他一些功能。在他

① 香农认为“比特”［bit，“二进制数字”（binary digit）的缩略形式］这个词是普林斯顿大学和贝尔实验室的数学家约翰·图基最先发明的（香农，1948）。

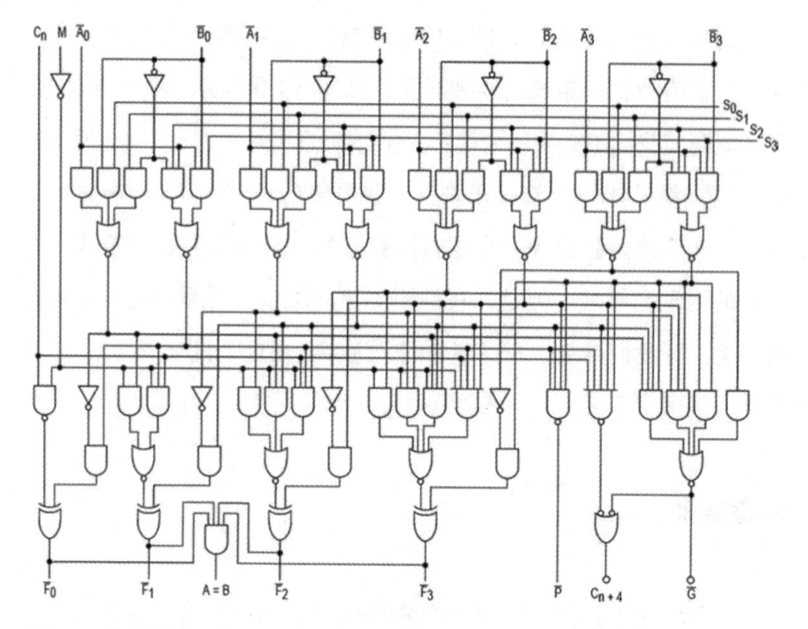


图 4.5 四位算术逻辑单元（ALU）的逻辑图。（该图为 CC BY-SA 3.0 授权图片，由帕奥通过维基共享资源网站发布。图片网址为 https://commons.wikimedia.org/w/index.php?curid=168473。）

的硕士论文中，香农展示了一种简单但相似的加法器电路，并指出，这样一个电路的每个输出都可以用布尔的符号逻辑代数来表示。

在维基百科的搜索过程中，我在搜索框中输入的每个字符都用一个数字来表示，通常是 8 位或 16 位的数字，而不是 4 位的，所以我们需要一个更大的算术逻辑单元。但是，更大的算术逻辑单元遵循与这个 4 位的算术逻辑单元相同的原理，而且它的逻辑图一定会更令人生畏。

要找到一个能满足我搜索要求的页面，维基百科需要比较数字是否相等。搜索机制比只是数字的比较要复杂得多。但是，如果不能比较数字，就不可能进行搜索。因此，尽管这是一个脆弱的连接，但也是我们在硬件和应用程序之间第一次真正的连接。我们还有很长的路要走。

请注意，只有跨越截至目前我们所看到的 4 个抽象层，我们才能理解为什么计算机世界如此痴迷于二进制数。其实原因很简单，因为晶体管有两种状态，要么导通要么截止。两种状态对应两个数字 0 和 1，对应两个逻辑状态假和真。这是我们所拥有的，所以我们必须用它们去工作，而没有 2 这样的其他数字。

现在，一个典型的微处理器的算术逻辑单元要比这个结构复杂得多。今天的微处理器的操作系统是 32 位或 64 位数，而不是 4 位数，所以这个电路的规模至少要比上面的电路大 16 倍，包括大约 1 000 个逻辑门和 6 400 个晶体管，而不是 67 个逻辑门和 400 个晶体管。通常情况下，它的规模还要更大，并提供更多的功能。很显然，像图 4.5 那样的模型会变得非常难以处理。你现在也许会十分感激我，因为我没有给你展示我在写本书时所用笔记本电脑上的算术逻辑单元的逻辑图。它看起来可能与之前所给出的逻辑图很相似，但它有更多的逻辑门。

请注意，当工程师首先创建了一个图 4.5 所示的逻辑图时，尽管它是一个模型，但是它所建模的物理实现并不存在。这强调了第 2 章提出的观点——该模型与典型的科学模型具有不同的目的。这个模型的价值不可能取决于它与它所建模的物理系统的匹配程度，因为那个物理系统还不存在。然而，这个模型的价值的确取决于我们构建一个行为与模型相匹配的物理系统的能力。事实上，数字技术的神奇之处就在于，我们知道如何构造出与图 4.5 所示模型几乎完全匹配的电路，并且让它在数年的时间里以每秒 10 亿次的速度执行指定的操作！

## 4.6 数字机器

图 4.5 所示的算术逻辑单元仅是微处理器众多部件中的一个。如果一个 32 位或 64 位算术逻辑单元本身太过复杂而无法用逻辑图表示，那么微处理器自然也会特别复杂。那么，工程师又是如何设计一个微处理器的呢？

我们可以将一个算术逻辑单元进一步抽象为如图 4.6 所示的单个组件。在图的中间靠右有一个形状比较奇怪的框，上面标有“ALU”（或者更准确地说，是标记为“ALU”的框），它代表着图 4.5 所示的逻辑图的 32 位或 64 位版本。类似地，图中的其他方框相应地表示包含了数千甚至数百万个晶体管的复杂逻辑。受过计算机架构艺术培训的人，很容易读懂这张图。这个人可以告诉你每个方框的功能。在这里，我不打算这样做，但我将尝试解释图的总体风格。

图 4.6 表示的是微处理器的心脏——CPU（中央处理单元）。它从左到右给出了构成计算机程序的指令序列的 4 个执行阶段。在最左侧，图中的组件从“指令存储器”中取指令（二进制数形式）。其右侧紧邻的译码阶段使用逻辑门来确定如何控制 CPU 的各个部分，包括算术逻辑单元，以便它执行指令所要求的功能。例如，如果一个指令想要对两个数字进行加法操作，那么译码器将构造控制输入以便执行加法操作。标记为“执行”的第三阶段使用算术逻辑单元来执行程序所要求的功能。第四阶段的标记为“访存”，该阶段将把指令的执行结果存储到存储器中，或者用指令的执行结果作为从存储器中读取数据的地址。

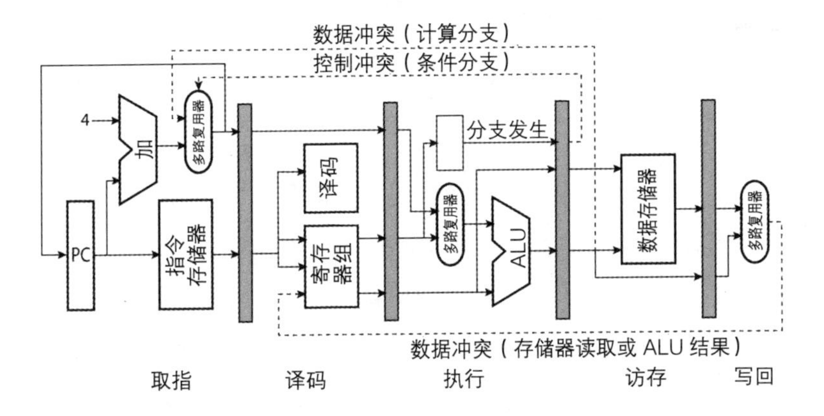


图 4.6 简单微处理器主流水线的数字机器模型（继帕特森和亨尼西之后，1996）。

图 4.6 并非一个逻辑图，里面没有逻辑门。每个方框代表一个用许多逻辑门实现的组件。图里面的“连线”也不是简单的线路。例如，接入算术逻辑单元的两根“连线”代表的并不是一条线路，而是代表了 32 条或 64 条线路，这取决于它是 32 位还是 64 位的算术逻辑单元。

图 4.6 所示设计的一个关键思想是，将存储程序的存储器与执行程序的逻辑电路分离开来。早期的计算机可能是通过对逻辑电路的重新布线来编程的，例如，使用带有电缆和插头的接线板。将程序存储器与算术逻辑单元分离的体系结构在今天的计算机中几乎普遍存在，这种结构被称为冯·诺依曼体系结构，以美籍匈牙利数学家和计算机科学家约翰·冯·诺依曼的名字命名。冯·诺依曼在一份题为“离散变量自动电子计算机（EDVAC）报告”（1945 年 6 月 30 日）的不完整初稿中第一次描述了这种系统结构的风格。冯·诺依曼一直致力于“曼哈顿计划”，并创建了原子弹的数学模型，还与宾夕法尼亚州立大学的一个项目开展合作，设计了一台名为 EDVAC 的计算机。EDVAC 是用真空管制成的，并使用二进制（以 2 为基数）

表示数字，而它的前身电子数字积分计算机（ENIAC）使用十进制（以 10 为基数）表示。虽然冯·诺依曼是该报告的唯一作者，但似乎很多其他来自宾夕法尼亚州立大学的人员都对这个设计做出了重大贡献。因此，把该体系结构称为冯·诺依曼体系结构可能再次反映了我们对于英雄的需要，而并非它准确地代表了历史。[①]

今天，数字化的设计师通常使用相当标准化的硬件组件（如算术逻辑单元）来组装这些设计。图 4.5 所示的算术逻辑单元实际上就是一个被称为 74181 的标准设计。早在 20 世纪 70 年代，诸多的制造商就生产了被称为 7400 系列的标准组件。图 4.5 中的 4 位算术逻辑单元就是该系列中的一员。今天，半导体制造商和计算机辅助设计（CAD）软件提供了标准的元件库，设计师可以直接用它们组装设计。更复杂的元件通常被称为 IP 核，即知识产权核，常被作为商品出售给设计师，并被用作设计中的组件。

在图 4.6 中相对较高的灰色框代表锁存器或寄存器。锁存器是一种电路，当其被时钟触发时，就会记录它的输入。然后，它将把输入值保持在输出端，直到时钟的下一个嘀嗒到来。在我用来撰写这本书的计算机中，时钟每秒嘀嗒 26 亿次。在这样的时钟频率下，算术逻辑单元的输入仅持续 $1/2.6 \times 10^9$ 或大约 1/3 纳秒。在 1/3 纳秒的时间里，它的那些逻辑门会决定它的输出值，以便算术逻辑单元的计算结果可以在时钟的下一个嘀嗒被下游的锁存器记录下来。

这种计时式的设计被称为同步数字逻辑。这是同步的，因为从概念上来说，所有锁存器都是同步计时的。同步数字逻辑范式将逻辑门内部和逻辑门之间的传播延迟抽象出来。只要逻辑门的速度足够快，就能在 1/3 纳秒的时钟周期内正确地执行它们的功能，那么，

① 有关冯·诺伊曼在计算方面开创性贡献的精彩阐述，请参阅乔治·戴森在 2012 年出版的著作《图灵的大教堂》（戴森，2012）。

没必要担心每个逻辑门的确切时间延迟。延迟可以被忽略。逻辑门的范式变得很简单：它们会立即执行它们的逻辑功能。

图 4.6 显然比图 4.5 中的逻辑图要更抽象。芯片设计者将这种样式的图称为寄存器传输级（RTL）图。我则简单地称它为数字机器，因为它是一台操作由比特组成的文字的机器。该图描述了微处理器在 32 位或 64 位文字和数字上执行操作的层次上的结构。这些文字和数字是在相对复杂的组件之间交换的。实际上，今天的 CPU 要比图 4.6 中所示的设计复杂得多。例如，英特尔 Haswell 系列处理器最多有 19 个锁存器阶段，而不是图 4.6 所示的 4 个阶段。此外，这些 CPU 与复杂的分层存储系统相结合，之后，它们被组装到包含多个 CPU 的服务器中。然后，这些服务器被部署到拥有数千个服务器和复杂网络的数据中心。只有这样，我们才能拥有像维基百科那样的复杂系统的硬件。

我们现在有 4 个抽象层次，但是我们仍然没有文字处理器，更不用说像维基百科那样的系统了。我们有的只是硬件，我们仍然需要弄清楚如何告诉硬件做什么。在这一点上，我们需要从硬件世界过渡到软件世界。在软件方面，还会有更多的抽象层次。我将在下一章讨论这些问题。请大家继续保持耐心，我们就要到达目的地了。

请注意，从本质上说，所有 4 个抽象层次都以其当前形式存在了几十年。但是，除非在博物馆里，否则读者很难找到几十年前的硬件实物。然而，抽象的生命力比硬件更持久。

这些抽象的分层对技术的进步至关重要。在当金智杰、博科尔和胡正明三位于 2001 年推出鳍式场效应晶体管，以及这种晶体管在 2014 年实际投入生产时，对其他层造成的唯一影响只是它们现在有了更多的晶体管可供使用。不需要改变上层的范式，因为一个鳍式场效应晶体管就像以前的晶体管一样也可作为一个相当好的开关，只是体积更小，速度更快，耗电也更少了。这为上面的那些层创造了机会。正如我将在第 6 章解释的，实际上，这些机会可以引发一场危机，并导致范式的转换。但这种“机会危机”并不要求上面的那些层做出改变，它只是激活了一个而已。

# 5.
# 软件的持久力

在这一章，我会讨论软件的范式层次如此之深，以至物理世界在很大程度上变得无关紧要了；软件反映了其创造者的个性和特质；软件在很大程度上要比硬件耐久，这是因为它编码了自己的分层范式；在服务器群组之梦中连接的机器。

## 5.1 自我支撑

编写程序的工程师原则上可以在程序存储器中设置单独的比特位，以使硬件能够执行他们的命令。在实践中，这是一件极其乏味的工作。一个典型的程序可能是程序存储器中的 1 000 万个比特位，那是很多很多的“0”和“1”。没有人能够在不犯很多很多错误的情况下写出这些“0”和“1”。

构成程序的比特模式被称为机器码。它们是供机器读取的，而不是让设计人员来编写的。那么它们又是怎么被编写出来的呢？设计人员是如何构建出一个文字处理器或维基百科这样的系统的？这就是下一组堆叠的抽象要发挥作用的地方了，它们聚焦于软件。

现代计算机程序通常由成百上千或成千上万个“模块”或“包”组成，其中每个“包”有数十或成百上千个“类”，每个“类”又有几十或成百上千个“方法”，而每个“方法”则有数十行或成百上千行代码。代码行是用某种编程语言编写的，并由编译器将其翻译成机器码（首先转换为另一种语言，然后再转换为机器码，这些转换通常是间接的）。设计中的这些层次对于能够从任何层理解程序的行为都是至关重要的。

早在 1972 年荷兰计算机科学家艾兹格·迪杰斯特拉在荷兰埃因霍芬理工大学任数学教授时，他就把软件描述为“分层系统”，并以下面的类比定义这个系统：

> 我们通过砖块来了解墙壁，通过晶体来了解砖块，通过分子来了解晶体。（迪杰斯特拉，1972）

然后，他注意到，除非“最大粒度与最小粒度之间的比率”较大，否则这种分层系统中的层数会很少。墙壁中的分子数量巨大，但是迪杰斯特拉只为我们给出了 4 个分层。

对于程序的结构而言，机器码的一个比特与一个程序之间的比率可能很容易就达到数百万。此外，程序的时间行为也是分层的。单行代码可以在几纳秒内完成执行，而程序的总体功能可能需要几个小时、几天或几个月。迪杰斯特拉对这一比率做了如下评论：

> 我不知道还有没有其他技术能具有 $10^{10}$ 或更大的比率：计算机以其惊人的速度，似乎是第一个为我们提供了一种环境，在这里高度分层的人工制品成为可能的和必要的。（迪杰斯特拉，1972）

为了评估迪杰斯特拉关于软件的“最大和最小粒度之间的比率”，我们需要综合考量三个因素。一个计算机程序可能包括100万行代码，并被翻译成几百万条机器码。机器码是在一个芯片上被执行的，该芯片上有数十亿个晶体管，每个晶体管充当一个开关。这些开关每秒切换数十亿次。如果最小粒度是晶体管的开关切换，最大的是计算机程序，那么它们之间的比率至少是$10^{24}$或者下面这个数字：

1 000 000 000 000 000 000 000 000

这个数字对于人类制造的东西而言实在是太大了。因此，当我们开始接触软件的时候，我们实际上已经远离了物理世界。

此时，再把软件视为一种物理现象已经没用了。哈罗德·阿贝尔森和杰伊·萨斯曼在其计算机科学的入门书《计算机程序的构造和解释》中将软件称为“程序认识论”（阿贝尔森和萨斯曼，1996）。软件成为人类施展创造力和技能的一个抽象媒介，它更接近约翰·塞尔的认知现象，而不是作为其起源的物理现象。软件成为人类表达思想的媒介，不仅体现在技术上，还表现在文化、文学和艺术等方面。当然，它最终是通过物理世界的电子流动实现的。在康纳所说的“令人有些震惊的神圣感”中，当谈到软件的软模型和它所运行的硬物质的结合时，米歇尔·塞尔引用了《圣经》中的话：

道成了肉身。（米歇尔 · 塞尔，2001:78）

由于最大和最小粒度在规模上的巨大差异，分层建模就变得至关重要了。我们致力于工程而不是科学，与塞尔批评的从神经生理学角度解释诸如金钱等先前存在的社会学现象的科学努力不同，我们在这里要关注的是工程而不是科学，我们只需要解释我们所构造的现象，而不是大自然赋予我们的那些现象。作为人类，我们构建软件及其下面的所有层，直到晶体管。用我们构造的一个较低层的现象来解释我们构造的现象要容易得多，特别是因为较低层的现象部分地是为了支持较高层的现象而构造的。

建模的每一层都会受到一个范式的支配。例如，编程语言就是这样一种范式。它塑造了程序员的思维，并为程序认识论提供了框架。编程语言是人类的发明，它通常反映了发明者的创造力和特质。

作为一种范式，编程语言具有一个有趣的特性。具体来说，编程语言可以而且经常被用来编码它自己的范式。例如，程序被编译器翻译成较低级别的语言，例如机器码。假设机器码是定义良好的，编译器就会对编程语言的含义进行编码，从而对其范式进行编码。但是编译器通常可以用它所编译的语言编写！事实上，一种语言能否对自己的编译器进行编码，是一种常见的试金石。根据维基百科，至少以下语言的编译器是用其本身编写的，包括 BASIC、ALGOL、C、D、Pascal、PL/I、Factor、Haskell、Modula-2、Oberon、OCaml、Common Lisp、Scheme、Go、Java、Rust、Python、Scala、Nim 以及 Eiffel。

我相信，这种范式的自我支撑是软件所特有的。这似乎接近塞尔对社会学现象的描述，“命名现象的概念本身就是现象的组成部分”。从最低层到最高层，软件都是如此。在最低层，微处理器包括了一个“引导加载程序”，这是一个很小的内置程序，该程序在微处理器第一次启动时被执行。“引导加载程序”一词指的是自引导（也称自举），在维基百科中有如下说明。

> ……这个词似乎起源于 19 世纪初的美国（特别是在“通过拽自己靴子上的鞋带，把自己提起来越过栅栏”这样的句子），指的是一个荒谬的

不可能的行为……（2016 年 4 月 30 日检索）

站在软件的更高层次，我在前面引用了维基百科上的维基百科页面，它本身就是一种自我支撑的形式。在中间层次上，重新启动操作系统，这是我们所有人都做过的事情，也是指自引导。操作系统使用自己的服务启动操作系统本身。

在本章的其余部分，我将解释我们通常在软件技术中使用的建模层。我希望这些解释不会比前一章对硬件建模层的解释更乏味，部分原因是它们更为特殊。我不把这些层描述为关于世界的事实，而是把它们视为人类的发明。这部分也许还会涉及一些技术呆子式的头脑风暴。真是抱歉，为了让读者更好地理解这些内容，我不得不如此。和前一章一样，我将先从较低的层开始解释，逐步到更高的层次。

## 5.2 指令集体系架构

早在 20 世纪 60 年代，在 IBM（国际商业机器公司）工作的小弗雷德里克·布鲁克斯就创建了指令集体系架构（ISA）的概念。该架构对计算机硬件的功能进行了抽象。当计算机执行一个程序时，它执行一系列指令。例如，一条指令可能对两个数进行比较，另一条指令则可以根据比较的结果指定下一步要执行的指令。毫无疑问，一台计算机可以执行的一系列指令被称为它的“指令集”。在布鲁克斯之前，每一种不同的计算机模型都有不同的指令集。

在 20 世纪 60 年代，IBM 开发了一个名为 System/360 的计算机系列产品。System/360 项目的目标之一是生产能够执行相同程序的各种计算机产品线。也就是说，一旦你有一个可以放入指令存储器的比特模式，那么，同样的比特模式在入门级计算机、更高级更昂贵的计算机上都能运行。这意味着多种不同的硬件设计都需要以相同的方式解释存储为比特模式的程序。硬件可能因执行程序的快或慢、提供存储器的多或少而有所不同，但是在硬件的所有实例上，程序的基本功能都应该是相同的。

为了实现这一点，布鲁克斯提出了一个标准化的“体系结构”，它是一种定义了一个固定指令集和编码每条指令的比特模式的规范。之后产生的指令集体系结构被称为 IBM System/360 ISA。

值得一提的是，布鲁克斯的计算机世界与我们今天的相比有很大的不同，大家非常有必要知道这一点。作为典型的 IBM 360 系列计算机，model 25 在 1968 年可以以每月 5 330 美元的价格被租用，或以 25.3 万美元的价格被购买（相当于 2016 年的 3.58 万美元和 170 万美元）。model 25 的目标客户是“中小型计算机”用户（IBM，1968）。在其最大配置中，主存包含 4.8 万个字节（每个字节是 8 比特）。相比之下，我用来撰写这本书的笔记本电脑的主存大约有 160 亿个字节，这台电脑的售价约为 2 000 美元。

尽管在成本和规模上存在着巨大的差异，但布鲁克斯有关指令集体系架构的基本思想一直沿用至今。我正在输入当前内容的笔记本电脑使用的指令集体系结构被称为“x86”指令集。它最初是在 1978 年英特尔的 8086 型微处理器中被引入的，大约比 IBM 360 计算机的问世晚了 10 年。英特尔公司在 1981 年推出的第一台 IBM PC 中使用了 8086 型微处理器的一个变体——英特尔 8088（如图 5.1 所示）。

图 5.1 IBM 最早的个人电脑，型号 5150。
（图片由鲁本 · 德 · 里克提供，并获得 CC BY-SA 3.0 授权。图片来自 https://commons.wikimedia.org/w/index.php?curid=9561543。）

x86 指令集的规模随着时间的推移而不断增长，但它是以“向后兼容”的方式增长的。这意味着英特尔 80186、80286、80386、80486 和许多其他微处理器都可以执行为 8086 编写的程序。图 3.2 所示的 Haswell 系列处理器也是 x86 处理器。

x86 指令集体系架构惊人的生命力强有力地证明了布鲁克斯的想法的威力。具有讽刺意味的是，硬件的生命力变得短暂，用几年就得更换，而软件却可以持续使用几十年。甚至连“endure”这个词也凸显了讽刺意味，因为这个词源于古法语用法，“dure”的意思是“坚硬”（hard），而要建造一座“耐久的”建筑，就得使用石头等坚硬的材料。然而，在计算机领域，软件要比硬件耐久得多。

下面，我来说明指令集体系架构是如何抽象硬件的。举例来说，假设硬件如图 4.6 所示的机器的任务之一是比较两个数。如果这两个数相等，那么它应该跳转到程序的另一部分。如果不相等，则应继续执行当前正在执行的指令序列。例如，这可能就是维基百科搜索功能的一部分，或者是搜索文本中出现的一个单词的功能部分。

图 5.2 给出了 x86 计算机程序中的一个小片段。在图中，每个框代表一条指令。机器从上到下依次执行这些指令。灰色框表示任意的、未指定的指令。图中给出两个具体指令，其中的第一条是：

```
cmp   eax, ebx
```

该指令比较两个寄存器“eax”和“ebx”的内容。这两个寄存器中存放了 32 位数；在执行这条指令之前，程序大概已经加载了这些寄存器，以包含表示我们正在搜索的字符的数字。例如，可以将字符串“Plat”加载到 32 位寄存器中，假设每个字符都采用 8 位编码。

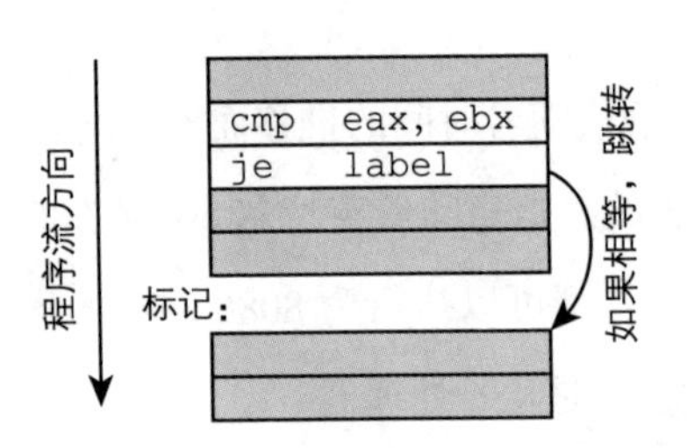


图 5.2　x86 汇编代码的小片段

上面的指令是用汇编语言编写的，这是一种专业的文本规范，必须被翻译成机器码。这条指令的机器码为：

```
0011010111010100
```

图中的文本被称为“汇编器”的程序转换成这种二进制表示形式。

“cmp”这个词被称为“助记符”，因为它比“0011010111010100”更容易被记住。

请允许我稍稍拓展一下，我想谈谈程序员的文化。在 20 世纪 60 年代和 70 年代，计算机的存储器要比现在小得多。在当时，使用助记符“cmp”要比“compare”更有优势，因为存储“cmp”只需要 24 比特，而“compare”需要 56 比特。今天，计算机的存储容量大幅增加，但工程师仍然觉得必须使用简短而神秘的助记符而不是完整的单词。他们更愿意写“fun”、“len”和“buf”，而不是完整的“function”、“length”和“buffer”。我个人认为这是一个有趣（有时又有点儿令人讨厌）的文化遗产。

图 5.2 中明确给出的另一条指令是：

```
je    label
```

助记符“je”表示“如果相等就跳转”，参数“label”告诉汇编器，如果前一条指令所比较的寄存器是相等的，则程序要跳转到程序的哪个位置。

除了这种注重形式的助记符选择，这种设计还有一些方面看起来相当随意。例如，为什么 x86 指令集的设计者会选择在两条指令中进行先比较再跳转的操作呢？为什么他们不把这两步合并成一条指令呢？例如下面的指令：

```
je    eax, ebx, label
```

他们本来可以这样做，但是这会使硬件设计变得复杂，因为现在一条指令需要编码 4 种东西：“jump if equal”（如果相等就跳转）命令、要比较的两个寄存器以及目标地址。x86 架构的设计者要解决的工程问题跨着两个抽象层：数字机器层的硬件设计（如图 4.6 所示）和用于设计程序的指令集。汇编语言现象和计算机硬件底层现象受双向因果关系支配而相互影响。

工作在这些层的工程师被称为“计算机架构师”。计算机体系架构有着悠久而丰富的历史，其中大多数都没有在市场上留存下来，而其中的一些则以非常不同的方式运行着。例如，所谓“数据流计算机”甚至不把程序表示为指令序列（阿尔温德等，1991）。今天，只有少数指令集体系架构占据着主导地位（包括 x86、ARM、SPARC、MIPS、RISC-V 以及少数其他架构）。

尽管计算机架构师工作在一个与“自然科学”完全分离的层次上，但他们仍有大量的机会利用科学方法来优化计算机体系结构。亨尼西和帕特森（1990）在他们的教科书中开创性地提倡一种“定量方法”，即系统地使用实验，从而在计算机体系架构领域掀起了一场革命。

计算机架构师可以建立一种假设，即特定的指令集设计选择将提高计算机的性能，然后设计不同的实验来测量实际程序的性能。这可以通过一些非常规的测试程序完成，但是现在它是用标准化的基准测试套件来完成的。这种套件中的程序是真实程序的理想化模型，它们试图呈现这些真实程序的基本特性。

指令集体系架构的概念使我们安全地跨越了从硬件到软件的界限。现在，我们就可以通过编写文本程序来构建应用程序。但用汇编语言来构建应用程序并不是一个好主意。在这么低的抽象层上，要理解这些程序是非常困难的。为了提高抽象的层次，计算机科学家发明了编程语言。

## 5.3 编程语言

小弗雷德里克·布鲁克斯信奉亚里士多德的理念，他在著名的论文《没有银弹：思考软件工程中的根本和次要问题》（以下简称《银弹》）中对偶然复杂性和本质复杂性进行了区分（布鲁克斯，

1987）。布鲁克斯认为，本质复杂性是我们要求软件解决的问题所固有的复杂性。偶然复杂性源于“当今伴随（软件）生产而出现的非固有的”各种困难。

如果要求我只能用带有“0”和“1”两个键的键盘来撰写这本书，那么原则上我是可以这样做的。毕竟，计算机会将整本书存储为 0 和 1 的序列。但是，用这种方式写一本书肯定特别困难。事实上，在无须处理这种偶然复杂性的情况下，这本书本身就已经很难写了。

除了布鲁克斯所说的复杂性，我认为撰写本书的主要困难在于如何围绕非常技术化的主题来编织一个读者易理解的故事。我所掌握的技术可能已经消除了围绕这项任务的几乎所有的偶然复杂性。我有一个 QWERTY 键盘（全键盘），而且我打字相当快。

我还有优秀、免费且开源的文字处理软件（LaTeX）。

当我记不起布鲁克斯在他的《银弹》论文中到底说了什么时，我就会去谷歌搜索“银弹”，很快这篇论文就呈现在我面前了。剩下的唯一困难就是一些本质性的困难了。这些困难来自我试图提出的一些可能颇有争议的问题，包括这里所说的一个问题，技术发展本质上是一种由文化和美学驱动的创造性的人类活动，它建立在人类构造的模型之上，而非被发现的自然法则的模型之上。仅是提出这个问题的困难就已经使得本书的写作变得非常有难度了。

帮助我写这本书的工程系统包括我的笔记本电脑、LaTeX排版软件、维基百科和谷歌，它们都是人类构建的复杂得惊人的系统。负责这些系统的工程师依赖于同样消除了许多偶然复杂性的那些工具，从而使他们能够专注于本质复杂性。创建维基百科的吉米・威尔士和拉里・桑格并没有用二进制甚至汇编语言编写他们的程序。事实上，他们使用了另外几个模型层。

指令集体系架构和汇编语言之上的一层是编程语言。1953 年年末，在 IBM 工作的约翰 · W. 巴克斯启动了一个项目，开发了一种更简单的语言来表达程序，特别是那些广泛使用数学表达式的程序。这个项目的结果是产生了 Fortran 语言，它是一种一直沿用至今的语言。它的最新版本出现于 2008 年。

在巴克斯的时代，“Fortran” 会被写成 “FORTRAN”。事实上，大多数文本都是用大写字母写出的，因为如果把字母表限制为只用大写字母，每个字母就可以用更少的比特位来编码，从而节省存储器，就像汇编代码的简略助记符一样。字母 “全部大写” 也成了一种文化遗产。我的同事奇图尔 · 拉马莫西（Chittoor Ramamoorthy）生前是个很有魅力的人，常被称为 “Ram”，他为计算机体系结构做出了很大的贡献。在 2016 年去世之前，他在所有的通信中一直坚持只使用大写字母，似乎并没有注意到这种文化的转变——全部使用大写字母已经变得像一种大喊大叫了。

图 5.3 给出了打孔卡片上的一个 Fortran 语句。在 20 世纪 50 年代和 60 年代，打孔卡片既是一种存储介质（一叠卡片记录一个程序），也是一种数据输入机制。图中的这张卡片揭示了 Fortran 语言的一个关键性创新——使用符号变量名而不是内存地址来指代程序要操作的数字量。具体来说，卡片上的 Fortran 语句是：

```
Z(1) = Y + W(1)
```

在这里，Y 指的是一个之前可能已经被赋值的值，可能使用了如下的 Fortran 语句：

```
Y = 42
```

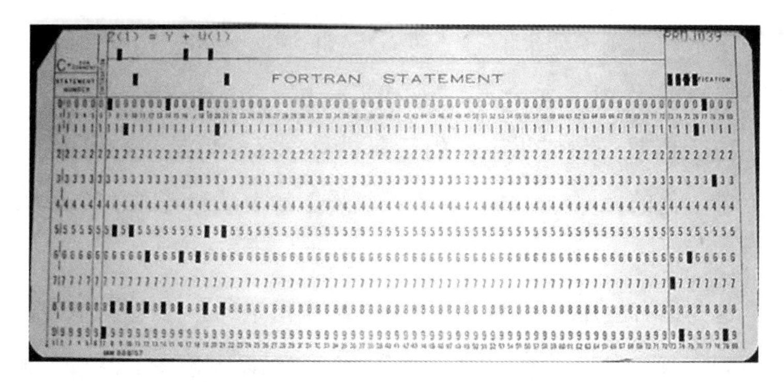


图 5.3 包含一个 Fortran 语句的打孔卡片。
（阿诺德·雷因霍尔德通过维基共享资源供图，并获得 CC BY-SA 2.5 授权。图片来自 https://commons.wikimedia.org/wiki/File：FortranCardPROJ039.agr.jpg。）

Z(1) 和 W(1) 分别是名为 Z 和 W 的数组中的第一个值[①]，通过这种方式编写代码可以消除这样一些偶然复杂性：必须确定内存中这些变量的位置，选择寄存器临时存储这些值，给出将这些值从内存加载到寄存器的指令，以及最后给出执行加法操作的指令。后一种风格是汇编代码中所需要的。

Fortran 程序经由编译器转换为汇编代码（或直接转换为机器码）。编译器负责决定哪些寄存器用于存储什么，以及这些值存放在内存中的什么位置。好的编译器的设计是一门艺术，其中有很多优化和实验的机会。

但是，好的编程语言的设计更具有主观性特点。编程语言可以激发热情，甚至培养出虔诚的追随者。例如，所谓“函数式编程”的追随者曾因其热情而有些声名狼藉。他们推崇使用 Haskell（以逻

---

① Fortran 语言广泛使用数组作为管理内存的方法。例如，先声明一个有 4 个整数的数组 W，然后用如下语句对其进行初始化。

```
INTEGER, DIMENSION(4) :: W
W = (/ 42, 43, 44, 45 /)
```

执行这些语句之后，W（1）的值是整数 42，W（2）的值是整数 43，依此类推。

辑学家哈斯凯尔·加里的名字命名）和 SML（标准 ML）等语言。SML 语言源于 ML（元语言），而 ML 是由罗宾·米尔纳开发的。米尔纳本人既是一位成果丰硕的计算机科学家，也是我心目中的一个英雄。他的大部分工作是在苏格兰爱丁堡大学和英国剑桥大学完成的。

这些语言使用一种优雅的数学方法来指定计算。这样的程序非常美观，简洁地陈述意图而不过分指定如何实现意图。尽管如此，在计算机语言的万神殿中，函数式语言只有一小部分忠实的追随者。

就像自然语言那样，编程语言塑造了程序员的思维。正如我在前面提到的，阿贝尔森和萨斯曼将计算作为一种“程序认识论”：

> 从命令式的观点研究知识的结构，而不是古典数学学科所采取的更具陈述性的观点。（阿贝尔森和萨斯曼，1996）

程序是命令式的，因为它告诉计算机要做什么，这与说明这是什么的数学方程相反。

但是，告诉计算机做什么的方法有很多。

告诉计算机做什么的直接方法是告诉它该如何去做。如果一个程序给定一个命令序列，并给出计算机所需遵循的逐步执行过程，计算机科学家就将其称为“命令式”程序。命令式程序直接将知识表示为程序式的过程，就像所有知识一样，它肯定是由语言塑造的。大多数被广泛使用的编程语言，包括 Fortran 语言在内，都是命令式语言。

与命令式语言不同，函数式语言采用数学的声明式风格。例如，如下是命令式语言中的两条语句：

```
x=1
x=42
```

其意味着，首先将值 1 赋给变量 x，然后将变量 x 的值更改为 42。[①] 在声明式语言里，这两条语句是矛盾的，并会被编译器拒绝。在声明式语言里，操作符“=”具有不同的含义。语句 x=1 不会在程序中的特定点给变量赋值，而是声明符号 x 表示 1，不是在某个点，而是始终。这与所给定的这种语句顺序是无关的。在声明式语言里，上述两个语句是矛盾的，因为 x 的值不能既表示 1，又表示 42。显然，它们的声明式风格与命令式程序的过程式、逐步式风格有着明显的不同。带有些许讽刺意味的是，尽管阿贝尔森和萨斯曼声称软件构成了一种“程序认识论”以及“从命令式的角度研究知识的结构”，但他们的书自始至终都在使用一种 Lisp 方言，这是一种最初由约翰·麦卡锡在 20 世纪 50 年代开发的函数式语言。虽然 Lisp 程序告诉计算机要做什么（因此从广义上理解也是命令式的），但它本质上是一种声明式语言。

函数式语言远远不如命令式语言成功，只有少数狂热的追随者。正如库恩说的那样：

> 对范式的选择也如政治革命一样——没有什么标准能比得到相关团体的赞同更高了。（库恩，1962:94）

库恩认为科学范式之间是不可通约的。它们可以是对现实不可调和的描述，其中一种范式不能用另一种范式的概念框架和术语进行理解或判断。在最基本的层面上，编程语言并非不可通约，因为

① 在计算机科学家中，数字 42 很受欢迎。道格拉斯·亚当斯的《银河系漫游指南》是 1978 年英国广播公司的一部系列喜剧，后来成了由 5 本小说组成的“三部曲”。在这个系列剧中，一台叫作“深思”的特殊计算机被用来回答有关“生命、宇宙和一切的终极问题”。计算机经过 750 万年的漫长计算和检查之后，却得出了一个答案 42，并报告说，这个答案似乎毫无意义，因为编程的人根本不知道问题是什么。

它们（如今）在本质上都等同于具有命令式风格的图灵机器以及丘奇具有声明式风格的 λ 演算（参见第 8 章）。但是程序员通常不会在这样一个基本层次上使用这些语言。当这些基本的编程语言与伴随一种语言的库、工具、模式和惯用用法捆绑在一起的时候，它们可能会成为不可通约的范式。库恩继续指出：

> 一种理论要被接受成为一种范式，它必须看起来比与它竞争的范式更好，但它不需要，而且事实上也永远不会解释它所能面对的所有事实。（库恩，1962：18）

编程语言的存在并不是为了解释事实，而是为了实现算法。任何语言都能比其他语言更好地实现一些算法。理解这一点可能有助于解释当今盛行的各种语言之间的不相容之处。亲爱的读者，请允许我探究一下这些不和谐的声音。

维基百科是基于一个名为 MediaWiki 的开源程序实现的，它是用 PHP 编程语言编写的。MediaWiki 的第一个版本由马格努斯·曼斯奇于 2001 年创建，当时他还是科隆大学的学生。他的程序后来被命名为 MediaWiki，这是它的最大用户、运行维基百科的维基媒体（Wikimedia）基金会的名字的变体。和许多开源软件一样，从曼斯奇的最初设计开始，有很多人对 MediaWiki 的发展做出了贡献。

为什么曼斯奇要使用 PHP 来编写 MediaWiki？ PHP 最初是由在雅虎工作的加拿大籍丹麦程序员拉斯马斯·勒德尔夫于 1994 年创建的。PHP 是一种专门为构建网页而设计的“脚本语言”。脚本语言是一种用于编写短脚本的编程语言。这些脚本可以自动执行原本由人来执行的任务。就脚本语言、维基百科、开源和网页这一切而言，我们需要关注的不仅仅是技术层面，更要关注其背后的文化层面。

这些东西在 30 年前并不存在，因此，与其说它们是新技术，不如说它们是新文化。

缩略词“PHP”最初代表的是个人主页（Personal Home Page），但在当今的开发人员中，PHP 现在代表“超级文本预处理器（Hypertext Preprocessor）”。新名称使 PHP 成为“逆向首字母缩略词”，一个根据字母选择匹配单词而非相反的缩略词。此外，逆向首字母缩略语是自引用或递归的，因为字母“P”代表“PHP”。递归是计算机科学的核心原理之一，是计算机科学导论课中教授的基本概念之一。所以计算机科学家通常喜欢用递归来进行双关表达。

递归缩略词的使用是由理查德·斯托曼在 GNU（一款自由的操作系统）中推广的，其代表“GNU 不是 Unix！”我怀疑，为 PHP 选择一个递归的逆向首字母缩略词就是在向斯托曼致敬。GNU 是斯托曼打算最终取代 Unix 的一个软件集。如我们所知，Unix 最初是由肯·汤普逊、丹尼斯·里奇等人于 20 世纪 70 年代在贝尔实验室开发的一种操作系统。

理查德·斯托曼（图 5.4）是当今软件界最具影响力的人物之一。斯托曼领导了在世界各地被用于许多用途的大量软件的开发工作。他也是软件开发历史上最有趣的人物之一。斯托曼的 GNU 计划（也称革奴计划）在一定程度上是对美国企业界的反抗。最近几年，他花了大量精力反对软件上的各种权限障碍，包括软件专利、数字版权管理、软件许可协议、保密协议、激活密钥、复制限制和不包含源代码的二进制可执行文件等。

图 5.4 理查德 · 斯托曼在越南。（照片版权归理查德 · 斯托曼所有，照片经“CC-ND”许可发布，来自网站 https://stallman. org/photos/。）

1985 年，斯托曼成立了自由软件基金会，该基金会致力于推广自由软件。请注意这一用词，似乎有种很奇怪的感觉。我没有说它致力于“免费软件”，这很容易被误认为是免费的软件。软件的成本无关紧要。斯托曼在这里所用的 free 指的是“自由（freedom）”的意思。事实上，我确信斯托曼将软件进行了拟人化，他的承诺是给予软件自由，这样软件就可以去它想去的任何地方，做它想做的任何事，而不是给予使用软件的人以自由。以伯克利开源软件运动为代表的后一种模式，允许人们可以对开源软件为所欲为。然而，斯托曼的模式是限制人类的行为，其目的是确保人类永远不会奴役软件。GNU 软件的版权声明也被称为 GNU 通用公共许可证（GPL），特别要求对 GPL 软件的任何使用和修改都要保留与原始软件相同的开放权利。这种形式的版权（copyright）有时被称为“copyleft”。

这大概是因为与偏右（right）企业主导的版权相比，其政治立场似乎是偏左（left）的。

我希望你能够看到软件的世界构成了文化上的多样性，也构成了一种文学，模仿、社会评论、语言和政治都与技术一起发挥作用。

不好意思，我又跑题了。本节的主题是编程语言。让我们还是继续 PHP 的话题——用于创建 MediaWiki 的语言。勒德尔夫并不打算将 PHP 视为一种新的编程语言。勒德尔夫在一次音频采访中指出：

> 我不知道该怎么阻止它，我从来没有想过要写一种编程语言……我完全不知道怎么写一个程序语言，我只是在这个过程中不断地添加下一个逻辑步骤。（勒德尔夫，2003）

主要的软件产品都是以这种方式出现的，这并不稀奇。它们总是从个人的小项目开始，然后逐渐发展起来。勒德尔夫打趣道："我真的不喜欢编程。我创建这个工具是为了少编程，这样我就可以重用代码了。"在这种设计风格下，原作者的个性和审美就对最终产品产生了巨大的影响。

除了 PHP 之外，目前使用最广泛的几种编程语言，如 C，C++，C# 和 Java，都与 Fortran 以及彼此之间共享许多基本特性。即便如此，它们也很难兼容。一个 C++ 程序员会拒绝编写 Java 程序，反之亦然。每种语言的程序员都常常带有某种信念和审美的教条性观点。

布鲁克斯在 1987 年发表的《银弹》一文中指出，编程语言已经取得了长足的进步，几乎消除了编程中所有的偶然复杂性。他说，剩下的本质复杂性解释了所谓的布鲁克斯定律，即向一个延迟的软件项目增加人力会使其进一步延迟。

布鲁克斯在他1975年出版的《人月神话》一书中首次阐明了这一定律。这本书通常被认为开启了一个被称为“软件工程”的领域。布鲁克斯曾经开玩笑说，他的书被称为“软件工程的圣经”，因为“每个人都引用这本书，有些人认真阅读它，还有一些人遵从它”。

但是，我相信布鲁克斯大大低估了即将到来的系统的复杂程度，而编程语言本身并不能提供一个合适的建模级别。许多现代软件系统具有数百万行代码，这远远超出任何人类可在编程语言的层次上理解的范围。因此，每个程序都必须被当作子程序的组合来设计和理解，这在很大程度上类似于数字机器层次的硬件抽象低层逻辑门的方式。

如果你今天学习计算机科学，那么你可能只学会使用少数几种编程语言，甚至可能只学会使用一种。在我看来，一个只掌握了一种编程语言的软件工程师，和一个只学过一本经书的中世纪僧侣差不多。其实，我们甚至可以从许多已经被淘汰的编程语言中学到许多知识。

例如，以下是以编程语言APL编写的一个短程序，1978年我在耶鲁大学学习的一门课中就用过这个程序：

$x[⍋x \leftarrow 5?10]$

APL是一种编程语言（A Programming Language）的首字母缩略词，这一语言是肯尼思·艾弗森在20世纪60年代末开发的。1979年，艾弗森因这项工作获得了图灵奖。在耶鲁大学，整个计算机机房都配备了带有特殊键盘的终端，可以输入上述程序中的字符，如⍋和←。

艾弗森想要设计一种能够一次指定对整个数据数组进行数学运算的语言。如果你还能忍受短暂却有些强烈的技术呆子头脑风暴，请允许我在这里解释一下上面的程序。在APL中，内部表达式5?10

表示要创建一个包括 5 个元素的数组，这些元素由 1 到 10 之间没有重复的随机数构成。例如，在 APL 语言中，这个表达式可能会产生数组 [9，4，3，8，1]。表达式 $x \leftarrow 5?10$ 表示这个数组应该成为变量 $x$ 的值。由符号⍋表示的运算符获取当前是 $x$ 的值的数组，对其进行排序，并返回可用于按数字顺序检索数组中的值的索引。随后，结构 $x$ [⋯] 使用该数组的索引来检索这些值。如下是由此产生的一系列结果：

$x$ [ ⍋ $x \leftarrow$ 5?10]

$x$ [ ⍋ $x \leftarrow$ [9, 4, 3, 8, 1]]

$x$ [ ⍋ [9, 4, 3, 8, 1]]

$x$ [[5, 3, 2, 4, 1]]

[1, 3, 4, 8, 9]

由此，这个程序生成了一个包含 5 个随机数的数组，然后对数组进行排序，这样就可以按递增顺序得到这些数。正如你看到的，APL 程序可能看起来相当晦涩，但是它们往往又非常简洁。

已被淘汰的 COBOL（common business-oriented language，面向商业的通用语言）语言采用了与 APL 截然相反的方法。COBOL 是在 1959 年格蕾丝·霍珀（见图 5.5）早期开发的语言基础上设计出来的。霍珀是可移植高级编程语言的早期支持者，这意味着这些编程语言可以被编译到各种机器上执行，甚至是具有不同指令集体系架构的机器上。

COBOL 的语法更像英语而非数学，因为它倾向于用单词代替符号运算符。例如，与 APL 赋值语句 $x \leftarrow y$ 不同，在 COBOL 中，你可以写成“MOVE y TO $x$”。多年来，COBOL 被广泛应用于银行等商业领域。但现在很少有新的程序是用 COBOL 编写的。

图 5.5　格蕾丝 · 霍珀（1906—1992），美国前海军少将。霍珀是可移植编程语言的早期支持者，她开创的一种编程风格，使程序读起来更像英语句子而不是数学表达式。（该图片由美国海军提供。）

COBOL 和 APL 代表了探索编程范式的两个极端。COBOL 是冗长的，它使用英语单词编写程序，其思想是使得这种程序更易于被商业人士阅读。APL 则简洁、隐秘且需要特殊的键盘。当然，它们都屈从于达尔文式的范式竞争。正如恐龙这一曾经生机勃勃的物种，现在已经全部灭绝了。

还有许多已经被淘汰的语言，包括 Algol、Pascal、PL/I、SNOBOL、Smalltalk 和 Prolog。它们中的每一个都包含了有趣的想法和奇妙的故事。Algol 引入了包括 Java、C、C++ 和 C# 等大多数现代命令式编程语言中的许多特性。Pascal 引入了这样一种思想：首先将一个程序编译成虚拟机语言（它们被称为字节码），然后在模拟该虚拟机的程序中执行这个程序。这是当今广泛使用的 Java 语言的精髓。SNOBOL 是由大卫·法伯、拉尔夫·格里斯沃尔德和伊万·波隆斯基于 20 世纪 60 年代在贝尔实验室开发的。SNOBOL 引入了对文本的高级操作机制，包括解析和模式匹配等，而这正是当今广泛使用的 JavaScript 语言的核心。

Smalltalk 是最早的面向对象的语言之一，它提供了一种当今广泛运用的结构化程序设计方法。Prolog 是一种“逻辑编程”语言，它可以优雅地表达结构化数据中的基于规则的查询。

这些语言中的每一种都编码了一种范式——一种关于计算的思维方式。这些语言范式并没有像库恩所说的科学范式那样消亡了。那些暴露了范式与自然界之间差异的反常的观察并没有造成危机。相反，这些语言要么变异成新的语言物种（如 Algol 和 Pascal 语言），要么在适者生存与混杂式达尔文竞争中渐渐走向灭绝（如 APL 和 COBOL）。

## 5.4 操作系统

今天，对大多数人来说，“操作系统”一词意味着如下三者之一：苹果的 OS X、微软的 Windows 或 Linux。Linux 最初是由芬兰（后来加入美国国籍）软件工程师林纳斯·托瓦兹于 20 世纪 90 年代初开发的，现已经成为有史以来最成功的开源软件项目之一，有着成千上万的贡献者并被广泛使用。和 OS X 一样，Linux 也是基于 Unix 的操作系统。Unix 操作系统最初是由贝尔实验室的肯·汤普森和丹尼斯·里奇于 20 世纪 70 年代开发的，也有其他许多人为之做出了很多贡献。OS X、Windows 和 Linux 这三个系统是几十年来混杂进化和竞争的幸存者。今天，我们还应该加上苹果的 iOS 系统和谷歌的

Android 系统，它们是专门为智能手机和平板电脑设计的操作系统。

我可以写很多有关操作系统的文章，但我只想聚焦于一个操作系统会如何编码一个或多个范式。所有这些操作系统的一个关键特征是文件系统。在计算机的硬件中，各种形式的存储器存储字节序列，其中每个字节都是一个 8 比特的序列。我正用来撰写这本书的笔记本电脑有 16GB 的易失性存储器（当你关闭电源时就会忘记所有内容的存储器），以及 1TB 的非易失性存储器。[①] 非易失性存储器有时被称为“硬盘”，虽然现在它更有可能使用一种被称为闪存的半导体存储器，而不是老式的旋转磁盘存储器。就硬件而言，硬盘的内容只是 1 万亿字节的序列。硬件可以检索或更新任何一个字节。

但是，一个 1 万亿字节的列表本身并不是一种组织信息的有效方式。早期操作系统的设计者，如汤普森和里奇等，在操作系统中内置了一种将“文件”的概念编码在这些磁盘上的方法。文件是构成逻辑单元的 8 万亿字节的子集，文件系统支持为文件指定名称并将文件组织到层次化的目录中，这些目录也是被命名的。随着图形用户界面的出现，这些目录已被形象地称为“文件夹”。当然，在物理世界中，一个文件夹中又包含许多文件夹会令人相当尴尬。

我的主要观察是，计算机硬件中没有提供文件的概念以及将文件组织到目录中的方法，而以操作系统呈现的软件提供了这个概念。

实现文件系统的软件相当聪明，它甚至不要求文件的内容在存储器中是连续性的。从而，文件的字节可以散布在整个磁盘上。操作系统软件能够跟踪哪些字节属于哪个文件，以及该文件在逻辑上包含在哪个目录中。

一旦有了要使用的文件系统，你就不用再担心数据是如何存储

---

① 16GB 约为 160 亿字节，1TB 约为 1 万亿字节。

在磁盘上的了。你可以将该文件作为一个概念单元来访问。

## 5.5 库、语言和方言

数百万行代码被转换成数百万个 0 和 1，又迫使数十亿的晶体管去调节多得无法计数的流动电子。这听起来很像卡尔·萨根的标志性台词。20 世纪 80 年代美国公共广播公司播出的电视连续剧《卡尔·萨根的宇宙》中，他标志性的台词总是涉及“数十亿”这样巨大数字。萨根经常会在谈到恒星和星系时，强调这些巨大的数字所暗示的不可思议的可能性范畴，其中包括外星生命。

数字技术似乎已经达到了一个极限，其未来的可能性更多地受到人类想象力的限制，而不是自然世界强加给我们的物理约束。即使没有进一步的技术改进，软件所能完成的事情也远远超出我们今天所能完成的。软件已经成为激发创造力的数字媒介。我将在第 6 章更详细地探讨这个问题，并在第 8 章讨论软件的局限性，但现在还是让我们集中讨论如何管理这些巨大的可能性吧。

正如布鲁克斯所言，现代编程语言确实极大地降低了偶然复杂性，但还不足以构建像维基百科般有趣的系统。就像用标准元件和 IP 库增强数字机器一样，组件库和整个子系统也增强了语言。在撰写本书之时（2016 年 8 月），Java 语言标准版第 8 版中已经有 4 240 个软件组件可供软件设计人员使用。软件工程师使用这些组件的方式与硬件工程师使用标准元件，或者建筑师使用预制组件（如窗、门等）的方式非常相似。

这样一个组件库就像一个丰富的词汇表，可以大大提高语言的表现力。计算机科学家通常并不将这样的库当作语言的一部分，而是认为它们是与语言分离存在且不断发展的。但是，组件库对计算机设计人员的生产力和创造力所产生的影响要比语言的大很多。实际上，库中组件相互交互的机制和约定，至少差不多已成为一种方言，有时甚至成为一种新的语言。如果你不熟悉一个程序所使用的那些组件，那么，你即使精通它的语言，也很难读懂它。

我们来考虑另一种被广泛使用的万维网应用编程语言——JavaScript。该语言最初是由布兰登·艾奇于1995年5月在10天之内开发的。当时，艾奇正在为美国网景公司工作，该公司是最早尝试利用万维网的公司之一。该公司由吉姆·克拉克和马克·安德森于1994年创立，原名为马赛克通信公司（Mosaic Communications Corporation）。该公司最终在激烈的网络大战中输给了微软，之后就销声匿迹了。网景公司的浏览器最终演变成后来被广泛使用的、开源且由社区开发的火狐浏览器。

JavaScript与PHP不同，它被设计成在浏览器中运行，而不是在服务器中运行。这意味着，如果用笔记本或智能手机访问一个网页，而该页面包含一个JavaScript程序的话，那么该程序是在你的笔记本电脑或智能手机上运行的，而不是在托管该网页的服务器上运行的。你经常访问的许多网页都会包含一个JavaScript程序。与PHP语言一样，JavaScript语言的设计同样表现出一些有趣的特性。这些特性反映了原作者的个人审美风格。

绝大多数使用最广泛的网站都在使用JavaScript语言。然而，仅使用JavaScript语言是很难设计出美观又复杂的网页的。实际上，网页设计人员利用一个包含了数千个可供设计人员使用的“模块”的生态系统。其中许多都是社区集体开发的开源模块，就像维基百科页面是由集体开发的一样。

一个广泛用于创建复杂网页的JavaScript模块是jQuery，它最初由约翰·瑞森创建。如果你精通 JavaScript 语言却对 jQuery 模块一无所知，那么你将无法理解使用 jQuery 模块的程序。请允许我在这里简要地说明一下。

与其他大多数编程语言不同，JavaScript 语言允许变量名以美元符号 $ 开头。jQuery 模块定义了一个简单称为 $ 的全局变量。也就是说，该变量的名称是单个字符，即美元符号。这个变量在程序中被广泛使用。对于那些不熟悉这个习语的人来说，这个程序看上去很神秘，就像一个说英语的人见到用西里尔字母写的文本一样。但方言比这个习语所蕴含的内容要丰富得多。我们来看看以下这个简短的 JavaScript 程序：

```
$(document).ready(function(){
    $("#target").text("Hello World");
});
```

如果你精通 JavaScript 语言，但一点儿也不熟悉 jQuery 模块以及当今浏览器所提供的模块，那么你是完全读不懂这个程序的。那种感觉就像某个精通英语的人读到了下面这段话一样[①]：

> 怪兽，烤晚餐肉时辰粘柔的三不像怪兽（Twas brillig, and the slithy toves），
> 围着日晷草坪转悠钻地洞（Did gyre and gimble in the wabe）。

就像上面这首诗一样，这段 JavaScript 程序的诗对于 JavaScript 程序员来说是似曾相识却难以理解的。

我就不在这里花时间谈论细节了，但是上面的 JavaScript 程序可

① 摘自《爱丽丝镜中奇遇记》，刘易斯·卡罗尔在 1871 年写的一部小说。

以与一个 HTML 文件和样式表一起使用，以创建图 5.6 所示的非常简单的网页。HTML 是英语 HyperText Markup Language 的首字母缩略词，意思是超文本标记语言，这是一种完全不同的语言，它是由万维网的创始人蒂姆 · 伯纳斯 · 李于 1980 年开发的，当时他是欧洲核子研究组织（CERN，该缩略语源自该组织的法语名称）的承包商。与上面给出的 JavaScript 程序一起用来定义图 5.6 所示网页的 HTML 代码如下所示：

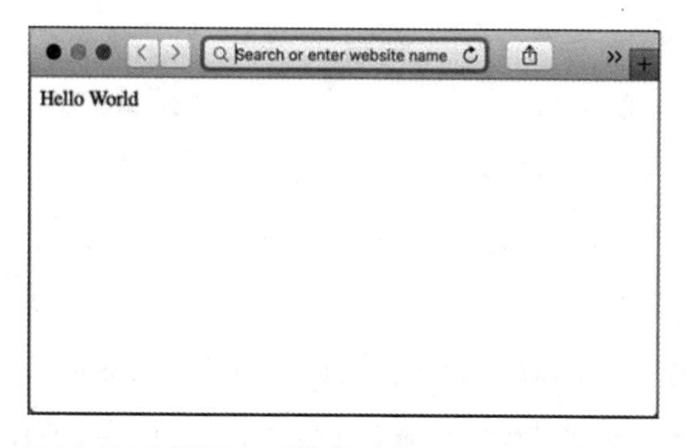


图 5.6　使用三种语言和一种方言规定的网页。

```
<!DOCTYPE html>
<html>
<body>
  <div id="target"></div>
</body>
</html>
```

注意符号 <、> 和 / 的特殊用法，这些符号是伯纳斯 · 李从当时欧洲核子研究组织内部使用的文档格式中借用来的。

今天，HTML 普遍用于描述网页的内容，另外还有一种被称为 CSS 的语言，用于制作样式层叠表（Cascading Style Sheets）。该语言是 1994 年由哈肯·维姆莱首次提出的，他当时与伯纳斯·李一起在欧洲核子研究组织工作。为了使用如前所述的 JavaScript 语言，得先使用 HTML 定义网页的布局，CSS 则用于定义该页面的样式。例如，如果我们包含以下 CSS 代码：

```
#target {
  color: red;
}
```

那么文本“Hello world”将显示为红色。请注意，CSS 的语法与 HTML 的非常不同，后者与 JavaScript 的语法也有很大的不同。

图 5.6 所示的网页是由三种不同的语言（JavaScript、HTML 和 CSS）以及另外一种方言 jQuery 构建的。每一种语言都非常独特，主要由一个有创造力的人设计。也许它不像耶路撒冷那般具有丰富多样的文化，但也绝不只是一种冷静、客观、无灵魂的技术。它有着人类的主体性并充满了创造性。今天，数以百万计的人使用这种特殊的技术组合来设计复杂的网页。

当然，我们可以单独使用 HTML 创建一个如图 5.6 所示的网页页面，但是也有充分的理由使用这种技术组合。使用 JavaScript 语言可以使网页动态地更新页面内容，使其能够与用户进行交互。使用 CSS 能够将视觉上的设计元素从逻辑结构和功能中分离出来，这也会使设计实现更好的模块化。由于从服务器加载网页可能需要很长的时间（与计算机的运行速度有关），所以使用 jQuery 语言可以减少这个长时间过程所带来的偶然复杂性，并提供对页面元素的便捷访问。

虽然这些语言和方言最初都源于个人，但它们有成千上万的贡献者，这使得它们今天能够在开源社区中蓬勃发展。它们已经演变成一种集体智慧的形式，就像维基百科，而不是像《不列颠百科全书》那样的个体智慧。

这些社区的文化应该能够成为文化人类学家研究的有趣课题。例如，2006年在纽约召开的一次名为“BarCamp”的会议上，瑞森首次在万维网开发社区介绍了jQuery。BarCamp会议具有无政府主义者聚会的特征，没有人组织这个会议，但所有人都参与组织。与大多数专业会议不同的是，这类会议有一个预先公布的议程，由一个组织委员会安排所有的活动和演讲，BarCamp的与会者使用网络、白板和便利贴自行组织会议。

jQuery获得许可的历史也反映了一场关于开源软件本质的激烈争论。它最初使用斯托曼倡导的GPL风格许可进行发布（特别是知识共享CC BY-SA 2.5许可），但后来才在限制更少的伯克利式（Berkeley-style）许可下发布，该许可也被称作MIT许可。

非常抱歉，我似乎又离题了（实际上这有些难以避免，因为这些背景故事真的很有趣）。让我们回到如何管理软件所提供的巨大可能性这一主题上吧。在达尔文思想生态中，软件技术的出现有些混乱。就如同一个真正的达尔文生态系统一样，并不是每个人都同意是某些因素让一个想法比另一个更“适合”，生存更依赖于传播能力而不是技术的适合程度。混杂、个性、资本以及文化等都有着不可思议的巨大影响。

有一种人类学家的方法可以帮助我们理解这个问题，换言之，在文化出现时就对其进行研究，并试图从中汲取智慧。正如人类学家可能将自然语言的演化作为这项研究的关键部分一样，软件人类学家可能会使用编程语言的演化，包括各种习语、方言和陈词滥调。

埃里克·伽玛、理查德·赫尔姆、拉尔夫·约翰逊和约翰·威利斯迪斯在他们共同撰写的《设计模式：可复用面向对象软件的基础》一书中进行了软件人类学的一项开创性工作（伽玛等人，1994）。他们被业内人士称为“四人组”。他们试图对软件构造中广泛使用的各种模式和习语进行分类。他们声称是建筑师克里斯托弗·亚历山大启发了他们的方法。建筑师亚历山大提出了一种关于建筑物和城市设计的模式语言。他们将亚历山大的这种方法转换至软件方面。为了证明这项任务的艰巨性，在该书的序言中，四位作者就这项任务的艰巨性做出如下陈述：

> 给你一个警告和鼓励：如果你在第一次阅读时发现不能完全理解这本书，那么，请不要担心。因为我们在第一次写的时候也没有完全理解！

我也许应该在我这本书的前言里加上类似的陈述。

软件的文化特性可能有助于解释为什么软件比硬件具有更耐久的生命力。文化的变迁远比技术的发展要缓慢得多。软件编码其自身的范式这一事实也有助于它的耐久性。例如，虽然 APL 是一种已被淘汰的编程语言，但是很容易找到一个使用类似于 HTML、JavaScript 和 CSS 组合的网页，这样的网页能为你提供一个定制的 APL 键盘，并能够处理你所输入的任何 APL 程序。

当今这些编程语言的不和谐现象让人想起了不成熟的科学领域。库恩描述了 18 世纪上半叶对电的科学研究，那时尚未形成第一个普遍被接受的范式：

> 在那个时期，关于电的本质的观点与当时开展电的实验的重要人员一样多，如霍克斯比、格雷、德萨吉利埃、杜菲、诺莱、沃森、富兰克林等人。（库恩，1962:14）

但即使在那个时候，库恩也认为，这些相互竞争的范式有一个共同的元范式：

> 这些范式对电的所有概念都有某些共同之处——它们都部分地源于当时指导所有科学研究的机械粒子哲学的一个或另一个版本。（库恩，1962:14）

现在网络技术中使用的语言，如 PHP、JavaScript、jQuery、CSS 和 HTML 等，都有一个共同的"机械粒子"核心，特别是我们要在第 8 章中讨论的丘奇–图灵计算概念。

## 5.6 云

到目前为止，我们一直都在谈论个人计算机及其运行的软件。然而，当今计算机有很多非常有趣的应用，这些应用远远超出一台计算机的处理能力。这些应用程序运行在"服务器集群"上，这些大型设施可以消耗高达几十兆瓦的电力。尽管很难得到确切的数据，但截至 2016 年我撰写这本书的时候，各种估计表明，微软、谷歌和亚马逊的数据中心大约有 100 万台服务器。许多公司运行的服务器数量可能要少一个数量级，例如脸书、雅虎、惠普、IBM、易贝、英特尔、Rackspace（一家全球领先的托管服务器及云计算提供商）和阿卡迈等。但是，每个服务器可能包含数十个"核"，即它们是共享诸如存储器和网络接口的一组独立的计算机。

总而言之，这意味着基于单个软件的一组服务（如脸书和谷歌搜索）能够同时运行在数百万台个人计算机上。这些应用程序普遍使用了 PHP、JavaScript 以及诸如 Java 等更为通用的编程语言，相关的这些内容已在前面的章节中讨论过。但是，它们覆盖了这些语言，并使用了更高层次的范式来处理任务和数据在许多机器上的分布。一些有着奇怪名字（如 Pig Latin）和框架（如 ZooKeeper、Sqoop 和 Oozie）的语言编码了这些范式的设计风格。

例如，Apache Hadoop 是一个开源框架，其核心是一个分布式文件系统，用于在服务器之间传输数据，同时，其实现了一个被称为 MapReduce 的模式，用于将一组数据处理操作的块委托给服务器。MapReduce 模式是由谷歌公司的杰弗里・迪安和桑贾伊・马沃特于 2004 年发明的（并获得了专利）。尽管与普通的发明一样，但其实际的新颖性仍然是具有争议的。MapReduce 与之前用于分布式计算的旧软件，如 MPI（消息传递接口），以及数据库系统中的模式惊人地相似。

Hadoop 形成了设计多服务器应用程序的模式和工具的生态系统。与它的诸多竞争对手一样，Hadoop 也假定硬件故障很常见，因为数以百万计的服务器中肯定会发生故障。由于硬件被虚拟化了，所以应用程序就可以从一台机器迁移到另一台机器，且会尽管少地影响程序执行。一个应用程序甚至可以从一台机器迁移到另一台类型完全不同的机器上，这实际上强调了软件与硬件之间的分离。

服务器应用程序经常被调用来处理真正的大规模数据，它们的能力要远远超过任何单台计算机一次可处理的数据量。以谷歌搜索引擎为例，它在不到 1 秒的时间内就可以返回对数十亿个网页的搜索结果，并以每秒 4 万次的速度进行处理（帕帕斯，2016）。那么，谷歌是如何做到这一点的呢？将网络内容存储在计算机上，并在查询请求每次到来时进行搜索，这种办法显然是不够的。这是因为要处理的数据实在是太多了。

网络搜索的关键是提前收集和索引数据。事实上，谷歌服务器的主要工作并不是真的去响应搜索请求，而是提前读取网页并进行索引和排序，同时创建一个庞大的分布式数据结构。一个“网络爬虫”找到一个网站，收集该网站上的关键词，并跟踪到其他网站的链接，同时跟踪网页之间的链接关系。收集到的数据包括了诸如单词接近度、单词排序、连接频率以及链接关联性等统计特性，它们被用来构建一个允许快速访问的网络“存储器”。

乔治·戴森在他所著的《图灵的大教堂》一书中，做了一个发人深省的类比：

> 在不主动进行搜索时，搜索引擎的行为就类似于做梦时大脑的活动。“清醒”时所产生的联想会被不断地追溯和强化，而“清醒”时收集的记忆会被复制和移动。
>
> ……
>
> 1950年，图灵就让我们“思考这样一个问题，‘机器能思考吗’”，机器得先会做梦。（戴森，2012:311）

事实上，人类的大脑显然是通过睡眠和做梦来组织信息的。这是否意味着谷歌的百万台服务器是一种新生的智能，它们正在通过组织有关世界的信息来构建某种形式的认知？我把这个棘手的问题留到第9章再讨论，第9章将会涉及数字心灵的概念。

一次搜索到底是如何工作的，关于这一点还是有点儿复杂（和神秘）的。但有一件事是可以肯定的：当你使用谷歌进行搜索时，给出响应的肯定不是一台计算机。相反，你的搜索将根据搜索中的关键字和语言模式通过一连串服务器进行路由，这样搜索查询就可以到达有组织的数据所在的位置。没有任何一台服务器能够存储和访问服务器在做梦时所建立“知识”的哪怕是一小部分，因此，可以说没有一台计算机能够对任意的搜索做出合理的响应。首先接收到你的查询请求的服务器将是随机的，这主要取决于哪些服务器可用，但在此之后，这条查询请求将被基于你所搜索的关键字和模式转发到其他服务器上。

让我们来考虑一下到底会涉及多少数据。首先，数据量在不断增加。当然，网络上的内容不断增长，但更有趣（且更令人不安，就像奥威尔的哥哥那样）的是，搜索引擎将会关注你的一举一动，并使用与你之前搜索过的内容、你当前所在位置的关联性，甚至你的偏好的学习模型来改善搜索结果（同时，提高向你推送和你有关的广告的可能性）。当你在网上阅读和购物时，你的一举一动都被记录下来。这些被收集的数据会被输入将要被组织在一起做梦的机器中。

虽然很难得到确切的数据，但 2016 年的一些评估表明，谷歌可能存储了艾字节级的数据。1 艾字节是 $10^{18}$ 字节或

1 000 000 000 000 000 000。

这是规模巨大的数据，而且很可能所有的数据都可被用来构建世界的模型，例如，使用第 11 章提到的机器学习技术。

网络和网络用户提供了丰富的数据供这些服务器学习，但这并不是唯一的来源。软件提供商正在系统地尝试将我们所有的计算活动从我们的个人计算机迁移到“云”中的服务器上。这将改变软件从产品转为服务的业务模型，但更为重要的是，软件供应商可以更直接地访问你的数据、关于你使用其软件的数据以及关于你的数据。

甚至所有的遗留数据也都被上传到这些服务器上。诸如书籍和期刊等的印刷材料正在稳步走向数字化，从而可以被加入在线的信息库。2002 年，谷歌公司开始了一个扫描所有已出版图书的宏大项目。戴森对这个项目的描述非常特别：

> 在我访问的那段时间，我的雇主（在谷歌的）刚刚开始了一个将世界上所有书数字化的项目。反对的声音立即就出现了。反对之声不是来自那些早已辞世的书籍作者，而是来自广大的书迷。他们提出了强烈的反对意见，担心一旦数字化就会使这些书失去灵魂。还有一些人则说这会侵犯书的版权。书不过是一串代码，但是它们带有某些神秘的特性，就像基因序列一样。书的作者以某种方式捕捉到了宇宙的一个片段，并将其展开成一个一维的序列，然后把它挤进一个钥匙孔并希望在读者的脑海中呈现出一个三维的景象。当然，这种转换从来都不是百分百准确的。书籍将平凡的有形化身与不朽的无形知识结合在一起，从而拥有了它们自己的生命。我们是要扫描书本，并将其灵魂留下吗？或者我们是要扫描灵魂而把书本抛于脑后？
>
> “我们扫描所有这些书，并不是让人们去阅读。”一位工程师在午餐后对我说，“我们扫描它们是为了让人工智能来阅读的。”（戴森，2012:312）

为什么止步于书籍？谷歌公司是不会仅仅满足于扫描图书的。2006 年，谷歌公司以 16 亿美元的巨资收购了 YouTube。如我们所知，YouTube 是一个视频分享网站，它提供了关于世界的海量数据。2014 年，YouTube 声称平均每分钟会有时长 300 小时的新视频上传到其网站。虽然从视频和图像中提取有用信息的技术落后于从文本中提取信息的技术，但我们可以肯定，该类技术将会得到改进。机器将开始做彩色的梦。随着在线获取传感器数据，例如来自联网汽车、恒温器以及整个物联网世界的数据技术的发展，机器还将学到什么呢？我将在下一章讨论这个问题。

# 6.

# 进化与革命

我认为技术革命与科学革命的区别在于，其范式出现和消失的速度要快得多；同时，新范式不一定要取代旧范式；引发新范式的危机并不是因为异常现象的发现，而是因为复杂性以及由技术驱动的机遇在持续增加。

## 6.1 常态工程

在《科学革命的结构》一书中，托马斯·库恩称建立在既定范式基础上的科学研究是“常态科学”。我们在第 1 章讨论过的激光干涉引力波天文台探测器研究项目是建立在爱因斯坦广义相对论的坚实理论基础之上的，尽管该项科学研究规模巨大，但在库恩的理论体系下，仍然是一门常态科学。

库恩认为，坚持一种范式对于常态科学而言是必不可少的：

> 如果没有对一种范式的保证，就没有常态科学。（库恩，1962：100）

他称常态科学为“清扫行动”和“解除迷惑”，并断言这正是大多数科学家在其整个职业生涯中所从事的工作。他们所采用的范式为这些活动提供了指导框架。

我们可以类似地将“常态工程”定义为在一套既定的方法和一套既定的规则中进行设计和优化的过程。例如，如果一个网页需要具备某些交互功能，就应聘请一名软件工程师为该网页设计 HTML 和 JavaScript 代码。这类工程可以被很容易且有效地外包出去，例如，印度就形成了一个完整的行业从事这种常态工程。

虽然常态工程大都是常规工作，但它还是需要技能和人才的。例如，在设计网页时，它的审美性常常和它的功能性一样重要。马尔科姆·麦卡洛在他 1996 年出版的名为《抽象化工艺》(*Abstracting Craft*) 的书中，重点阐释了常态工程这一主题。他观察到数字媒介，包括创建网页和其他数字产品的技术，提供了一种全新的工艺形式。例如，与陶艺和木工等的物理工艺不同，这种全新的工艺形式使用了 0 和 1 的计算这种抽象媒介。但是就像物理工艺一样，抽象工艺也是精湛并具有审美性的。

虽然常态科学肯定会考虑工艺的精湛性，但如果说它也会考虑美学的问题可能就有些夸大其词了。某位科学家可能会对此提出异议，他正确地观察到个人品位在选择要进行的实验、进行实验的方式以及向科学界呈现实验结果的方式中都有反映。我不得不承认，所有这一切都是有美学价值的，但是我们不能说常态科学的最终产物就是受美学判断支配的人工制品。例如，激光干涉引力波天文台探测器研究项目验证了爱因斯坦对引力波的预测。这种验证不是为了取悦人类的感官，也不是为了激发人类的灵感，而是为了重申物理学中主流范式的柏拉图式真理。库恩断言，常态科学的目标在于，“解决难题，就其存在而言，必须假定这个范式是有效的。未能找到解决办法只会使科学家蒙羞，而科学理论并不会受到什么影响”（库恩，1962:80）。如果激光干涉引力波天文台探测器研究项目探测不到任何引力波，那么人们将如何看待它？这会破坏爱因斯坦的相对论吗？我想大概不会。

如果不能成功地创建一个有效的交互式网页，就会使负责该任务的软件工程师名誉扫地。但是，这不会破坏万维网或 HTML 和 JavaScript 语言的范式。然而，要成功地完成这样一个任务需要一些技术，但更需要工艺。

工艺指的是人类创造以前不存在的人工制品的技能。但是，常态工程的工艺与创新有着明显的不同。一个出色的网页会让用户产生互动的乐趣，但它并不一定具有创新性，而且几乎肯定不构成一项发明，这与常态科学并不追求新奇性的道理是一样的：

> 常态科学不以新奇的事实或理论为目标。而且，当取得成功的时候，也根本找不出任何新奇的东西。（库恩，1962：52）

工艺、美学对工程任务能否成功的影响与创新一样大，甚至是更大。苹果手机成功的一个主要因素无疑是其充满美学的外观设计，这都要归功于乔纳森·伊夫。令人感到惊讶的是，苹果公司居然设法为这一设计申请了专利，并将其标榜为一项发明。该专利包含一个声明，全文是“如图所示和描述的便携式显示装置的外观设计”（赤名等人，2012）。在我看来，这是一个令人讨厌的声明，它有悖于任何关于发明的合理概念。美国专利和商标局应该为批准该项专利的行为感到羞愧。

当然，并非所有的工程都能轻易地接纳美学。例如，建筑物中污水处理系统的设计通常只会考虑一个美学目标：让该系统隐形。

即使如此，有时甚至连管道也会被用作美学的媒介。看看巴黎蓬皮杜艺术中心那些大胆的、唯美主义的建筑设计风格吧，它们都大幅扭转了人们对传统建筑的刻板印象（见图 6.1）。但是随着数字媒介的产生，美学元素在工程学的其他分支领域里变得更为常见了。

图 6.1　出于美学原因，巴黎蓬皮杜艺术中心展示了建筑的机械功能。这座建筑由理查德 · 罗杰斯、伦佐 · 皮亚诺、吉安方克 · 法兰锲尼和他们的团队设计，并于 1977 年向公众开放。
（图片由瑞恩拉姆提供，并获得 CC BY-SA 3.0 授权。图片来自 https://en.wikipara.org/w/index.php?curid=37297406。）

与任何工艺一样，对数字媒介的掌握也会对工程项目的结果产生巨大影响。然而，掌握一种工艺与技术上的创新是完全不相关的。

当然，创新可以在既定范式的框架内发生。但真正改变游戏规则的创新，如冯·诺依曼的存储程序式计算机或者伯纳斯·李的万维网等，更像是库恩所述的范式转换，而不是仅仅在一个范式中的实践。这些创新改变了许多后来的工程师在常态工程中的实践活动。我接下来要讨论的问题是，是什么导致了这些范式的转换。事实证明，工程领域的范式转换与科学领域的情况大不相同。

## 6.2 危机与失败

库恩认为，科学革命只有在旧范式下的异常情况积累到一定程度后才会发生，而且只有在出现新范式取代旧范式的时候才会发生。但是，这些并不是推动技术范式转换的驱动力。

导致技术范式转换的原因至少有三个。首先，正在设计的系统的复杂性超出我们人类理解或控制这些系统的能力。例如，编程语言的出现是因为编写正确的机器码或汇编代码变得异常困难。其次，去做一些以前没有人想象得到的事情开始变得可能。例如，谷歌和其他搜索引擎几乎可以即时搜索到人类发布过的任何内容。第三，复杂的社会、政治和商业力量可以推动技术范式的转换。例如，军事需求根本性地创造了航空、核武器和许多其他技术，同时军事预算也为计算机技术的早期发展提供了大部分资金。

在 3.2 节“简化的复杂性”中，我指出复杂性的一个来源是使用了大量的组件。即使是那些具有简单功能的简单组件，例如充当开关的晶体管，只要有足够的数量，也能实现极其复杂的功能。几十年来，植根于这些晶体管的数字技术一直是推动由复杂性所驱动的范式转换的主要原动力。

1965 年，英特尔的联合创始人戈登·摩尔[①]做出一个著名的预测，集成电路中的元件（晶体管、电阻、二极管和电容）的数量将在未来，至少是 10 年内以每年翻一番的速度增长。1975 年，他又将预测的增长率修正为每两年翻一番。这就是人们熟知的“摩尔定律”。自提出之日起，该定律就一直是半导体行业的指导原则。

---

① 摩尔是离开肖克利半导体实验室并创办仙童半导体公司和创建硅谷的“八叛逆”之一。

图6.2　库恩认为，在科学革命中，新范式通常会取代旧范式。在技术革命中，新范式可能建立在旧范式的基础之上，将旧范式隐藏在一个抽象层之后，而不是彻底取代它们。（在加拉帕戈斯群岛的圣克鲁斯岛上，一幅带有查尔斯·达尔文肖像的标语照片。）

实际上，直到2015年左右，摩尔的预测一直保持稳定。英特尔8080是1974年推出的一款单片计算机（简称单片机），有大约4 400个晶体管。因此，根据摩尔定律，2014年生产的一台单片机应该包含如下数量的晶体管：

$$4\,400 \times 2^{(2014-1974)/2} \approx 4\,610\,000\,000$$

这个数值与2014年推出的英特尔Xeon Haswell–E5处理器上的55.6亿个晶体管的数量非常接近。尽管许多人都预言了摩尔定律的消亡，但是，大多数行业观察人士似乎都认为，直到2015年，摩尔定律所预测的增长速度才显著放缓。

数字技术能力的快速加速已经引发了一系列持续的危机。用于设计和编程系统的模型与机制在额外能力的挤压下会不可避免地反复崩溃。早在1972年，艾兹格·迪杰斯特拉曾写道：

坦率地说，只要没有机器，编程就根本不是问题；当我们有了几台功能较弱的计算机时，编程会成为微小的问题；而现在，我们有了强大的计算机，编程也随之变成了一个同样巨大的问题。（迪杰斯特拉，1972）

迪杰斯特拉说上面这段话的时候还只是1972年！如果这在当时已经是一个巨大的问题，就没有文字可以描述其现在达到的程度了。

摩尔定律只适用于基于单个硅芯片的单个计算机。今天，我们看到通过网络互连的计算设备的数量在急剧增长。大约在1980年，3Com公司的联合创始人之一、以太网（以太网是当今使用最广泛的有线网络技术）的共同发明人罗伯特·梅特卡夫就提出了一个现在被称为梅特卡夫定律的推定。该定律认为，网络的价值与网络上兼容的通信设备的数量平方成正比。例如，如果单台设备的价值为1美元，那么一个连接10台设备的网络的价值就是：

$$1\text{美元} \times 10^2 = 100\text{美元}$$

以此类推，一个拥有100台设备的网络价值将会是1万美元，而一个有1 000台设备的网络价值为100万美元。现在我想让你计算一下梅特卡夫对今天的互联网估值，今天的互联网有大约60亿台连接的设备。

连接设备的数量还在快速增长。今天，由于所谓物联网（IoT）的兴起，行业领袖们预测到2020年将会有500亿台联网设备。物联网连接的并不是最重要的计算机设备，例如恒温器、汽车、门锁、空调等等。当他们给出这样的预测时，你几乎都可以看到美元在他们眼中舞动的样子。

因为价值可能来自容量，所以我假设梅特卡夫会得出这样的结论——网络容量，不仅是网络的价值，也与所连接设备数量的平方成正比。由于复杂性通常也与容量相伴而生，因此，我们不应指望未来几年危机会有所减缓。即便是摩尔定律逐渐失效，日益增长的复杂性所引发的压力也不会减缓。

在任何技术中，日益增加的复杂性都会以两种方式导致危机。首先，设计可靠的系统变得更加困难。在复杂性较低时运行良好的工具和模型会随着复杂性的增加而不断受压，直至崩溃。其次，也许是前一个原因的结果，一个设计项目失败的可能性增加了。

20 世纪 80 年代初，当我在贝尔实验室工作时，有一个名为 AIS/Net 1000 的大型项目，该项目旨在为当时存在的不同计算系统提供连接的桥梁。当时，通过网络连接计算机还是一种相当新颖的现象，而且，正如梅特卡夫定律所表明的，这种互联的价值得到了认可。至少梅特卡夫认为如此。

但是，这种互联暴露了不同计算机系统之间的许多不兼容性，特别是来自不同供应商的计算机系统。原因在于这些系统都被设计成是独立工作的，例如用来表示数字和文本的二进制模式是各不相同的，这些比特在存储器中的排列顺序不同，用于通信的协议和速度不同，等等。这些差异意味着一台计算机通常无法与另一台计算机直接进行通信。即使可以，其也无法正确地解释由另一台计算机生成的比特模式。换句话说，每台计算机都在它自己的范式中运行，而这些范式是不可通约的。

随着计算机的网络化，这种不兼容引发了一场危机。AIS/Net 1000 项目旨在通过在网络中执行不同范式转换的机制来解决这个问题，从而允许不同的范式继续存在。当一台计算机向另一台计算机发送消息时，该消息将在传输过程中被自动转换。这样任何操作计算机的人都不需要改变自己的工作方式。这就是网络中的巴别鱼。[①]

然而，这个项目最终还是失败了。美国电话电报公司取消了超过 10 亿美元的开发经费。事实上，项目失败的主要原因在于，很少有客户愿意为这项服务付费。相反，这些不同的计算机系统的范式正好见证了达尔文主义的稳固。相互竞争的范式无法在同一个联网计算机的生态系统中共存。

小说中的巴别鱼并没有出现，而互联网出现了。开放系统互连（OSI）模型被接受是促成互联网诞生的一个关键因素。

OSI 是一个分层的建模范式，如图 6.3 所示。与图 3.3 所示的各层一样，OSI 模型的每一层都为计算机之间的通信提供了一个概念框架。最低层被称为物理层，负责将比特序列从一个位置传输到另一个位置，而不关心这些比特的具体含义。最低层之上的层赋予这些比特更多的意义。举例来说，第 6 层，即表示层，可以将 100 万比特的集合当作一种特定格式的图像编码，如在数码相机和网络上广泛使用的标准化 JPEG 格式。

库恩认为不同的范式之间是不可通约的。在 OSI 模型中，“帧”、“包”、“段”和“会话”都是指一个有限的比特集合，但它们都在不同的层次上，且具有不同的含义。以我个人的经验来说，理解这些不同的含义是使用低层次网络软件时最容易混淆的部分之一。在其中的一个具体层次上工作而不尝试跨越多个层次通常要容易很多。

把 OSI 模型的各个层称为“范式”也许令人感到奇怪，因为它们与库恩所说的科学范式有很大的不同。就像库恩提到的范式一样，

---

① 道格拉斯·亚当斯在他的著作《银河系漫游指南》中描述了巴别鱼。据亚当斯的说法，“巴别鱼是一种很小的、黄色水蛭样的鱼，可能是宇宙中最奇怪的生物。它以脑电波能量为食，吸收所有无意识的频率，然后以心灵感应的方式排出一个由大脑语言中枢接收的意识频率和神经信号所形成的心灵感应矩阵。实际的结果是，如果你把它放在你的耳朵里，你就可以立即理解用任何语言对你说的任何话——你听到的话解码了脑波矩阵”。

它们也确实为人类理解系统如何运行提供了一个心智模型。例如，想象一台计算机向另一台计算机发送一幅图像（照片），是与想象一台计算机发送 100 万比特的数据流不同的心智模型。但与库恩的范式不同，要使这些层发挥作用，就必然要对它们进行绝对精确的定义。如果这 100 万比特中的一个被误读，那么也许会导致图像变得不可读。然而，库恩的范式要更具鲁棒性，它们能够容忍一定程度的创造性误读，这有时会形成创新的引擎，甚至会引起范式的转换。

| 7. 应用层 | 应用程序直接使用的网络服务 |
|---|---|
| 6. 表示层 | 将比特模式解释为文本、图像、数字等 |
| 5. 会话层 | 将多个来回的数据交换视为一个单元 |
| 4. 传输层 | 数据段的可靠传输 |
| 3. 网络层 | 在一个多结点网络对比特构成的数据包进行路由 |
| 2. 数据链路层 | 在两个结点之间传输一个比特帧 |
| 1. 物理层 | 有线或无线的比特流 |

图 6.3 用于计算机间通信的 OSI 模型。

要使得 OSI 模型的这些层都非常精确并不是一件容易的事情。为了使互联网上的计算机能够可靠地通信，OSI 模型需要在每一层上就精确的含义达成一致，向下一直到对每个比特的解释。然而，制定这份标准协议的过程可能会牵扯太多的因素，它很可能会陷入一个混乱的、政治的、官僚主义的泥潭，因为这一协议与涉及的每个国家以及每个商业集团的利益都息息相关，这常常会引发利益上的冲突。

下面这个例子可能有助于我们了解 OSI 模型是如何产生的。OSI 模型是两个标准化机构共同努力的结果，即国际标准化组织（ISO）和国际电信联盟电信标准化部门（ITU-T，前身是国际电报电话咨询委员会 CCITT），它们在 20 世纪 70 年代末分别开发了类似的计算机通信模型。但是，类似的模型还不足以让计算机进行通信。模型必须是相同的，才能实现不同计算机之间的通信。因此，这两个机构联合发布了一份共同文件。很显然，这一过程无疑会涉及多个细节问题上的激烈争论。

为了了解所涉及的所有竞争利益，我们很有必要先了解一下这些标准化机构是如何组织的。国际标准化组织由来自 162 个国家的标准化机构的代表组成。ITU–T 是一个联合国机构，它主要负责协调电信标准。除了许多国家政府的代表，这些机构还包括来自竞争行业的代表，其中一些企业已经对正在标准化的技术投入了大量资金。因此，标准的制定是一个旷日持久且令人心力交瘁的过程，而随后的相互妥协有时会破坏所形成标准的效力。

JPEG 是最常用的图像编码，也是 OSI 模型第 6 层（表示层）中常用的一个标准，它是创建该标准的联合摄影专家组（Joint Photographic Experts Group）的首字母缩略词。这个小组是一个由 ISO/IEC JTC1 和 ITU–T 交叉组成的委员会，除了加入国际电工委员会（IEC），这些组织也都是 OSI 模型的成员。IEC 是一个非政府性的国际标准组织，主要为电气、电子和相关技术制定标准。当然，看着这一连串的缩略词，我想读者们也能感受到这一切是多么官僚。

与许多此类的国际标准一样，JPEG 所带来的复杂性之一与知识产权有关。建立这种国际标准要面对的一个主要挑战就是，如何确保任何人在不侵犯他人权利的情况下合法地使用该标准。在制定一个标准的过程中，可能会出现相当多的不同立场，获得专利权的企业将试图确保这个标准的使用要为它们所拥有的专利支付许可费用，或者在实施标准时，使它们所拥有的专利具有竞争优势。有些组织甚至会在暗中这样做，并且会向标准机构隐瞒其商业利益，等到标准形成后就不好再改变了。因此，标准往往不能反映问题的最佳技术解决方案。

现在，我们来看看 JPEG 的情况，该标准发布后，一些公司声称该标准侵犯了它们持有的专利。在从 2007 年开始的一系列著名诉讼案件中，全球专利控股有限责任公司声称，从网站下载 JPEG 图像或通过电子邮件发送图像的行为侵犯了其所持有的一项美国专利，专利编号为 5253341，该专利是由罗茨马尼特和贝林森在 1993 年申请的。同一时期，一连串的诉讼、反诉讼和威胁接踵而至。维基百科上有如下关于 JPEG 的一篇文章：

> 全球专利控股有限责任公司还利用 341 这项专利起诉或者威胁那些对大量软件专利进行直言不讳的批评的人。（https://en. wikipedia.org/wiki/JPEG，2016 年 4 月 26 日检索。）

经过广泛而持久的斗争，2009 年，美国专利和商标局颁发了一份专利复审证书，撤销了该专利的所有权利主张，并声明现有技术已使得这些主张无效。至此，许多组织已经为这项完全没有成效的知识产权斗争浪费了大量的资金。

一家专利控股公司是指并不制造或销售产品，只是为了从销售产品的公司收取专利使用费而获取和持有专利的公司。这类公司通常被称为“专利巨魔”，这个名字取自挪威童话故事《三只山羊嘎啦嘎啦》里的巨魔，它住在一座大桥的下面，会吃掉任何试图经过那里的动物。

专利巨魔的出现极大地改变了美国科技公司的商业环境。一个生产产品并拥有专利组合的组织可能犹豫是否起诉另一个拥有专利组合的组织，因为被起诉的组织可能会对专利侵权提起反诉。但是，一个不生产任何产品的组织更不容易受到反诉。这些组织的存在只是为了从生产产品的组织那里攫取资金。在我看来，它们其实就是寄生虫。

我似乎又离题了。我要表达的一个主要观点是——技术中那些范式层的性质不仅取决于创造力，而且会受到复杂的商业和政治利益因素的干扰。因此，可以这么说，这些层在任何意义上都不是什么客观真理，它们是有缺陷的，也是人为过程的结果。

AIS/Net 1000 项目没能解决彼此不兼容的计算机联网时所引发的危机。这场危机在很大程度上以互联网的出现而得到解决，互联网 OSI 模型中所有层的标准化。所谓互联网协议（Internet Protocol，缩写为 IP，不要与知识产权混淆）在 OSI 模型中处于第 3 层，即网络层。互联网上的所有流量都要使用该协议。网络层之上是传输层，该层中广泛使用传输控制协议（TCP），其在 IP 之上增加了可靠传输的概念。具体而言，发送到接收方计算机的 TCP/IP 数据包必须得到该计算机的确认。发送方计算机将重复发送该数据包，直到它接收到一个应答为止。因此，除非网络或者发送方、接收方计算机发生了灾难性故障，否则每个发送的数据包最终都会被接收。TCP 还确保按顺序发送的数据包将以相同的顺序被接收。TCP 对于电子邮件和许多其他服务来说是必不可少的。

而电子邮件则依赖于另一种 SMTP，即简单邮件传输协议。该协议位于第 5 层（会话层）。在这一层，TCP/IP 数据包序列被汇集到一个单元，即一个电子邮件消息。由于能够假定下面这些层的特性，特别是数据包是被可靠且有序地分发的，因此该协议的设计被大大简化了。如果你通过电子邮件发送 JPEG 图像，那么，用于 JPEG 图像编码的第 6 层（表示层）协议将会把包中包含的比特数据定义为图像。

OSI 模型对这些关注点进行了分离，其中，数据包的路由、可靠传输与排序、电子邮件地址和内容以及电子邮件内容的编码都是分开的。所涉及的每个协议都更易于设计和理解，因为它们使用下面各层的属性，并且避免了提供上面一层所应提供的功能。

AIS/Net 1000 项目为网络危机提供了一个解决方案，但事实证明，它并不是一个非常有优势的解决方案。我认为一个关键的原因是，它没有实现有效的分层。AIS/Net 1000 是实现互联的单一解决方案，而 OSI 模型使每一层的许多解决方案能够相互竞争，实现优胜劣汰，从而创造出一个类似于达尔文式的生态系统。在这个生态系统中，解决方案可以互相竞争。

还有其他一些引人注目的技术也有类似的失败原因。埃德·科恩在他的博客里讲述了美国联邦航空管理局（FAA）高级自动化系统（AAS）项目失败的原因。该项目于 1981 年开始构思，1994 年被迫终止（科恩，2002）。在这个项目中，联邦航空管理局与 IBM 联邦系统公司签约，以一种全新的现代设计来替代美国的空中交通控制系统。IBM 联邦系统公司是 IBM 的一个部门，后来被洛克希德·马丁公司收购。根据科恩的说法，“联邦航空管理局最终宣布，之前花费的 26 亿美元中，有大约 15 亿美元的硬件和软件是无用的”。

这个项目的背景很能说明问题。1981 年，美国空中交通管制管理人员举行大罢工，罗纳德·里根总统立即解雇了他们中的 11 345 人。这反而加剧了一场原本由老旧、僵化的空中交通管制系统引发的危机。所以，解决这场危机的方案之一是建立一个自动化程度更高的管制系统，以雇用更少的管制人员来管理更多的飞机。

罗伯特·布里彻曾经在 IBM 联邦系统公司参与过这个项目，他在《软件的局限性：人员、项目和视角》一书中写道，这“可能是有组织工作历史上最大的失败”（布里彻，1999:163）。

该项目为什么会失败？科恩引用了下面这段美国审计总署资深分析师皮特·马里什的话：

> 这基本上是一个大爆炸式的方法，如此庞大的项目将在一夜之间彻底改变美国联邦航空管理局的工作方式。（科恩，2002）

科恩还引用了在 IBM 联邦系统公司参加该项目工作的比尔·克兰普夫的一段话：

> 我们没有完成需求阶段，一下子就进入了软件阶段。（科恩，2002）

然而，我认为克兰普夫的观点可能是对这个问题的错误诊断。我非常怀疑在开始软件设计工作之前完成需求阶段的工作是否真的能解决问题。在进行详细设计之前完成需求的想法，与当今最流行的软件工程策略之一的“敏捷开发”理念背道而驰。在敏捷开发过程中，需求与软件是一起通过一系列的增量式“冲刺”开发形成的，这些冲刺是短暂的开发工作，且仅有部分目标是针对整个项目目标的。敏捷开发的过程会直接涉及客户，并期望需求随着项目的发展而不断得到完善。这种管理复杂性的方法比在设计之前制定规范更加现实。

我认为马里什对问题的诊断可能更为准确。大规模的技术替代通常需要同时对太多的范式进行转换。事实上，科恩将该项目的失败归因于对新兴的不成熟技术范式的过分乐观，其中包括面向对象设计、分布式计算和 Ada 编程语言等。科恩写道：

> AAS 被认为是基于 Unix 操作系统的分布式计算以及采用 Ada 语言进

> 行开发的一个展示窗口，Ada 是由美国空军创建的一种编程语言，后来成为由国家资助的面向对象技术的“教义”，其本身是一种相对年轻的方法，用于以自包含的、可重用的块来编写代码。（科恩，2002）

我觉得“国家资助的教义”这个说法很有趣，它反映了我常常在计算机科学家中见到的教条主义狂热。这些科学家忘我地献身于一种或另一种编程语言。

另一个大型工程项目的重大失败，是美国陆军的未来作战系统（FCS）计划。虽然这个工程项目失败的原因有很多，但其中有一个类似于联邦航空管理局 AAS 项目失败的原因：该计划过于雄心勃勃，想要一次更换太多的系统。兰德公司 2012 年的一份报告有如下描述：

> 与更为传统的获取策略相比，系统的系统（systems-of-systems）这一方法显著地增加了执行 FCS 计划所需组织的复杂性，同时也加大了与系统工程、软件工程和系统集成相关的技术挑战。（佩尔南等，2012）

FCS 计划于 2003 年启动，预计耗资 920 亿美元（包括一支作战车队的预算费用）。到了 2009 年，当国防部长罗伯特·盖茨宣布他想要废除这个计划的核心部分——这支作战车队时，估计成本已经高达 2 000 亿美元了。

AIS/Net 1000 项目、联邦航空管理局的 AAS 项目以及美国陆军的 FCS 项目最初都雄心勃勃地想要解决极其复杂的问题。但是，当复杂性变得难以控制的时候，主流范式中的危机就变得显而易见了。

AIS/Net 1000 的目标是在不引发范式转换的情况下缓解危机。但是，事情并未像预想的那样发展。相反，互联网出现了。另外两个项目的失败在某种程度上是因为它们都试图用大规模替换现有范式的方法来应对危机。然而，技术范式的发展更为有机，更自下而上，而非自上而下。与其说技术范式是强加给工程师的，不如说其是由工程师发现、培育并成长起来的。

大规模地同时替换多个范式肯定会导致失败，因为单个范式的转换前景很难立即成功。事实上，大多数技术创新都以失败告终。可是，我们往往只记得那些成功的例子。在现实中，即使有哪种技术看似更合适，其发展的结果也是很难预料的，人们往往无法预测几种相互竞争的技术中究竟哪种最终会占上风。

范式的分层提供了处理复杂性危机的基本的创造性方法。一种解决方案是，不去修复一个有缺陷的范式，而是以一个新范式取而代之，在旧范式的基础上建立一个全新的范式。也就是说，我们在平台之上构建平台。由于每个层分别关注各自的主要问题，范式中的一个层就可以发生变化，而且其影响只会被它上面的一层感知。例如，在互联网中，OSI 模型第 3 层的网络协议正处于从 IPv4 迁移到 IPv6（从来没有部署过 IPv5）的过程中。

新版本 IPv6 改变了很多基本的东西，包括用于识别互联网中结点的地址。事实证明，IPv4 只能提供 40 亿个不同的地址。考虑到现在互联网上已经有 60 亿台设备，这显然会引发问题。因为在不产生歧义的情况下，重用地址需要相当聪明的方法。IPv6 中，地址数目将会增加到如下数量：

$2^{128}$ = 340 282 366 920 938 463 463 374 607 431 768 211 456。

如果没有 OSI 模型提供的分离式设计，就不可能做出这样的根本性改变。例如，这一变化对通过互联网传输图像的 JPEG 编码没有产生任何影响。

同样，图 3.3 中的数字技术层也提供了分离式设计，这允许在所有层次上同时进行独立的演化。例如，转向采用 FinFETs 作为晶体管的这一改变，不但不会对指令集体系架构的设计产生任何影响，还可能通过增加的功能提供更多的机遇。接下来，我就要研究一下机遇的问题。

## 6.3 危机与机遇

库恩认为，我们在常态科学中观察到的异常现象可能会揭示异常，其与常态科学的主流范式不一致。这些异常可能会导致一个范式转换的危机。在工程学中，通常并不是科学观察导致危机的产生。我们已经看到，日益增加的复杂性可能会引发一场危机。第二个触发危机的因素则是机遇。

让我们再来考虑 2007 年推出苹果手机时的情形。当时，手机的两个主要制造商分别是芬兰的诺基亚公司和加拿大的黑莓公司。今天这两家公司在手机市场上的知名度已经大不如前了。正如我已经指出的那样，苹果手机并没有引入任何新技术。那么，为什么它会成为一场革命，一下子就推翻了旧的格局呢？

被苹果手机颠覆的范式中的“危机”并不是一场由复杂性引发的危机，这是一场机遇危机。当时，除了打电话，手机也开始被用作他途——这正是它能够快速发展的新机遇。黑莓手机凭借其内置的键盘和电子邮件功能占领了商业市场。尽管在 12 键数字键盘上输入文本令人觉得很不方便，诺基亚手机还是经常被用来发送短信，主要是年轻人在使用。在当时，甚至出现了在这种键盘上快速发送短信的竞赛，因为这需要相当多的技巧。

2007 年，无线网络具有了一定的数据传输能力，但主要是传输语音信号。黑莓和其他手机的短信功能都充分利用了这一功能，但手机仍然主要用于语音通话。今天，语音通话似乎只是智能手机的一个附带功能。当我想和我 20 岁的女儿通话时，我需要和她交换几条短信来安排这件事。她只是出于对我年龄的尊重而默许这样的安排。她的其他通信方式可能更多是 Snapchat（照片分享应用程序）和其他我从未听说过的应用程序。

苹果手机的出现，是因为人们意识到在当时的技术条件下什么是可能的。但是，真正的革命并不是用更好的手机取代当时的手机。真正的革命是指引入一个全新的平台，并在范式层的堆叠中形成一个新的范式层。具体来说，真正的革命是引入应用程序开发平台。随着苹果手机的推出，苹果公司发布了一系列规范，这使得全球数百万富有创造力的程序员能够为苹果手机开发各种应用程序。

2008 年，苹果公司推出了应用商店（App Store），从而向客户代理销售应用程序。

革命的本质在于，其后果通常是无法预料的，但在革命发生之后，其后果似乎又是不可避免的。今天我们也许已经淡忘了曾经发生的一些事情。

2007 年，我们中的大多数人从未听说过应用程序和应用商店。其实，这些概念与其他技术创新一样，其雏形概念至少在 20 世纪 90 年代就已经存在了。但是，苹果公司确实让这些概念迅速得到普及。并且，苹果公司的模式已经为每一个仍有影响力的手机厂商所效仿，甚至是复制手机外观专利的细节。此举导致了无穷无尽的专利侵权诉讼和反诉讼。

我可以肯定地说，如果我们回到 2007 年，把世界上最聪明、最具创造力的专家聚集在一个房间里，他们甚至都无法预测我们今天日常随身携带的手机中的 10% 的功能：全球即时交通报告（现在我们就可以查一下布达佩斯的交通状况）、机票预订、银行交易（甚至是查询银行存款余额）、潮汐图、全球天气预报、最新的公共交通时刻表，还有对自己家的远程监控、出租车服务、餐馆评论、一个拥有数百万本图书和期刊的数字图书馆，以及许多富有创意的游戏，等等。除了这些以前从未存在过的功能，这种设备还取代了我们以前必须单独携带的其他一些设备，包括电话、音乐播放器、手电筒、家里的钥匙、视频娱乐设备（还记得便携式 DVD 播放机吗）、指南针、计算器、地址簿、日历、照相机、收音机、记事本和闹钟。哦，是的，它还可以发送短信和电子邮件呢。

智能手机并不是一场复杂性危机的结果，而是芯片上的数以百万计的晶体管、良好的数字收音机、触摸屏接口和互联网等这些预先就已存在的技术所带来机遇的产物。这场科学革命赢得决定性胜利的关键，是应用程序开发平台和应用商店。

近年来，我们已经见证了数量惊人的类似颠覆性革命。亚马逊令数千家书店停业，并正在对其他零售业务构成威胁。优步（Uber）和来福车（Lyft）已经削弱了出租车业务。

Lulu 和其他的按需印刷服务正威胁着出版业的发展。而电子书又在威胁着 Lulu 和印刷业中的其他行业。昔日的图书馆变得越来越无关紧要。旅行社几乎就要消失了。

每发生一次这样的革命都需要经历一次范式的转换。但是，人们不再那么容易接受范式的转换，因为他们习惯于原来的范式，原来的范式具有一定的稳定性，并给人们带来一定的惰性。即使是颠覆性的转换，也需要一段时间才能完成，因为接受需要时间。根据 Statista（全球领先的数据统计互联网公司）的数据，2012 年美国仍有2.8万家书店。虽然这一数字大大低于2004年的3.8万家，但仍然是一个很大的数字。

一些范式的转换取代了以前的范式。以出租车服务为例，我们现在更有可能通过智能手机的应用程序或网页预约出租车，而不是通过打电话。但是，所有这些范式的转换都建立在先前的范式之上，并没有改变那些旧范式。例如，智能手机技术很大程度上依赖于互联网技术，然而，互联网技术几乎没有随着这场技术革命发生改变。当然，也出现了一些小的变化，例如OSI模型第6层和第7层现在可以更好地支持小屏幕，但是这些变化是很小的。先前的范式为新范式提供了一个平台，这种情况在库恩谈到的科学范式转换中很少出现。模型的传递性使这一切成为可能。

然而，也存在一些失败的范式转换。例如，在20世纪80年代，一些大学研究项目和初创公司尝试用数据流计算机颠覆当时的计算机行业，其中，数据流计算机提供了一种完全不同的方法来定义指令集体系架构（阿尔温德等，1991）。这些尝试都以失败告终。而人工智能（AI）作为一个领域的反复失败也许是一个更奇怪的案例。人工智能历经了好几个繁荣和萧条的发展周期，在这几个周期里，人们对它的狂热总是伴随着幻想的破灭和投资的失败。从20世纪80年代末开始，人工智能领域就经历了被该领域的一些研究人员称为"人工智能的寒冬"的阶段，它暗示了一个核冬天[①]，直到2010年前后人工智能的发展才完全恢复。也许数据流计算机会以同样的方式复活。这样的失败很快就会从我们的记忆中消失（当然，那些与失败直接相关的人除外）。

然而，失败却是人工智能知识探索中一个正常和良性的过程。

---

① 核冬天假说是一个关于全球气候变化的理论，它预测了一场大规模核战争可能产生的非常寒冷的气候灾难。——译者注

数字技术的迅速发展为范式的突变、适应和消亡提供了一个健康而繁荣的生态系统。一个新技术范式的失败并不是因为它有什么根本性错误。与科学范式不同，技术范式所秉承的并非真理式的标准，或是与物理世界的观察相一致的标准。相反，它们的存在往往取决于许多无形的因素，其中最重要的或许是，公众甚至工程师是否准备好接受这种范式。

## 6.4 危机中的模型

工程领域的范式转换主要是由复杂性和机遇引发的。在过去的50年里，数字技术的惊人进步极大地推动了范式的转换。数字设备日益互联的发展趋势以及计算机越来越渗透到我们日常生活中的现实，都成为工程领域范式转换的巨大驱动力。

那么，今天最紧迫的危机又在哪里？对于这个问题，我只能试着加以推测，因为在这个问题上，我的眼光并不比其他人更为独到。但是，我确实看到了至少有两场重大危机即将来临。

让我先从危机谈起。随着互联性的不断增长，有关世界、社会以及社会中个人状态的数据会迅速增加。例如，除了无法追踪我们以现金方式消费的信息，信用卡公司已经能够详细了解我们的大部分消费行为了。这些公司为我们的消费行为建立了模型，并将这些模型用于各种目的，包括可以禁止疑似欺诈的异常交易。例如，如果你不经常旅行，可是外国的一家商店试图从你的信用卡中扣除购物费用，那么信用卡公司的计算机可能会拒绝这笔交易。相反，如果你像我一样经常出差，那么同样的交易更有可能被允许。如果你经常在精品店购买昂贵的威士忌，那么你要是在 Payroll Loans &

Liquor 这样的商店购买劣质酒的话，这笔交易同样有可能被拒绝。

上述这些决定不是由人类做出的，而是由那些会做梦的计算机做出的（详见 5.6 节）。计算机正在运行机器学习算法，它们通过观察你的交易状况构建你的行为模型，然后根据模型生成此类行为的概率，将每个后续的交易归类为异常和正常两类。

信用卡的例子展示了大数据应用中常见的矛盾。虽然我们非常理解信用卡公司这样做是为了防止客户的信用卡被盗刷，但是，当我们中的许多人发现，信用卡公司已经建立了我们行为的概率模型时，这将令人有些毛骨悚然。同样，我们可能会喜欢智能手机上的应用程序，它能够告诉我们附近的餐馆，但是，由于使用了该类应用程序，谷歌的计算机就会知道我们的具体位置。我想多数人在了解到这一点之后，一定不会觉得特别开心。

现在想象一下，你车里的电脑可以与外界进行通信。实际上，一些保险计划已经通过这些信息归纳出你的驾车风格和用车状况，从而改变你的保单。如果保险公司把从你的汽车中得到的相关信息卖给了你的信用卡公司，又会怎样呢？梅特卡夫定律部分地基于这样一种观点，即聚合数据比孤立数据更有价值。信用卡公司现在可能会核实你的车是否就停在 Payroll Loans & Liquor 商店外面，之后要么允许这笔买酒的交易，要么向警察局报告你的车被盗了。

各类机构都在以惊人的增长速度收集着与我们个人有关的各项数据。在美国，原本旨在保护我们私人数据不被滥用的隐私法变得徒劳无效了，因为这类法律只不过导致了大量印着密密麻麻小字体的法律文件的产生。现在，政府要求每个机构都必须向你出示这样的文件，当然，也很清楚你并不会去阅读这些文件。事实上，现在美国政府表现出明显的双重标准。它一方面试图加强隐私法的力度，同时又阻止加密的数据通信。政府表示，加密会干扰其侦测和防止潜在的恐怖袭击的能力。的确如此，这一点毫无疑问。

同样，我们再次面临相互矛盾的要求。

今天，许多机构都在收集大量的数据，但并没有有效地使用它们。咨询和市场研究公司高德纳将“机构在日常商业活动过程中收集、处理和存储的，但通常又不能用于其他目的信息资产”称为“暗数据”。其潜台词是这些企业正在错失一个机遇。它们应该好好挖掘这些数据，因为这些数据是非常有价值的。

从事研究和咨询的公司弗雷斯特将“稍纵即逝的洞察力”定义为“企业只有在得到通知后才能察觉和采取行动的各种紧急的商业情况（如风险和机会）”。信用卡欺诈检测只是这种稍纵即逝的洞察力的一个例子。交易一旦被允许，损失就会形成。我们在第 1 章还看到另一个稍纵即逝的洞察力的例子，是维基百科关于恶意破坏的检测算法，尽管这个例子的隐私成本更低。更引人注目的是，医疗和医药领域的暗数据可以被更好地用来获得 ( 实实在在的 ) 稍纵即逝的洞察力。

我相信，在及时将输入的数据转化为洞察力以有效利用它们的同时，确保隐私或者至少是保持公众的信任（隐私的丧失不会被滥用），是一个存在着机遇的危机，显然这个问题不仅仅是技术性的。

这些矛盾的要求呼唤着创新。让我们想想看，恒温器、门锁、电视机、手表、跑鞋、橄榄球头盔、书籍等等，我们周围几乎所有东西都被接入互联网。许多设备正在获得听取口语指令并对其迅速做出反应的能力。当你读一本电子书时，它也在阅读你，了解你的个人信息。将这些设备接入网络可能会给我们带来真正的价值，例如，减少我们的碳排放量和相对于恐怖分子的脆弱性。这些潜在的好处不容忽视。当然，其中的风险也不可小觑。这种情况迫切需要范式的转换。

我看到的第二个危机是一场复杂性的危机。这场危机不仅关系到组件数量的增加，而且关系到传统上使用不同模型来管理自身复杂性的工程系统的结合。

以现代商用飞机如空中客车 A350 或波音 787 为例，这些系统都是软件密集型的，拥有数百个微处理器以实现不同的功能，包括将飞行员的指令转换为舵机运动、控制起落架、管理机舱的增压和气流、管理发电和配电以及运行乘客娱乐系统等等。这样的飞机系统比处理脸书页面的数据中心要复杂得多。后者只需要处理比特数据以及因处理这些数据而产生的热量。数据中心是一个信息处理系统，它几乎完全可以在计算机科学的模型和范式中运行。但是，一架飞机的设计结合了航空、机械、电气和土木工程的模型，以及计算机科学的模型。在这样一个系统中，土木工程的结构与航空工程的飞行动力学在运行反馈控制系统（电气工程）的软件系统（计算机科学）控制下相互作用。在今天的工程体系中，专业化的“竖井”是标准的，这已成为一个障碍，因为每个学科开发的模型和范式是不可通约的。

尽管跨越如此多的“竖井”存在着巨大的复杂性和挑战，但波音公司和空客公司都设法成功地制造了安全可靠的飞机。它们是怎样做到这一点的呢？今天，它们的设计过程和方法都非常保密，并且监管很严格。想要获得运载民用乘客的许可证，必须严格遵守许多规则。

然而，这些过程揭示了工程模型和方法上的一些根本缺陷，这些缺陷对今天的飞机设计工程师而言仍然存在。这些缺陷中的一个问题是我从一位工程师所讲的故事中第一次得知的，这位工程师曾参与了波音 777 的设计工作。波音 777 是波音公司研制的第一架电传控制飞机，这意味着飞行的控制是由计算机实现的。波音 777 于 1995 年首次投入使用。根据这位工程师的描述，早在 20 世纪 90 年代初，波音公司就预计这种型号的飞机将生产 50 年，直至 2045 年。这位工程师告诉我，20 世纪 90 年代初，波音公司为飞行控制系统的制造购买了可用 50 年的微处理器，这样就可以在飞机的整个生产过程中使用相同的微处理器了。

请大家回想一下，我曾经在第 4 章提到硬件是短暂的。事实上，任何一种硅片的生产都不可能持续几年以上。在摩尔定律的压力下，它很快就会过时。当一家晶圆厂利用一项新技术（如 FinFET）更新其产品时，它就不可能再生产相同的芯片了。

但是，为什么波音公司需要相同的芯片呢？图 3.3 所示的范式分层的全部要点在于，使软件设计与硬件的变化分离开来。这样的话，使用任何能够正确执行控制系统软件的芯片就足够了。

但是，缺陷存在于正确性的概念上。从图 3.3 所示的指令集体系架构层开始，对于上面的所有层而言，正确执行软件的意义与其所要执行的动作所需的时间无关。动作的定时特性并未被包含在今天所使用的编程范式中。

但是在飞行控制系统中，软件直接控制物理执行器，而在物理世界，时间是很重要的因素。事实上，在航空、机械或电气工程师所要使用的每个模型中，动作的执行时间都是模型的核心。然而，这些工程师使用的范式与计算机科学家使用的范式是不可通约的。

因此，图 3.3 所示的分层未能提供足够的抽象逻辑，由此也就无法提供对这些关注点的分离。波音公司被迫在没有任何分层的情况下运作，因此就必须确保每架飞机的设计直到半导体物理层的设计都是完全相同的。

后来，我从空客公司的工程师那里又听到了类似的故事。空客公司制造电传控制飞机的时间比波音公司还要长。空客的工程师告诉我，他们把微处理器放在液氮中储存，试图让含有掺杂物在硅的自然扩散过程中能够延长保质期。

飞机设计的复杂性不断增加。飞机设计的一个关键目标是减少重量，因为这可以降低燃料的消耗，延长航程，并减少碳排放量。减轻重量的一种方法是在机身上使用更先进的材料和更灵活的结构。但是，灵活的结构需要更紧致的协调控制系统。控制系统中的定时差异会对机身结构形成巨大压力。

另一种减轻重量的方法是减少线缆和液压管道的数量。这可以通过更高级的网络来实现。然而，实际上，就像图 3.3 中的软件层一样，图 6.3 OSI 所示模型中物理层以上的所有层都忽略了定时的问题。因此，飞机制造商无法从过去 40 年的网络发展中获益。

即使是使用一款相同的微处理器，时间与指令集体系架构的正确性无关这一事实，也意味着在软件设计中，飞机制造商不能使用过去 40 年来计算机科学的大部分创新成果。联邦航空管理局禁止在安全关键软件中使用面向对象的语言。甚至作为所有现代微处理器获取数据并将数据发送到外部世界的标准方式，中断这一机制也是被禁止的。可以确定的是，中断会产生许多棘手的软件问题。早在 1972 年，艾兹格・迪杰斯特拉就感慨道：

> 从一两个方面来看，现代机器基本上要比老式机器更难操作。首先，我们拥有中断，其往往发生在不可预测和不可复制的时刻；与以往那些看上去像是确定性自动机的老式连续型机器相比，这是一个巨大的变化，而且，许多系统程序员头顶的白发都证明了这样一个事实，即我们不应该轻率地谈论由该特性所产生的逻辑问题。（迪杰斯特拉，1972）

尽管如此，直到今天中断仍然是输入 / 输出系统的主要方法，并且也是每个现代操作系统设计的核心。因此，飞机制造商也被排除在过去 40 年操作系统的进步之外了。

鉴于过去 40 年大多数计算机科学创新都未能满足飞机设计者的需求这一事实，我对其卓越的安全航行记录感到非常惊讶。我非常崇敬设计这些飞机的工程师。他们受困于爱迪生所使用的原型—测试设计风格，无法利用模型的传递性，而且他们的原型要比爱迪生的原型复杂得多。

图 6.4 给出了空客公司最新型号 A350 飞机的原型。空客公司称它为“铁鸟”。该原型包含了一架 A350 飞机除机身、机舱和发动机之外的所有部件。这就是它看起来不像一架飞机的原因，它是没有结构和蒙皮的一些内部装置。其内部的线缆长度与实际的飞机完全相同。液压管也像在实际飞机上那样弯曲着，以绕过（缺失的）机身结构。当使用这个原型进行测试时，在实际飞机上由发动机驱动的发电机由人工发动机驱动，因此这个原型可以依靠自己的动力运行。显然，这个原型要比爱迪生的灯泡复杂得多，但它是相同类型的具体原型。

面临这一难题的不仅仅是飞机制造商。现代汽车大多也是“线传控制”的，驾驶员的指令（踩油门、踩刹车和转动方向盘等）在进入车轮或发动机之前都是由计算机控制的。汽车设计师面临着同样的问题，但受到的监管约束要少很多。随着汽车自动化程度的提高（如车道保持、自动事故预防和全自动驾驶等），汽车设计师面临的问题只会变得更加糟糕。

图 6.4 空中客车 A350 的“铁鸟”原型。

我们所面临的问题不止于此。所有的现代工厂都是由计算机控制的，是类似的安全关键系统，在这种系统里，动作的定时特性对系统的可靠安全性而言尤为重要。火车是由计算机控制的，建筑物的通风、照明和防火系统是由计算机控制的，现代的电网、供水系统和污水处理系统也是由计算机控制的。

2006 年，美国国家科学基金会的海伦 · 吉尔创造了“信息物理系统”（Cyber-Physical System，简写为 CPS）一词，指的是那些将计算、网络和物理动力学结合在一起的系统。如今，这类系统显然面临着一场复杂性的危机。海伦 · 吉尔发起了一项美国国家科学基金会的重大提案，资助相关研究，以解决我之前已指出的问题。这一计划仍在继续，而且正在取得进展，尽管这些进展主要还集中在研究实验室里，而不是工业生产中。吉尔认识到，将“赛博”

（cyber，此处也译为信息）世界与物理世界结合在一起，导致了巨大的复杂性危机，而现有的范式很难应对这一危机。

CPS 中“赛博”一词的起源是什么？与此相关的术语“赛博空间”（cyberspace，也译为网络空间）是威廉·吉布森在小说《神经漫游者》中使用的词语，但 CPS 这个词的词根有着更深的渊源。

更准确的说法是，“赛博空间”和“信息物理系统”源自同一个词根，即由美国数学家诺伯特·维纳（维纳，1948）创造的“控制论”（cybernetics）。维纳对控制系统理论的发展有着巨大的影响。在第二次世界大战期间，他发明了高射炮自动瞄准和射击技术。虽然他所使用的设计机制不涉及数字计算机，但其原理与今天在基于计算机的反馈控制系统中所使用的原理相似。他的控制逻辑实际上就是一种计算，尽管它是用模拟电路和机械部件实现的，因此，控制论是物理过程、计算和通信的结合。维纳是由希腊语中的舵手、总督、驾驶员或方向等词得出这个名词的。这个比喻很适合控制系统。

CPS 一词有时会与“赛博安全”（cybersecurity，也译为网络空间安全）相混淆，后者涉及数据的保密性、完整性和可用性，与物理过程没有内在的联系。因此，“赛博安全”一词是关于网络空间的安全，只是间接地与控制论有关联。当然，CPS 涉及许多具有挑战性的安全和隐私问题，但这并不是我们唯一要关注的。

我在伯克利大学的研究包括一些由美国国家科学基金会资助的 CPS 研究项目。2015 年，我完成了一个名为 PRET 的项目（for Performance with Repeatable Timing，简写为 PRET，致力于实现可重复定时的性能）。该项目设计了指令集体系架构，其编程范式中明确包括了定时功能。实际上，这个项目重新开启了弗雷德·布鲁克斯在 20 世纪 60 年代所做的决策，当时他设计了 System/360 ISA 系统，该系统没有任何明确的定时控制。该项目最后进行了一次演示，表明在不损失性能和硬件成本适中的情况下，可以实现对定时的精确控制。如果在工业领域中采用这种体系结构方法，它将能够为信息物理系统进行图 3.3 所示分层中的关注点分离。

第二个例子是我们课题组的 PTIDES 项目，也是在 2015 年完成的。该项目使用图 6.3 所示的 OSI 模型，解决了跨网络的分布式软件问题。但是，该项目修改了范式，以显式地控制定时。具体细节不再赘述。

尽管相关研究已在实验室里取得了一定的进展，但信息物理系统中的复杂性危机仍然存在，而数据科学的机遇危机也依然存在。在后续的章节中，我将进一步探究我们能够在多大程度上推进模型的分层。我们今天所掌握的所有技术都有其局限性，了解这些局限性对于全面理解技术革命至关重要，因为这些局限性也蕴含了创新的机会。

# 第二部分

# 7.

# 信息

在本章，我会研究信息的概念，信息是什么以及如何度量信息；我还会介绍克劳德 · 香农度量信息的方法，并说明信息并非总是可以用数字方式来表示的。

## 7.1 悲观主义变成乐观主义

在第 2 章，我强调了在我们的头脑中清楚地区分模型和被建模事物的重要性。然而，不幸的是，这真的很难做到。因为我们的思维过程有很多是围绕着模型的，所以我们有一个巨大的未知的背景。但是，这种分离的失败将不可避免地导致我们得出无效的结论。

工程师选择他们的模型，然后寻找符合这些模型的物理实现。我们需要能够完全理解这项任务所需的模型。尽管几个世纪以来，我们已经开发了一个巨大的模型库以及大量构建模型的方法，但是，我将向大家说明，这个库中可能的模型数量与理论上可能的模型数量相比是微不足道的。换言之，可能的工程创新是永无止境的。

与工程师不同的是，科学家试图找到或发明一个模型（可能是“自然法则”的形式）来匹配一个特定的物理对象或过程。科学领域的一个永恒目标就是找到少量这样的模型，以某种方式去“解释”宇宙中的一切事物。从某种意义上讲，工程师努力拓展相关模型的数量（那些我们可以为之建立一个可靠物理实现的模型），而科学家则试图减少相关模型的数量（那些需要用来解释自然世界的模型）。

不幸的是，对于科学来说，这个永恒的目标是无法实现的。我们已经知道，大自然能够创造出至少和计算机软件一样复杂的过程，因为人类和我们的计算机毕竟都存在于自然界中。在第 8 章，我将回顾艾伦·图灵的经典发现，一般来说，仅通过阅读程序是不可能判断出程序的功能的。这一发现本身就粉碎了一种盲目的乐观情绪——任何一个小规则集都可以解释宇宙中的一切事物，因为它表明我们根本无法解释宇宙中存在的某些程序的行为。我们只是拥有程序本身罢了。

正如我将在第 9 章中解释的那样，数学模型与计算模型不完全相同，它们构成了科学解释大自然的基石，然而它们与软件一样是不完备的。这一事实恶化了科学的处境。库尔特·歌德尔经典的不完备性定理表明，任何能够解释自然世界的数学模型系统，无论它多么充分，都要么是不相容的，要么是不完备的。“不相容”意味着它的命题既可以被证明为真，也可以被证明为假。“不完备”是指它的命题既不能被证明为真也不能被证明为假。

工程师的目标不是解释自然世界，而是创造自然世界中从未存在过的人工制品和过程。工程师只需要解释他们所设计的系统，而不是自然界中存在的系统（至少这不是他们的首要任务）。他们建立物理系统来匹配他们的模型，而不是反过来。如果建模所需的工具足够丰富和具有表现力，并且物理系统的空间比建模工具集大得多，就有足够的空间进行创新。

当然，工程是需要科学的。当我们试图从模型中合成新的物理实现时，我们就会更多地了解自然，因为我们会试图理解物理实现是如何偏离模型的预测的。因此可以这么说，工程可以通过揭示自然未解之现象，为科学提供一套指南。

晶体管正是上面所说的工程反向推动科学发展的一个很好的例子。据我所知，我们还没有发现过晶体管的自然现象。但是，创造一种电控开关的工程努力，已经使人们对电流在材料中的行为方式有了更深入的科学理解。这种科学理解反过来使得构建更好的工程模型成为可能，并引导了这一过程，而这一过程不可能仅仅通过被动地观察大自然赋予我们的系统来实现。图灵和哥德尔揭示的局限性并不妨碍这一过程。相反，他们只是断言这个过程永远不会完成。进步的空间永远很大。

到目前为止，在本书中，我已经论证了数字技术和计算为这种创造性的工作提供丰富媒介的观点。但是，和科学家一样，工程师也受到计算和数学模型的根本限制。对工程师来说，这些限制不会削弱他们永恒的使命。工程师一直都有一个优势，那就是他们可以避开他们无法解释的系统。例如，软件工程师通常会尝试编写能够展示他们可以解释的行为的程序，而避开图灵所展示的那些无法解释的程序。但如果要避免这些程序，工程师就需要了解建模工具集自身的局限性。因此，与本书的前几章相比，在接下来的几章中，我将解释软件和数学模型不能做什么。

我关注的是数字技术和计算，它们基本上都是关于信息处理的。但是，信息到底是什么呢？只有明确了解信息的概念，我们才能理解数字技术能做什么，不能做什么。因此，信息是本章后续内容的主题。

## 7.2 信息处理机

计算机程序是一个模型，它最终模拟了在硅材料和金属中流动的电子。但是，正如我指出的那样，在作为模型的软件以及半导体物理学之间有很多抽象层，所以仅仅把软件看作电子流动的模型是没有用的。事实上，将软件视为数学更有用。它是一个形式化的模型，存在于它自己构建的世界中。就像数学一样，它是一个强大的模型。我们可以用软件做很多事情。

但是，软件并不是什么事都能做到。事实上，我将在第 8 章向读者展示，尽管软件有着不可思议的力量，但我们几乎不能用它做任何事情。从这个意义上说，虽然我们已经用软件做了多少事情，但是还是有很多事情我们不能用软件来做。

许多未来学家和技术爱好者夸大了软件的实际能力。举个例子，霍华德·莱因戈尔德在他的《思考的工具》一书中写道：

> 数字计算机以一个被称为“通用机器”的理论发现为基础，它实际上并不是一种有形的设备，而是一种能够模拟其他任何机器动作的机器的数学描述。一旦你创造出一种可以模仿任何其他机器的通用机器，这个通用工具的未来发展就只取决于你想用它来执行什么任务。（莱因戈尔德，2000:15）

莱因戈尔德得出的结论和我的一样，即技术进步受到人类的限制，而不是技术的限制，但其原因是错误的。实际上，莱因戈尔德歪曲了计算的演进历史。根本就没有什么通用机器，无论是数学的还是其他的。他实际上指的是所谓的“通用图灵机”，它能够模拟图灵机，而不是任何其他机器。有些机器不是图灵机，例如我的洗碗机之类的机器。

但是，请稍等一下。我敢肯定莱因戈尔德现在会反对说，我的洗碗机并不是一台信息处理机，而他的书是关于信息处理机的。弄脏的盘子不是一种信息的形式（或者它们可能是，详见 8.4 节）。那么到底什么是信息处理机呢？

我们要回答第一个问题，也就是我要在本章剩余部分重点关注的一个问题——什么是信息。《韦氏大词典》给出了好几个定义，但对我来说，下面这个与软件最为相关：

> 2. b：由产生特定效果的事物（如 DNA 中的核苷酸或计算机程序中的二进制数）的两个或多个可选序列或选项之一所固有以及表示的属性。

这个定义的关键是“两个或多个可选序列或选项中的一个”。信息是对一组可选项进行选定的解决方案。当有两种选择的时候，例如，晶体管可以导通或截至，或者硬币可以是正面或背面朝上，而“信息”是对其中一种选项的确定。

让我们稍加思考，我希望读者能明白，这与信息的直观概念是一致的。例如，如果我不知道我的同事弗雷德和苏结婚了没有，我就会有两种“可选选项”。如果你告诉我弗雷德和苏结婚了，那么我从你那里得到信息，你向我传达的信息给出这些选项的解决方案。请注意，即使你对我撒了谎，那也是信息，因为你已经就这些选项传递了一个解决方案，而这个解决方案是否正确则是另一回事。

《韦氏大词典》还给出以下定义：

> 2.d：是对信息量的定量度量；具体而言，是度量待进行实验的结果中不确定性的一个数字量。

度量信息是一个相对较新的发展领域，通常被认为是由克劳德·香农率先创建的。1948年，香农在著名的贝尔实验室工作时，在《贝尔系统技术期刊》上发表了一篇名为“通信的数学理论”的论文。这篇论文开创了信息论的研究领域（香农，1948）。在论文中，香农基于概率论（我将在第11章更详细地介绍这个理论）提出了一种测度方法，其可以度量一个比特序列中所包含的信息量以及在非理想通信信道上能够传输的信息量。所罗门·格伦布对编码和信息论后来的发展有着巨大影响，我也感谢他“在地图上钻孔”的隐喻。格伦布评论说，香农的影响巨大，怎么强调也不为过，“就好比字母表的发明者对文学产生的巨大影响一样”（霍根，1992）。

假设根据《韦氏大词典》的第一个定义，对某物有两种“可选选项”。就上面的例子来说，弗雷德要么结婚要么不结婚。也就是说抛出一枚硬币要么正面朝上要么背面朝上。然而，一旦我们解决了这些选择，我们就收到1比特的信息，完全可以用一个二进制数来表示，0或者1。那么问题在于，信息总是能用比特来表示的吗？

请注意，物理世界很少恰巧给我们提供任何东西的两种可选选项。抛硬币可能导致硬币掉进池塘里，然后沉到水底，并且垂直地埋入淤泥里，那么抛硬币的结果就既不是正面朝上也不是背面朝上了。即使在弗雷德的例子中，也会出现不同的结果。弗雷德可能会和苏结婚，因为有他向当地法院提交的文件，但是他目前正和乔住在一起并希望他所在的州能够允许他与乔结婚。婚姻是一种社会结构的模式，只有这种模式才能在两种安排之间进行二元选择。物理世界则更加混乱。我们需要谨慎地将地图（例如婚姻的法律制度）与地域（弗雷德的实际情况）区分开来。

尽管如此，香农还是以比特为单位来度量信息。事实证明，只有当可选选项是离散的和有限的，或者试图通过非理想信道进行通信时，这种度量才能很好地被实施。假设你没有告诉我弗雷德是否结婚（1 比特的信息），而是告诉我房间现在的温度，那么你到底传达了多少信息呢？如果不做更多的假设，这个问题是不能被回答的。关于房间的温度我已经知道多少了？房间的可能温度是有限的吗？也许我只关心 1 摄氏度左右的温度。那么，你能传递给我的信息数量肯定是有限的。但是，你真的传递了有关温度的信息吗？房间的温度本身是否蕴含着信息呢？它会有无限多个可能的值吗？

这些都是很难回答的问题。即使可选选项的数量是有限的，解决可选选项的方案所传递的信息量也并不总是显而易见的。香农注意到，传递的信息量不仅取决于可选选项的数量，还取决于这些选项的可能性。在接下来的内容中，我将解释当可选选项的数量有限时，香农会如何以比特为单位度量信息。

## 7.3 度量信息

假设我们有一枚硬币，其几乎总是不公正地正面朝上。那么通过观察硬币正面朝上的情况并不能获得更多的信息。因为大多数结果都是正面朝上，所以当你看到正面朝上时，你根本不会感到惊讶。假设我们掷硬币 20 次，并得到如下结果：

HH HT HH HH HH TH HH HH HH HH

其中“H”代表硬币正面朝上，“T”代表硬币背面朝上。那么我们就可以使用二进制数 0 和 1 对这个结果序列进行编码，如下所示：

| HH | HT | HH | HH | HH | TH | HH | HH | HH | HH |
|---|---|---|---|---|---|---|---|---|---|
| 11 | 10 | 11 | 11 | 11 | 01 | 11 | 11 | 11 | 11 |

其使用 20 个比特对结果进行编码，而且是一种直接编码方式，用 1 表示 H，0 表示 T。但是，由于出现背面朝上的可能性要比出现正面朝上的可能性小得多，所以香农注意到，通过使用较少的直接编码，就可以用不到 20 个比特编码这个序列。例如，假设我们将掷硬币的结果进行成对编组，如上面的序列所示，并根据下表对结果进行编码：

| | |
|---|---|
| HH | 0 |
| TH | 10 |
| HT | 110 |
| TT | 111 |

换句话说，当我们在一个序列中连续得到两次正面朝上时，我们将用一个比特 0 来表示，而不是两个比特 11。如果我们得到的结果是 TT，那么我们就用连续的三个 1 来表示，即 111。这些编码是经过精心挑选的，以便任何比特序列都能被明确地解码成掷硬币的序列。例如，010 代表 HHTH 四个结果。

由此，之前掷硬币的编码序列现在可以表示为如下形式：

| HH | HT | HH | HH | HH | TH | HH | HH | HH | HH |
|---|---|---|---|---|---|---|---|---|---|
| 0 | 110 | 0 | 0 | 0 | 10 | 0 | 0 | 0 | 0 |

更可能经常出现的“HH”对只需要一个比特就能够编码，而那些不太可能出现的序列则需要更多的比特来编码。这种编码只需要 13 个比特，而不是直接编码所需的 20 个比特。香农注意到这一现象，如果硬币正面朝上的可能性比背面朝上大得多，那么在大多数情况下，这种替代编码比直接编码所需的比特会更少。因此，香农观察到，掷 20 次非均匀硬币的信息量通常小于 20 个比特。

香农还注意到，普通的英文文本也可以被更为有效地编码。因为一系列字母和空格中存在大量的冗余信息。如果我发一条“i lv u”的英文短信给你，我相信你会理解的。

请注意，在第二次世界大战期间，香农致力于制定保密通信的编码方案，包括罗斯福和丘吉尔在跨大西洋会议上使用的编码。毫无疑问，他的密码学工作为信息论奠定了基础。因为它让香农明白，一个信息可以用多种方式编码，其中有些方法一定会使用更有效的编码（也就是使用更少的比特），而如果你不知道编码的规则，那么有些方法会很难读懂。如果你不懂前面表格中给出的编码规则，那么序列 0110000100000 就很难解释为 HHHTHHHHHHTHHHHHHHHH 。对于我们大多数人来说，即使我们知道这样的编码规则，也很难理解一长串序列代码所表达的意思。毕竟不像“i lv u”这样的英文信息，它不需要显式的编码规则列表。

然而，我们所采用的编码可能并不总是有效的。例如，假设我们得到了一组 20 个背面全部朝上的序列，那么，采用之前的编码方案将需要 30 比特，而不是直接编码时所需的 20 比特，因为每个 TT 对将由 111 这三个比特进行编码。当然，出现这种情况的可能性比较小，但仍然是有可能的。我将在第 11 章讨论概率的问题。利用概率，我们就可以估计出这种情况会有多么不可能。如果掷硬币的结果都是独立的（这些结果互不影响），并且平均每掷 10 次就有 1 次背面朝上，那么连续出现 20 次背面朝上的概率是 $10^{-20}$。在第 11 章，我将继续讨论这到底意味着什么。然而，对于这个例子来说，它只是意味着，如果你重复掷 20 枚硬币 $10^{20}$ 次（100 乘以百万的三次方，即 1 亿兆次或 1 垓次）的实验，那么平均来说，你可以预期连续出现一组 20 个背面朝上。这样的结果确实非常罕见。事实上，我们也可以用概率来证明，大多数结果需要的比特数都小于 20。当然，我不会把你带入一场技术呆子的头脑风暴。

基于哈特利（1928）早期的工作，香农利用这一观察得出一个通过观察掷一次硬币所传递的信息量的量化度量方法。根据香农的说法，如果这枚非均匀的硬币正面朝上，那么当我们观察到这个事实时，我们得到了 $-\log_2(0.9) \approx 0.15$ 比特的信息。这里，0.9 是硬币正面朝上的概率，表示每掷 10 次平均就会有 9 次正面朝上。因为正面朝上的可能性远远大于背面朝上，所以我们可以用这一点衡量我们的惊讶程度，或者我们学到的东西，或者简单地说，就是我们获得的信息。当我们看到正面朝上时，我们得到 0.15 比特的信息，远远少于 1 比特。但是，我们并不感到惊讶。我们在观察背面朝上的结果时得到的信息是 $-\log_2(0.1) \approx 3.32$ 比特，其中 0.1 是硬币背面朝上的概率。当我们看到背面朝上时，我们会更加惊讶。因此，看到硬币背面朝上所传递的信息是 3.32 比特，比看到正面朝上时的 0.15 比特信息要更多。

相反，如果硬币是均匀的，那么 T（背面朝上）的概率会是 0.5。这意味着，平均来说，掷硬币的所有结果中会有一半是背面朝上。此时，观察 T 的香农信息是 $-\log_2(0.5)=1$ 比特的信息。因此，对于一枚均匀的硬币而言，每次掷硬币都能给我们 1 比特的信息。这比看到非均匀硬币的结果 H 更令人惊讶，而比看到其出现结果 T 更不令人惊讶。

那为什么要用对数来表示呢？这看起来似乎有些随意，就好像是从帽子里拽出的一只兔子。但是，对数有一个很好的性质，对于任意两个数字 $a$ 和 $b$ 来说，$\log_2(ab)=\log_2(a)+\log_2(b)$。对数的这个性质可以把乘法变成加法。假设掷硬币的一个结果对是 TH，即先是背面朝上，再是正面朝上。这样的结果中包含了多少信息呢？一起来看一下，我们从 T 的结果中得到 3.32 比特，从 H 的结果中得到 0.15 比特，所以这个结果对大概传递了两者之和或者 3.47 比特的信息。

当你收到一系列不相关的消息时，其所传递的信息是每条消息的和（我们假设每次掷硬币对下一次掷硬币的结果没有影响）。

假设我们同时掷两枚硬币，观察到的结果是 TH。那其中的信息量是多少呢？要应用香农的理论，我们就需要确定 TH 的概率。如果掷硬币是独立的（一个不影响另一个），则 TH 的概率是 T 的概率和 H 的概率的乘积，或者 $0.1 \times 0.9=0.09$。这个概率略小于 0.1，表明每掷两枚硬币 10 次，我们看到的 TH 的次数略小于 1。由此，通过观察 TH 所传递的香农信息就为 $-\log_2(0.09) \approx 3.47$。由于对数可以将乘积转化为和，这就等于每次掷硬币得到的信息之和，即 $-\log_2(0.1 \times 0.9)=-\log_2(0.1)-\log_2(0.9)$。这就是香农使用对数的原因。它使同时掷两枚相同硬币的信息量与连续两次掷同一枚硬币的信息量相同。

香农使用了以 2 为基数的对数，这样一来信息度量就会以比特为单位。如果你使用的是自然对数，那么信息度量的单位是“纳特（nat）[①]”。如果你以 10 作为基数，那么信息度量就以十进制数为单位。然而，在所有的情况下，这都是在度量信息。

你可能会问，为什么到处都是这个讨厌的负号呢？有两个原因可以解释这个问题。第一个原因在于，概率总是小于 1[②]，小于 1 的对数都是负数。我们总是倾向于用一个正数来量化信息，而在一个负数前边加上负号可以得到一个正数。第二个也是更为重要的原因是，随着事件越来越少，信息量应该增加。如果没有前边的负号，信息量就会减少，而信息和稀缺性之间的关系会发生退化。

如果平均每掷 10 次硬币就会有 1 次背面朝上，那么香农认为，

① 信息论中熵的单位之一。1 纳特相当于 1.44 比特。——译者注

② 概率小于 1，因为我们可以说“掷 10 次硬币结果中会有 1 次是背面朝上”（概率为 1/10=0.1），但我们不会说“掷 10 次硬币的结果中会有 11 次是背面朝上”。

每次掷硬币的平均信息量是如下数值：

$$-0.9\log_2(0.9)-0.1\log_2(0.1)\approx 0.47\text{（比特）} \quad (64)$$

方程（64）就是这两个信息量的平均值，是它们概率的加权值，因此，它就是投掷一次硬币的平均信息。这意味着，每掷一次硬币平均传递的信息是0.47比特，而不是1比特。因此，从理论上讲，我们能够提出一种编码，它将代表掷硬币20次且其平均只有20×0.47=9.38比特的信息。香农证明，事实上，我们不能做得更好了，所以每掷20次硬币，其信息的极限是9.38比特。一般来说，没有比这更好的编码方案了，所以掷20次非均匀硬币的平均信息量是9.38比特。

方程（64）代表了香农在掷硬币时所说的“熵”。香农之所以选择“熵”这个术语，是因为其公式的数学结构类似于先前在热力学中被用于“熵”这一概念的公式。在一篇关于香农的简介中，霍根写道：

> 伟大的数学家和计算机理论家约翰 · 冯 · 诺依曼说服香农使用“熵”这个词。冯 · 诺依曼认为，没有人知道熵到底是什么，这一事实将使香农在信息论的争论中获得优势。（霍根，1992）

热力学从微观性质（尤其是运动中的分子）的角度研究物质（尤其是气体）的宏观性质。1870年，奥地利物理学家路德维希·玻尔兹曼、苏格兰物理学家的詹姆斯·克拉克·麦克斯韦以及美国物理学家约西亚·威拉德·吉布斯共同提出了“熵”的概念。熵是热力学第二定律中的核心概念。该定律断言，宇宙（或宇宙中任何孤立系统）的熵都趋于增加。对玻尔兹曼、麦克斯韦和吉布斯来说，熵是一种对物理系统中随机性或无序性的度量。物理系统不可避免地趋向于更大的随机性，这样一来，最终所有的结果都是均等的。

具体而言，玻尔兹曼和他的同辈学者将宏观系统（例如气体的体积）中的随机程度（熵）建模为如下的公式：

$$S = k \log(M) \quad (32)$$

公式中，$M$ 是微观系统（气体分子的集合）的可能状态数，其与观察到的宏观系统属性（如气体的温度和压力）一致。常数 $k$ 是一个比例常数，被称为玻尔兹曼常数。如果 $M$ 种状态中每一个的可能性都是相同的，那么每种状态的概率就都是 $1/M$，此时公式可以变成 $-k \log(1/M)$，和香农的熵相似。

玻尔兹曼的熵和香农的熵至少有两个显著的区别。一个是常数系数 $k$，它简单地改变了我们表示熵的单位。香农使用比特作为单位[①]，而玻尔兹曼使用焦耳/开尔文（能量/温度）。因为温度实际上是能量，玻尔兹曼的熵是无量纲的。无量纲的量通常不能用于度量物理世界中的某些事物，但它们在进行比较时是有用的。玻尔兹曼的熵让我们可以比较两种情况下的熵，而热力学的第二定律就是在比较熵，某一时刻的熵大于前一时刻的熵。这一定律对实际的数字没有什么意义，只对它们的相对大小有意义。其中有一个例外，当熵为零时，就会有一个明显的物理意义。要使熵为零，我们需要令 $M$=1，这意味着只有一个可能的状态。对于理想气体而言，这恰恰发生在绝对零度的温度下，大约是 –460 ℉或 –273℃，此时所有的运动都会停止。

玻尔兹曼熵和香农熵的第二个区别在于“可能的状态数”这一概念。在香农的模型中，这个概念被定义得很好，因为可能的状态

① 事实上，为了纪念香农，香农单位的标准术语是香农，但许多人仍然使用比特。

数这一概念是模型的一部分。在考虑掷硬币的时候，香农并没有考虑硬币垂直落到淤泥里的情况，也就是既非正面又非背面的可能性。相反，“掷硬币”只是对一种模型的物理隐喻，这种模型有两种可能的结果。我会在第 11 章更深入地探讨这些结果的概率概念。概率这个概念也是模型的一部分，因此也得到了很好的定义。

然而，在玻尔兹曼的例子中，物理气体的“可能状态数”是多少？在绝对零度的状态下，这可以被很好地界定，但在可达到的温度下则很难被确定。玻尔兹曼假设气体中的每个分子都有一个物理位置和速度，分子的状态可由这些数字反映出来。那么，分子的物理位置和速度有多少可能的值呢？在玻尔兹曼时代，物理学还不能把这些数字的可能性的数量限定为一个有限的集合。量子力学的最新发展改变了这种情况。至少对一个有明显边界的封闭系统，量子力学确实能产生有限数量的状态。但是，除了这些最小系统，所有系统的状态数都是巨大的。此外，精确地定义这些边界条件是不可靠的，且具有混淆地图与地域的风险。尽管有如此多的微妙之处，许多人还是把玻尔兹曼熵和香农熵紧密地联系在一起，并得出世界是数字化的这一结论。我将在下一章讨论这个问题。

但是，我们确实应该坚持香农自包含且定义良好的熵的概念，这一概念完全存在于模型世界之中，是衡量系统中不确定性、随机性或无序性的好方法。如果硬币是均匀的（出现正面和背面的可能性相等），那么熵是 1 比特，所以平均来说，没有任何编码方案能比直接编码的方案更好。这表示了掷硬币系统可能具有的最高程度的不确定性、随机性或无序性。在另一个极端中，如果硬币是非均匀的，你得到的结果永远只是正面朝上，那么熵是零。由此，通过观察掷硬币的过程根本无法传递任何信息。结果具有很高的确定性，而没有随机性，换言之，这个掷硬币系统是理想有序的。这样的掷硬币结果完全可以不使用比特进行编码，因为我们已经知道结果了。

香农对信息量的量化以及选择用比特来表达这种量化，对通信理论、计算机科学乃至哲学都产生了巨大的影响。但是，人们很容易忘记，我在这里描述的理论更适用于那些具有有限且明确可选选项的情形。如果可选选项提供了无限的可能性，那么会发生什么？例如，如果玻尔兹曼气体中每个分子的位置可以是出现在一定空间中的任意点，情况会怎样呢？这组可选选项的数量不是有限的。所以，当我们直接将香农熵用于那些可能的结果为连续范围的情形时，我们必须更加谨慎地加以解释。我会在下一节的讨论中这样做。

在这里，我想先表示一下我的歉意，因为下一节的内容会涉及不少技术性问题。如果你想跳过这些内容直接到下一章，那么我在这里简要地说明一下，信息并非总能表示为二进制的数据。因此，有一种信息的概念是计算机无法触及的。

## 7.4 连续信息

方程（64）给出了一次随机实验（非均匀硬币的一次投掷）所产生的熵，它有两种可能的结果：一种的概率是 0.1，另一种的概率是 0.9。香农证明，这个熵可以被理解为对实验结果进行编码所需的最小比特数。方程（64）表明，对每次投掷非均匀硬币所产生结果的编码大约需要半个比特（0.47 比特）。同样，平均而言，一个比特序列中的每个比特都可以编码大约两次掷硬币所产生的结果。当然，这需要对该试验的结果序列进行合理的编码，但是如果我们进行了这样的编码，就量化了从观察每一次掷硬币所收集到的信息量，平均约为 0.5 比特。

相较而言，一枚均匀硬币的熵值为 1，因此，每个结果平均需要 1 个比特来进行编码。在这种情况下，就不需要复杂的编码，因为我们可以将正面朝上的情况编码为 1，背面朝上的情况编码为 0 。每次掷硬币都会产生 1 比特的信息。

方程（64）是两个量的总和，每一个的形式都是 $-p\log_2(p)$，其中 $p$ 是两种结果之一的概率，而对数的负数量化了该结果中的信息量。结果越是罕见，其携带的信息越多。这一想法很容易被推广到具有两个以上可能结果的随机实验中，例如掷一对骰子。对于每一个概率为 $p$ 的可能结果，方程（64）中的和将只相应地包含一个形式为 $-p\log_2(p)$ 的项。

但是，如果我们拥有的是一个有着无数可能结果的随机实验呢？例如，假设 a 是某个正实数，且某个变量在 $-a$ 和 $a$ 之间等可能地取任何实数值，那么这个随机实验的熵是多少？编码一个结构又需要多少比特？

熵的公式很容易被改造，方程（64）中形式为 $-p\log_2(p)$ 的项的和被替换为一个连续的可能值范围上的积分。具体而言，连续随机实验的熵可由下式计算：

$$H(X)=-\int_{\Omega} f(x)\log_2(f(x))dx \qquad (16)$$

其中，$H(X)$ 表示名为 $X$ 的随机实验的熵。请你耐心读如下解释。

方程（16）的形式与方程（64）的类似。毕竟，积分只是一个对无限多个值的连续统的求和（我将在第 9 章回到连续统的概念）。该积分对实验可能产生的所有可能值 $x$ 的集合 $\Omega$ 求和。用积分求和的每个项的形式与方程（64）中的项相似，即 $-p\log_2(p)$，只是概率 $p$ 已被概率密度 $f(x)$ 取代。$f(x)$ 是在 $x$ 处的概率密度，$x$ 是实验的可能结果之一。概率密度，就像概率一样，揭示了实验将产生某些结果的相对可能性。我将在第 11 章更详细地讨论概率密度问题。简要地讲，如果对于 $x$ 和 $y$ 两种可能的结果，我们有 $f(x)>f(y)$，那么实验更有可能在 $x$ 附近产生结果，而不是在 $y$ 附近。“在附近”这个短语反映了这是一个概率密度，而不是一个概率。

方程（16）的连续熵与方程（64）的离散熵一样，表示通过观测实验结果所获得的平均信息量。与离散熵一样，比较少见的结果［$f(x)$ 较小的 $x$ 取值］比更有可能出现的结果携带更多的信息。然而，将这个熵解释为对实验结果进行编码所需的平均比特数已不再合适。事实上，每个结果都需要无限多的比特来编码。与离散随机值不同，连续随机值的结果并不能用二进制数精确表示。

我们来看一个简单的例子。一个随机实验，可以产生 $-a$ 和 $a$ 之间的任意实数。假设在这个范围内，每个值的可能性都是相等的。在这个实验中，对于 $a=4$ 的特定情形，图 7.1 给出了其概率密度 $f$。由图可知，在 $-a$ 到 $a$ 的范围之外，$f(x)=0$，表示这些值的概率为零。

然而，在该范围之内，$f(x)=1/8$，表明所有值出现的可能性都是相同的。

概率密度函数表示实验结果的相对概率。该图下面的区域，例如图中的阴影区域，表示实验在一定范围内产生结果的概率。图中矩形阴影的面积为 $1\times1/8=1/8$，表明一个结果位于 1 和 2 之间的概率为 1/8。这也表明，1/8 的结果将处于这一范围。

对于任何概率密度 $f$，图下方的面积总和必须为 1，因为这个总面积表示任何结果的概率，而且，实验必定会产生某个结果。在图中，$f$ 的图下总面积是一个宽度为 8、高度为 1/8 的矩形，因此，按照如上要求，$f$ 以下的面积为 $8\times1/8=1$。

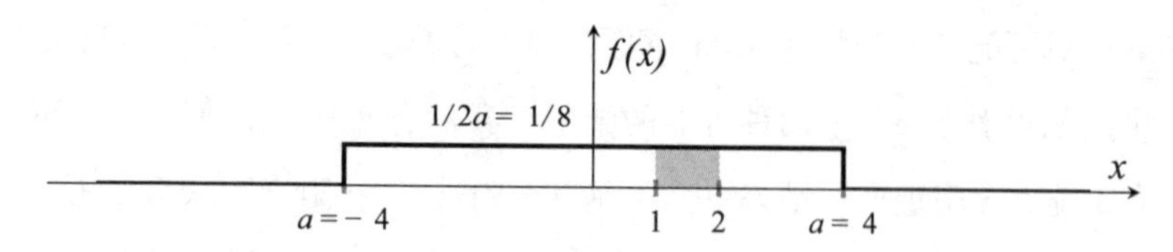


图 7.1　均匀连续随机实验的概率密度函数。

对于图 7.1 中的概率密度函数，方程（16）中的熵 $H(X)$ 很容易被计算出来。积分只是求曲线下的面积，这里，“曲线”并不是曲线，而是一个矩形。好了，我不会在此过多地解释细节。就图 7.1 的均匀概率密度而言，此时的熵可由下式来计算：

$$H(X) = -\log_2(1/2a) = \log_2(2a) = 3 \qquad (8)$$

如果我们错误地将其解释为编码一个 $X$ 的结果所需的比特数，那么我们会得出 3 个比特就已足够的结论。但是，这会让我们产生疑问。3 个比特如何区分无限多的可能结果？

方程（64）中的离散熵总是为零或正数，而不可能是负数。概率 $p$ 总是在 0 到 1 之间，而 0 到 1 之间的数的对数总是负的，所以 $-p\log_2(p)$ 总是非负的。非负数之和总是非负的。

对于连续随机实验，情况有些不同。熵 $H(X)$ 可以为正，也可以为负。例如，假设 $X$ 有一个类似于图 7.1 的概率密度函数，但 $a$ 不是 4，而是 1/4。那么当 $x$ 在 −1/4 到 1/4 的范围时，其概率密度必须是 $f(x)=2$。它必须等于 2，因为 $f$ 下面的总面积必须是 1。但是现在你可以从方程（8）中验证 $H(X)=-\log_2(2)=-1$。熵是负的！这进一步强调了连续熵并不代表编码一个结果所需的比特数。我们如何用负的比特数来编码一个实验的结果？

当连续熵为负时，不应将其理解为通过一个实验的观测结果传递了负信息。事实上，是传递了无限信息（以比特为单位）。相反，应该将其解释为负熵实验比正熵实验传递的信息更少。实际上，当

$a$=4 时，$x$ 的可能取值要比 $a$=1/4 时更多，因此第一种情形中的（理想的）观测结果比第二种情形中的（理想的）观测结果传递的信息更多。但这两组信息都不能用比特进行编码。

有一个有趣的特殊情况，即一个实验只有一种可能的结果，例如，一个硬币的两面都有头像时，掷这个硬币后总会是正面朝上。在离散式的随机情况下，其熵为零。方程（64）中的和只包含一个求和项，即 $-p\log_2(p)$，其中 $p$=1。但是 1 的对数是 0，所以只有一种可能结果的实验的熵等于零。对它的编码需要零比特，因为我们已经知道结果了。这是很有意义的。

如果我们有一个连续的实验且其碰巧只有一个可能的结果呢？换句话说，这个实验并不是随机的，就像硬币的两面都是头像。例如，假设我们有一个连续的实验，其结果碰巧总是 $x$=0。为了对其进行建模，我们可以使用图 7.1 中的概率密度函数并令 $a$ 无限趋近零。当 $a$ 变小时，$f(x)$ 在 $-a$ 到 $a$ 范围内的高度 $1/2a$ 会变大，以确保 $f$ 下的面积为 1。当 $a$ 趋于 0 时，对于 $-a \leqslant x \leqslant a$，$f(x)$ 趋于无穷大。因此，当 $a$ 趋于 0 时，$H(X)=-\log_2(1/2a)$ 会趋于负无穷大。

因此，对于连续随机实验，一个负无穷大的熵表示测量没有传递任何信息。这与离散随机实验的结果不同。在离散随机实验中，熵为零表示没有任何信息被传递。零和负无穷大之间的差别是巨大的，所以混淆这两种形式的熵会产生严重错误的结论。如果我们坚持比较这两种形式的熵，那么我们需要承认它们之间存在着无限的偏差。与离散结果相比，编码连续结果所需的比特要多得多。

连续熵为零是什么意思呢？它并没有太多的含义。它只是意味着，比熵为负时的信息更多，比熵为正时的信息更少。可以验证，如果图 7.1 所示的 $a$=1/2，那么 $H(X)$=0。

为什么连续实验的每个结果都需要无限多的比特进行编码？我

将在下一章详细讨论这个问题。在这里我先做一个简短的回答，因为可能出现的结果会比有限的比特序列多得多。因此，没有足够的有限比特序列能够为每个可能的结果分配一个唯一的比特序列。在下一章中，这个问题会变得非常清楚。但现在请你相信我所说的，以便我能继续解释一个由香农提出的很了不起的见解。

在 1948 年发表的那篇论文中，香农观察到一个相当明显的事实，即由一个实验的任何带噪声观测所产生的信息都要少于理想观测所产生的信息。“噪声”是工程师们使用的一个术语，用来指那些混入测量并使得测量结果变得不理想的外部因素。在对物理世界的任何测量中，噪声都是不可避免的。

但是，香农的观察中真正值得注意的是，对一个连续数值实验的带噪声观测所产生的信息要少得多，而且，它产生的信息可以用有限数量的比特来表示。虽然实验的结果包含了需要用无限个比特来表示的信息，但任何有噪声的观测结果都只会揭示有限的比特数。因此，假设物理世界中的所有测量都是带噪声的，那么物理世界中的所有测量值都可以用二进制数进行编码。

但是，这并不意味着物理世界可以用二进制数来编码。这样做一定会将地图与地域混为一谈。物理系统可以用比特进行编码，这可能是真的，尽管我个人对此表示怀疑（见下一章 8.4 节），但并不是有限熵使其为真。连续熵是有限的，即使它的连续变量不能用有限数量的比特进行编码。

香农的结论是，一个有噪声的测量揭示了有限数量的信息比特，这被称为“信道容量定理”。香农当时在考虑某些通信问题，其中将空间某一点上已知的量通过一个非理想信道传送到空间中的另一点。他的主要结果之一是，对于任何增加了噪声的信道，对于该信道输出的每一次观测只能传递有限数量的信息，以比特为单位。信道的输出是对信道输入的一个有噪声的测量。[①]

那么，一个有噪声的测量能传递多少信息呢？假设实验 $X$，其概率密度函数如图 7.1 所示，熵 $H(X)$ 如方程（16）所示。设 $Y$ 是对 $X$ 的有噪声测量，$x$ 代表实验 $X$ 的一个特定结果，$y$ 代表对该结果的一个特定测量。因为测量是有噪声的，所以 $y$ 很可能接近 $x$，但不完全等于 $x$。测量 $y$ 告诉我们一些关于结果 $x$ 的信息，但并不完全。那么，它告诉了我们多少信息呢？

如果我们拥有一个用于测量噪声的模型，然后给出一些具体的测量 $y$，我们就可以得出一个概率密度函数，其表示产生测量 $y$ 的一组 $x$ 值的相对可能性。这种新的概率密度被称为“条件概率密度”，这是因为，仅当我们有一个测量 $y$ 时，该概率密度才是 $x$ 的有效概率密度。

假设我们知道我们的测量仪器所引入的噪声不超过 1/2。这意味着，给定一个测量 $y$，$x$ 在 $y-1/2$ 到 $y+1/2$ 的范围之内必定成立。

进一步假设我们的测量 $y=1.5$，即图 7.1 灰色区域的中间位置。那么，我们可以得出结论，$x$ 的实际值在 1 到 2 的范围内，其在灰色区域的任何地方的可能性都是相同的。它不可能在其他任何地方，因为测量仪器不会引入大于 1/2 的噪声。

基于这些知识，一旦我们观测到 $y=1.5$，且 $x$ 的实际值仍然是随机的（它是未知的），那么它现在在灰色区域任何地方出现的可能性就是相同的。我们已经得到一些信息，因为如果没有测量，它出现在 −4 到 4 之间任何位置的可能性都是相等的。现在我们知道它在 1 到 2 之间任何位置出现的可能性也是相同的。当然，我们已经大大地缩小了范围。

---

① 任何关于数字通信的文章都会涉及信道容量这个主题，包括我之前合作发表的一篇（巴里等，2004:123）。

那我们得到了多少信息呢？直观上，灰色区域是 $x$ 的全部可能区域的 1/8。因此，这些测量告诉我们，$x$ 的实际值会落入 8 个可能的等大小区域中的一个。我们可以使用 3 个比特来区分 8 个区域，因为 3 个比特共有 8 个可区分的模式：000、001、010、011、100、101、110 和 111。看来我们已经获得了 3 比特的信息。香农告诉我们，我们实际上获得了平均略多于 3 比特的信息。因为在这个噪声模型下，靠近区域边缘的测量，接近 –4 或 4，要比区域中部的测量产生更多的信息。例如，如果我们的测量恰好是 $y$=4.5，那么 $x$ 的唯一可能值是 4，因此，通过这种（极不可能的）测量，我们已经获得了巨大的信息量。我们获得了确定性。

香农如何确定一个有噪声的测量所传递的信息呢？一旦测量完成，我们就会有一个 $X$ 的新的条件概率密度函数。图 7.2 给出给定测量为 $y$=1.5 且噪声限制为 ±1/2 的条件概率密度。我们可以用方程（16）中的新密度来计算熵。让我们把这个熵称为 $H(X|Y)$，也就是“给定一个测量 $Y$ 的条件下，$X$ 中剩余的熵”。那么，香农的信道容量定理告诉我们，一次测量所得到的平均信息可由下式计算：

$$C = H(X) - H(X|Y) \qquad (4)$$

$H(X)$ 是我们通过一次理想的测量得到的信息，而 $H(X|Y)$ 是实验未揭示的信息。换句话说，$H(X|Y)$ 是测量后剩下的随机性。关于这个定理真正令人惊讶的是，对于许多测量噪声的模型而言，差值 $H(X) - H(X|Y)$ 所表示的信息可以用有限的比特进行编码，即使实验 $X$ 的原始结果 $x$ 不能用有限的比特编码。实验所揭示的信息是用有限比特表示的，尽管实际系统中的信息需要用无限的比特来表示。在形成差值 $H(X) - H(X|Y)$ 时，这两个量与离散熵相比都有无限的偏移量，但是偏移量被抵消了，差值就变成了离散熵。这是一个非常了不起的见解。

对于我们给出的特定示例，其中 $a$=4，我们已经确定了 $H(X)$ = 3。精确地计算 $H(X|Y)$ 确实有些乏味，所以我就不再赘述了，但是我们的直觉是站得住脚的，$H(X|Y)$的结果略小于0。因此，方程（4）中 $C$ 的值略大于 3，这表明我们的测量平均揭示了略多于 3 比特的信息。

现在，有必要考虑一些特殊情况。假设测量是理想的。在这种情况下，$H(X|Y)$ 是负无穷大，因为一旦进行了测量，$X$ 中就没有剩余的随机性了。因此，无论 $H(X)$ 的值是多少，$C$ 都是无限的［只要 $H(X)$ 不是负无穷大］。结果是，对一个连续的随机实验进行理想的测量会产生无限比特的信息。

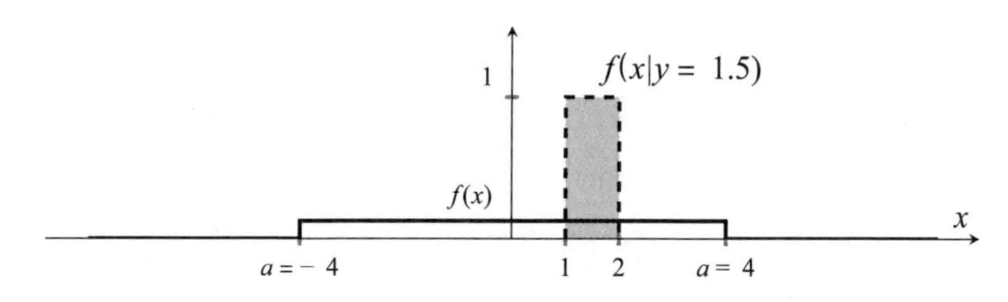


图 7.2　有条件的概率密度函数（虚线），给定一个测量 y=1.5。

假设我们的实验仪器非常糟糕，而且一次测量也不会产生任何有关 $X$ 的信息。在这种情况下，$H(X|Y) = H(X)$，因为测量后的随机性与之前的相同。因此，$C$=0。一个极其糟糕的测量会产生关于 $X$ 的零比特信息。

由于测量后剩余的随机性（不确定性）$H(X|Y)$ 不可能大于测量前的随机性（不确定性）$H(X)$，我们很容易就看出 $H(X) - H(X|Y)$ 不可能为负。因此，进行测量永远不会得出负的信息比特数。

简而言之，一个连续随机实验的结果是有信息量的，但这些信息不能用有限数量的比特进行编码。然而，对连续随机实验结果的有噪声观测可以用有限数量的比特进行编码。香农的信道容量定理，即方程（4），给出了这个数量。由此，问题出现了，物理世界是否呈现了变量可以在一个连续的范围内取值的情形。这里确实存在混淆地图和地域的风险，所以我把这个问题推后到下一章。到时候，我会进行详细的分析。

正如我在第 2 章中论述的，在模型的工程应用中，我们寻求与模型匹配的物理实现。以数字化方式表示信息的模型是非常有用的。基于第 4 章和第 5 章中阐述的数字技术，我们知道了如何构建高度符合于这种数字化信息表示的物理系统。相比之下，在模型的科学应用中，我们寻求的是与物理世界相匹配的模型。在这种使用过程中，假定所有信息都是数字化的并且可以用比特来表示，这样的假设是有问题的（见下一章的 8.4 节）。如果自然界中存在连续的数，那么这个假设显然是不正确的。

在第 11 章，我将研究概率的意义，它是香农所指信息概念的基础。从根本上讲，概率是衡量不确定性，即信息的缺乏程度的一种度量。系统中的熵精确地量化了我们缺少多少关于系统的信息。换句话说，熵量化了通过观测系统可能潜在地获得的信息量。但是，这里存在着两种截然不同、无法比拟的度量，即离散熵和连续熵。只有离散熵可以用比特来度量信息。

在下一章中，我们将研究那些以处理数字信息为唯一目标的机器。我想说的是，即使我们把全部的焦点都限定于数字世界，不考虑我的洗碗机，软件仍然有其局限性。软件不能执行大多数的信息处理功能。

# 8.
# 软件的局限性

**在本章，我会阐释软件不能做什么，并说明信息处理功能的数量远远大于可能的计算机程序的数量；此外，我还解释了丘奇-图灵论题，它表明有一些有用的信息处理功能是软件无法实现的。但这并不是说，一个功能如果不能通过软件实现，它就不能由任何机器来实现。在这里，我将不得不面对“数字物理学”的范式，它认为物理世界本身在某种程度上就是软件或等价于软件。**

## 8.1 通用机器？

计算机是处理信息的机器。我在前一章探究了什么是信息以及如何度量信息。并且，我已说明信息不一定是数字形式的，至少理论上如此。在实践中，测量噪声的不可避免性以及物理世界是数字化的可能性，可能会导致这样的结论：物理世界中的信息总是可以用数字表示。如果我们更进一步，假设物理世界中的所有信息转换基本上都是以与计算机相同的方式进行的，那么原则上我们不可能做比软件所能做的更多工作。如果这个结论为真，那么它就是相当了不起的，因为它表明，软件可以做的事情远远少于我们可以想象的。在本章中，我将解释软件的局限性，以及为什么我相信我们可以（且一定可以）做软件不能做的事情。

所有计算机程序的集合实际上是一个很小的集合，其中每个程序都是一个模型。该集合的大小与 19 世纪末格奥尔格 · 康托尔给出的所有无限集合中最小的集合相同。俄罗斯裔德国数学家康托尔指出，有些无限集合比其他无限集合大得多。

当谈论无穷大时，我们很难推断出它的大小。事实上，康托尔花费了 12 年的时间，试图证明所有无限集合都具有相同的大小（斯穆里安，1992:219）。但是，最终他还是失败了！在这个过程中，他发展出了非凡的洞察力。我将用它来说明所有计算机程序的集合与我们可能感兴趣的在计算机上实现的功能集合相比要小得多。因此，虽然我们可以用软件做大量的事情，但是，如果我们不把自己限制在无限集合中的这个最小集合，那么其与可能的事情相比会是微不足道的。

然而，我不得不面对一个潜在的警示。随着信息论和计算理论的发展，出现了一个思想流派，一些人将其称为“数字物理学”。数字物理学假定，自然界没有也不可能存在一个连续的可能性区间。一些更强大的数字物理形式则假定，物理在原则上不可能超越软件所能做的事情。然而，在实践中，超越软件的能力在今天和可预见的将来显然会是可能的。例如，软件无法实现我的洗碗机。尽管如此，我将以对数字物理学的讨论来结束这一章。

现在，让我们抛开物理世界是否是数字化的这一问题，只考虑输入和输出都是二进制数的信息处理函数。实际上，让我们来考虑一个更小的函数集合，这些函数的输入是有限的二进制数，输出仅是一个 0 或 1，而不是一个 0 和 1 的序列。这样的函数被称为“决策函数”，因为对于每一个特定的输入，如 010101，函数都会得出是（1）或否（0）的结果。函数以这种方式做出决策。

20 世纪 30 年代，年轻的英国计算机科学家艾伦·图灵定义了一组“可有效计算”的函数，也就是那些可以使用今天被称为图灵机[①]的机器进行算法计算（以逐步计算的方式）的决策函数。原则上，图灵机是可以用内存足够大的现代计算机来实现的。1936 年，美国数学家阿隆佐·丘奇提出了一个不同于图灵机的模型，它并不依赖于图灵机，可是，它产生了完全相同的有效计算函数集合。这实在令人感到惊奇。两个不同的模型得出相同的有效计算函数集合，这一事实表明，这组特定的函数肯定有一些特殊之处。

可能的图灵机有许多，每一个都可以计算一个不同的决策函数。在图灵的形式化表述中，每一台这样的机器都可以用有限的比特序列进行编码，就像机器码将计算机程序编码成一个有限的比特序列一样（见第 5 章）。例如，序列 000111 可能表示一个计算特定决策函数的图灵机。图灵证明了存在一个“通用图灵机”，一个可以实现任何其他图灵机的图灵机。例如，如果 000111 编码了一台图灵机，并且我们想知道该图灵机会对输入 010101 做出什么决策，那么我们可以将表示机器码的比特和输入连接起来，得到一个编码 000111010101。将这个组合的比特模式作为通用图灵机的输入，就能得到图灵机 000111 计算出的答案。所以说，比特模式 000111 是对程序的编码，而通用图灵机则是执行该程序的计算机。因此，“通

---

① 之后，像克劳德·香农一样，艾伦·图灵于二战期间在伦敦附近的布莱奇利庄园从事密码学工作（英国政府在该处设置了国家密码破译机构“政府密码学校”——译者注）。图灵在拦截德国人的通信中发挥了核心作用。这些通信是用一台名为“谜（Enigma）”的机器加密的。图灵过着混乱的生活，包括 1952 年因同性恋行为被起诉，当时同性恋在英国是非法的。1954 年，41 岁的图灵结束了自己的生命。然而，他短暂的人生改变了计算机行业的面貌。计算机科学的最高荣誉“图灵奖”，就是以他的名字命名的。

用”图灵机只是一个可编程的图灵机，其中的程序可以编码任何其他的图灵机。

可有效计算函数构成了可由通用图灵机实现的决策函数集合。现在被称为丘奇－图灵论题的理论指出，给定足够的铅笔、纸以及足够的时间，任何一个可以由人类使用系统、逐步的过程来计算的函数，就都是可有效计算的函数之一。

只要有足够的内存和时间，任何现代计算机都可以计算任何的可有效计算函数。因此，任何现代计算机都可以被视为通用图灵机，除了会耗尽内存。但是，现在内存已经变得如此廉价和充足，所以这个警告几乎没有什么分量。

问题是，除了计算可有效计算函数之外，现代计算机是否还能做更多的事情。许多人，包括第 7 章引用的莱因戈尔德，都错误地认为丘奇－图灵论题是不可能成立的。事实上，莱因戈尔德进一步指出，除了计算那些可有效计算的函数，没有任何机器可以做其他更多的事情。图灵和丘奇只考虑了操作数字数据的机器，也只考虑通过逐步的过程来执行算法计算的机器。实际上，我们通常构建的机器大都不能满足这些特性，例如我家的洗碗机。

通用图灵机可以实现一组算法，一组逐步执行的过程，其中的每一步都离散式地改变机器的状态。“算法”一词来自波斯数学家、天文学家和地理学家穆罕默德·伊本·穆萨·花剌子米（约 780—850）的名字。他在我们今天仍在使用的阿拉伯数字系统的传播中发挥了重要作用。一个算法是一个逐步的计算过程，就像一个配方。算法的概念是计算机科学的核心，但重要的是要认识到，算法是机器所做事情的模型。在现代计算机中，真正发生的是电子的流动。

步骤的概念是一种抽象，是一个通过计算得出结论的离散操作。

在物理世界中，大多数过程并不是按照一系列离散步骤进行的。[①]我们从人类的行走中得到“步骤”的概念，即使如此，行走本身实际上也不是离散的，因为每一步都是从身体前倾和抬腿开始的连续动作发展而来的。但是，我们在第 4 章讨论的数字机器将半导体中基本的连续物理过程抽象为一个离散的步骤序列。算法是一种抽象，它忽略了计算机那混乱的连续世界的细节。在这个抽象中，一个步骤不需要花费时间，也没有行至步骤中途的概念。一个步骤的出现是原子的，意思是它是不可分割且瞬间发生的。

算法的第二个重要特征在于，它能得出结论。也就是说，它会终止，并给出一个最终的答案。算法的目的是确定这个答案。实现决策函数的算法必须能够终止，并给出答案 0 或 1。如果它不能终止，就不能实现决策功能。

为了计算一个有效可计算的函数，在通用图灵机上执行的程序必须能够终止，以提供最终的答案。现代计算机通常运行的是那些并非被设计为要终止的程序，例如操作系统（见 5.4 节）。这些程序偶尔会停止，但是，我们将这种停止描述为“崩溃”，以明确表示这不是有意的设计。不会终止的程序不能实现一个有效可计算的函数。然而，即使是一个操作系统，也是由一组图灵计算组成的，图灵计算是一个算法式的、数字化的和会终止的计算块。

操作系统实现交互行为，这与实现决策函数的情况非常不同。布朗大学的计算机科学教授彼得·韦格纳写了大量文章，认为交互式程序可以做的不仅仅是算法（韦格纳，1997）。交互式程序在开始执行时不能访问它的所有输入。当程序运行时，其输入可以由程序

① 如果你接受一种强大的数字物理学形式（见 8.4 节），那么物理世界中的每个过程实际上都是以一系列离散的步骤进行的。但在大多数情况下，在我们与物理世界互动的宏观尺度上，这并不能提供一个有用的物理过程模型。

所处的环境提供，同时，程序可以在终止之前向环境提供输出（如果完全终止）。因此，程序能够探测环境，为环境提供激励，观察环境的反应（将这些反应作为输入），并相应地调整自己的行为。图灵的模型不包括这样的交互。在该模型中，输入不受输出的影响，因此模型中并不考虑与环境的交互。但是，每个交互式程序都是由算法式的、数字化的和会终止的块组成的。

然而，如果一个交互式程序是在和物理世界进行交互（即该程序是一个信息物理系统的一部分，请参阅第 6 章），那么该程序的动作的定时时间将影响系统的整体行为。这样的程序显然不是图灵计算，因为图灵的模型并未包含时间的概念。程序动作的定时必须被认为是其“输出”的一部分，因为定时会影响系统的行为。但是，图灵的模型不包含时间的概念，因此相应的行为在其模型中是无法表达的。对于这样的交互式程序，韦格纳已经说得很清楚，它们并不是算法型的。

一个交互式程序可以与另一个交互式程序交互。如果机器具有多任务处理能力[①]，就像大多数现代计算机一样，那么这两个程序甚至可以在同一台机器上被执行。这样的一对程序被称为并发。再一次，动作的定时可能会影响整个系统的行为，所以图灵的模型需要一些扩展才能涵盖这样的系统。

我在第 5 章提到了罗宾 · 米尔纳，ML 编程语言的作者。他在 1975 年的图灵奖演讲中指出，并发程序不能像（会终止的）图灵机那样被简单地建模为从输入到输出的函数。它们的模块可以建模为这样的函数，但是它们的总体行为则不能。

---

① 多任务处理是指计算机一次执行多个程序，而不是在执行完一个程序之后才能执行下一个。没有多任务处理能力，计算机最多只能执行一个不终止的程序。“多任务处理”一词甚至扩展了使用范围，用来指代同时处理多项任务的人。

因此，韦格纳和米尔纳认为，现代计算机可以做通用图灵机不能做的事情，至少从整体上看待一个程序的时候是这样的。他们的论点在学界引起长久的争论。但是，即使你接受了现代计算机，即使你赋予它们无限的内存，它们也不是通用的机器，它们仍然不能做许多事情。事实上，我要展示的是，计算机不能做的事情远比它们能做的事多得多。原因很简单，可能的计算机程序的数量远远小于我们可能想做的事情的数量。即使我们将自己局限于执行决策函数，这也是正确的，如果我们考虑具有定时属性的函数，这就更显而易见了。而且即使是在限定为决策函数的情形下，计算机和图灵机都不能计算的决策函数依然比它们可以计算的决策函数要多很多。计算机上软件不能实现的决策函数是“不可判定的”。

## 8.2 不可判定性

我们回顾一下，一个决策函数以有限的二进制整数（如 010101）作为输入，并产生一个二进制结果 0 或 1。我可以向你证明，即使可以拥有无限的内存，也没有一台计算机能够实现所有的决策函数。因为只要有足够的内存，现代计算机就可以做图灵机能做的任何事情，所以，图灵的通用机器也无法实现所有的决策函数。

事实上，几乎所有的决策函数都是不可判定的，或者几乎所有的决策函数都不是有效可计算的。但是，由此得出，没有任何机器能够实现这些函数或决策函数之外的其他函数这一结论，却是逻辑错误的。要得出这样的结论，就需要接受一种强大的数字物理学形式。

我可以给你一个很简单的证明。首先，假设我们拥有一台内存无限大的现代计算机。这台假想的计算机可以实现通用图灵机所能实现的任何函数。

你可能已经开始反对我的观点了。有无限大的内存吗？任何计算机最终都会耗尽内存的，难道不是吗？所以实际上计算机将无法完成通用图灵机所能完成的一切。但是，即使计算机的确拥有无限大的内存，它也不会是一台通用机器。具体而言，这台假想的计算机并不能实现所有的决策函数。为了证明这一点，我将使用一个被康托尔使用的、称作"对角化"的巧妙变量的变体。

为了证明并非所有决策函数都可以由我们那具有无限内存的计算机来实现，我只需要找到一个不能被任何计算机上的计算机程序实现的决策函数即可。在8.3节中，我们将看到有许多决策函数不能被任何程序实现，但我们只需要一个来表明拥有无限内存的计算机并不是一台通用机器。

首先，请注意，我可以为我们的决策函数创建一个所有可能输入的列表：

0

1

00

01

10

11

000

001

…

每个输入都是一个有限的比特序列。这个列表会很长。实际上，它将是无限的。但是，我希望你能看到，每一个可能的输入以及每一个可能的有限比特序列，都会出现在这个列表的某个位置上。

任一现代计算机上的任何程序都可被表示成一个 0 和 1 的序列。因此，每个程序也将出现在这个列表的某个位置上。并不是这个列表中的所有元素都会是有效的程序，但是，每个有效的程序都一定会在列表中。

其中一些有效的程序对于每个可能的输入只会产生一个数字，0或1。让我们把这些程序称为“决策程序”。每个决策程序都在列表上。显然，每个决策程序都实现了一个决策函数，但并不是每个决策函数都会有这样一个程序。

让我们将列表上的第一个决策程序称为 $P_1$，第二个称为 $P_2$，以此类推。现在我们可以为每个决策程序分配 $P_n$ 形式的名称，其中 $n$ 为整数。这些程序中的每一个都会为前面列表中的每个输入生成一个决策。例如，程序 $P_1$ 可能产生以下输出：

$P_1(0) = 0$

$P_1(1) = 0$

$P_1(00) = 1$

$P_1(01) = 1$

…

现在，我可以找到一个没有被任何决策程序实现的决策函数。这是一个反向函数（contrarian function），所以我称它为 C。决策函数 C 为每个输入产生以下决策：

$C(0) = \neg P_1(0)$

$C(1) = \neg P_2(10)$

$C(00) = \neg P_3(00)$

$C(01) = \neg P_4(01)$

…

其中符号 ¬ 是逻辑否定。它将 0 转换为 1，反之亦然，就像第 4 章中的非门。由此，如果 $P_1(0)=0$，那么 $\neg P_1(0)=1$。

这个函数是反向的，因为对于每个可能的输入，它所产生的结果都与决策程序的结果相反。现在请读者们注意，$C$ 与每一个决策程序都是不同的。它不同于 $P_1$，因为输入为 0 时它的输出与 $P_1$ 不同，输入为 00 时它的输出与 $P_2$ 不同，以此类推。因此，决策函数 $C$ 不是由任何计算机程序实现的。由此我们可以得出，并不是所有的决策函数都可以由我们拥有无限内存的计算机来实现。好了，我们的证明到此结束。

请注意，$C$ 类似于计算机可以实现的函数，因为它的输入是一个比特序列，输出是一个比特。这让人感觉似乎计算机应该能够实现函数 $C$，但是我刚刚证明了它不能。

“可有效计算”函数正是由列表中的那些决策程序 $P_n$ 实现的决策函数。对于任何现代计算机来说，无论其特定的机器码结构如何，可有效计算函数的集合都是相同的，这是一个非常值得注意的事实。任何能够实现所有有效计算函数的计算机都是图灵完备的。任何现代计算机，如果我们把它们扩展到拥有无限内存的话，它们就都是图灵完备的。决策函数 $C$ 不是一个可有效计算函数，换言之，$C$ 是不可判定的。没有任何计算机程序可以做出 $C$ 所做的决策。

你可能会提出不同的观点，认为 $C$ 不是一个有用的决策函数。它不过是一个有趣的例外，一个学术探讨而已。但是，我可以提出两条反驳意见。首先，我将在下一节做出说明，像 $C$ 这样的函数要比可有效计算函数多得多；其次，许多有用的决策函数已知是不可判定的。图灵给出一个例子，图灵的有用函数将图灵机的二进制编码与输入字符串连在一起，如果图灵机停机，就返回 0 ，否则，返回 1。一台不停机的图灵机会永远执行，而不会给出最终的答案。

图灵的这个有用函数解决了所谓停机问题，其告诉我们一个程序是否会因为一个特定的输入终止。这显然是非常有用的。图灵证明了这个函数是不可判定的。

要证明停机问题是不可判定的，实际上非常容易。如果你还有耐心的话，我想再进行一场简短的技术呆子头脑风暴，该证明如同之前所示的，是另一个对角化的论点。首先，假设我们有一个名为 $H$ 的计算机程序，它可以解决停机问题。如果 $H$ 存在，那么它会有两个输入：程序的二进制编码 $B$ 和程序输入的二进制编码 $I$。$H$ 要做的是，如果输入为 $I$ 时 $B$ 会终止，返回 0，否则返回 1。它必须在有限的步骤之后返回这些值。我们不能永远地等待 $H$，如果是这样的话，$H$ 的答案就是没有用的。

因为 $B$ 和 $I$ 可以连接成一个输入比特序列，所以 $H$ 是一个决策程序。我们将连在一起的输入记为 $BI$，并用 $H$（$BI$）表示“在输入 $BI$ 上执行程序 $H$”。为了让 $H$ 能够真正解决停机问题，它对任何输入都必须能够自己终止。给定任何输入 $BI$（或者至少是 $B$ 为一个有效程序的任何输入 $BI$），它必须返回 0 或 1。

因为 $B$ 和 $I$ 都是比特序列，如果程序 $H$ 存在，那么我们肯定能够计算 $H$（$BB$）。如果输入 $B$ 以后 $B$ 终止了，那么 $H$（$BB$）应该返回 0，否则返回 1。现在我们回顾一下之前的内容，每个程序都被编码为一个比特序列，每个比特序列都在比特序列 0,00,01,10,11,000,⋯的列表中。列表必须包含每一个程序，对任何有效程序 $B$ 输入 $BB$ 时，该程序将终止，并返回 0 或 1。我们将列表上的第一个这样的程序称为 $F1$，第二个称为 $F2$，以此类推。我们现在可以证明，$H$ 必须不同于所有这些 $F_n$ 程序中的任何一个，因此 $H$ 就不可能是对于每个输入 $BB$ 都会终止并返回 0 或 1 的一个程序。因此，我们还是不能解决停机问题。

对于列表中的每个 $F_n$，我们构造了一个新的程序 $T_n$，就像前面给出的反向程序 $C$ 一样，这是一个非常烦人的程序。它将 $F_n$ 作为一个子程序，但它本身并没有实现一个有效可计算的函数。对于某些输入，这个程序不能终止。具体来说，给定一个有效的程序 $B$，$T_n$ 要做的第一件事就是计算 $F_n$（$BB$）。根据假设，$F_n$（$BB$）程序总是能够终止并返回 0 或 1。如果 $F_n$（$BB$）返回 1，则 $T_n$（ $P$）返回 0。否则，$T_n$ 就会永远循环且不返回任何结果，这也是 $T_n$ 让人恼火的地方。它不会终止。$T_n$ 的伪代码[①]看上去是这样的：

```
if (Fn(BB) == 1) {
    return 0
} else {
    loop forever
}
```

现在我们可以证明，列表中的 $F_n$ 都是不能解决停机问题的程序，换言之，对于每一个 $n$=1,2,⋯，$F_n$ 实现的函数与 $H$ 实现的函数是不同的。为此，假设我们在 $T_n$ 自己的二进制编码上进行 $T_n$ 计算，也就是说，我们计算 $T_n$（$T_n$），它能终止吗？如果可以，那么 $H$（$T_nT_n$）应该返回 0，否则它应该返回 1。那么，$F_n$（$T_nT_n$）会返回什么呢？我们还不知道，因为 $F_n$ 只是实现了一个可有效计算函数的任意程序。但是，我们的确知道 $F_n$（$T_nT_n$）会终止并返回某种结果。

假设 $F_n$（$T_nT_n$）返回 1，之后 $T_n$ 终止并返回 0，由此，$H$（$T_nT_n$）=0。在这种情况下，$F_n$ 和 $H$ 是不同的，它们返回不同的值。相反，假设 $F_n$（$T_nT_n$）返回 0，那么 $T_n$ 不会终止，所以 $H$（$T_nT_n$）=1。所以，我重申一遍，$F_n$ 不同于 $H$ 。

---

① 程序员使用“伪代码”来描述不以任何特定的编程语言编写的程序草案。其目的是向其他人传达意图。

因为对于所有的 $n$，$H$ 与 $F_n$ 都不相同，所以 $H$ 并不在对于任何输入 $BB$ 都能返回 0 或 1 的程序列表之中。因此，$H$ 不可能是一个解决停机问题的程序。哇，我们躲过了另一场技术呆子的头脑风暴。

停机问题的不可判定性导致的一个直接后果就是，在任何编程语言中都会存在一些有效的程序，而我们不能仅通过查看程序就知道程序要做什么。我们也无法判断程序是否会终止，并给出最终的答案。

停机问题的哲学意义是深远的。程序及其在计算机上的执行存在于物理世界中。所以，图灵告诉我们，物理世界里存在着一些我们无法完全“解释”的物理过程。对某个物理过程的充分解释似乎应该能够告诉我们为什么它会表现出某种行为。但是，图灵也给我们展示了一些物理过程，对于这些物理过程而言，我们甚至不知道它们是否会表现出某种行为，更不用说为什么会是这样。

本书的一个基本主题是——我们必须在头脑中坚持把地图和地域这两个概念区分开。对物理世界或计算机所做事情的“解释”都不过是一张地图。地图是一个模型，计算机程序是其自身执行的一个模型。图灵向我们展示了这个模型永远不能完全解释它所建模的事物。程序不能完全解释它自己的执行，因为你不能仅仅通过查看程序就知道它要做什么。世界就是它本来的样子，然而，我们所构建的每一个模型、每一种解释、每一张地图，以及每一个程序都是人类的发明，它们不同于它们所建模的事物。所有地图的集合也是不完整的，因为物理世界的某些属性无法被映射出来。

我所说的一切都不应被解读为要破坏模型或地图的价值。但这仍然留下一个悬而未决的问题——程序作为模型是否能够描述所有的过程，即使我们现在知道它们不能解释所有的过程。问题在于，我们假设的拥有无限内存的计算机是否就是通用机器。如果你定义的“计算”精确地指那些可有效计算的决策函数，我们那些拥有无限内存的计算机就可以实现所有的“计算”。但是，这个论点就变成了一个循环。我们已经把“通用”定义为“它做它所做的一切”。这就是丘奇－图灵论题只能被称为论题而非定理的原因。该论题简单地说明，可有效计算函数是我们可以用一台（理想的）计算机计算的函数。这一论题并没有说不存在可以实现函数 $C$ 的机器。我们需要说明的是，正如在第 4 章和第 5 章中数字技术所定义的那样，一台计算机只能实现一个小的决策函数子集。

是否存在一台能够实现类似 $C$ 这样的函数的机器，这成了一个令人惊讶的争议性话题。后来，出现了一个关注所谓“超计算”或“超图灵计算”的群体，“超计算”或“超图灵计算”旨在研究（大多是假设的）计算非可有效计算函数的机器。例如，布卢姆等（1989）描述了一台与普通计算机相似的假想机器，只不过它操作的是实数而非上述数字数据。但是，它的执行仍然是算法式的，由此，也就从图灵机中延续了许多相同的问题和答案，例如一个程序是否会终止的问题。

马丁・戴维斯是一位美国数学家，他的博士论文导师是阿隆佐・丘奇。马丁非正式地揭示过超计算的思想，但是，那很可能只是一次纯粹的理论尝试（戴维斯，2006）。然而，即使是他的论点，也是在有限比特序列上的算法式操作框架中建立起来的。例如，他忽略了定时的问题，并假定计算与定时是不相关的，以及输入和输出是离散的。例如，他观察到，任何产生非图灵可计算的无限自然数序列（可以编码为有限比特序列）的机器，“无论其运行多长时间，我们只会看到有限数量的输出”（戴维斯，2006）。这假设呈现给观察者的输出是自然数（是离散的）的列表（是离散的）。这是表示计算结果的唯一方法吗？如果这是计算机呈现结果的方式，那么其他机器呢？我的洗碗机就不会以一个数字列表的方式给出计算结果。

最终，我认为，有关没有机器能够实现类似于 $C$ 的函数的任何结论都是一种具有信念的行动，我将在下一章更加坚定地捍卫这一立场。就像许多具有信念的行动一样，这需要忽略反对它的证据。很明显，计算机并不是通用机器，因为它们不能做我的洗碗机能做的事情。当然，我的洗碗机虽然不是一台信息处理机，但它是一台机器。事实上，它是一个信息物理系统，因为它包括了一台与机械液压系统协同工作的计算机。用一个数字列表显示干净盘子的洗碗机并不会卖得更好，效果才是主要的。但实际上，即使是第 2 章提及的由欧姆定律和法拉第定律建模的电阻和电感，也不可能通过计算机来实现，因为它们操作的不是二进制数据，也不是以算法的方式运作。

尽管如此，除了莱因戈尔德和戴维斯，还有许多人认同这一通用计算的信念。事实上，这现在是一个十分强大的信念，并且拥有众多的追随者。图灵和其他许多人都推测，甚至是人类的大脑以及人类的认知，也可以通过通用图灵机来实现。正如我将会在下一章说明的，我不能证明这个猜想是错误的，但我认为这是极其不可能的。只有在一种强大的数字物理学形式成立时，这种通用计算的信念才会成立，即使这样，它也不会产生有用的模型。

实际上，图灵自己描述了一台可以实现函数 $C$ 的假想机器。他将其称为“预言机”（也译为谕示机），并假设是无法实现的。这里，我可以简单地解释一下。假设它有无限的内存，从技术角度讲，这个假设比我们为通用图灵机建立的无边界内存的假设要更为强大，因为“无边界”内存意味着我们拥有我们需要的所有内存，而“无限的”意味着我们实际上可以存储无限的比特列表。即使如此，这台新机器也被证明不是图灵机。

假设该无限的内存中最初包含一个由函数 $C$ 对每个输入所生成的所有输出的表。这个内存就像一个神谕，知晓一切。也就是说，表中的第一个条目为 1 个比特，它的值为 $\neg P_1(0)$，给出了 $C$（0）；第二项的值为 $\neg P_2(00)$，给出了 $C$（00），以此类推。现在，给定任何输入，如 010101，机器只需要沿着表查找与该输入匹配的条目，并生成相应的输出 $C$（010101）即可。对于任何输入，这个过程都可以在有限的步骤内完成，所以这台机器最终总会产生一个输出，它实现了决策函数 $C$。事实上，只要提供一个不同的初始表，这个假想的机器就可以实现所有的决策函数，因此它比通用图灵机要更为“通用”。

之前我已经阐明，但在这里还需要重申一下，图灵从未期望“通用图灵机”中的“通用”一词是指这些机器可以做任何事情。图灵的机器是通用的，因为定义了它所计算的函数的程序是机器输入的一部分。相比之下，非通用图灵机是不可编程的，它只计算一个函数，并且该函数是被内置到机器中的。所以图灵的“通用”意味着机器可以被编程用来计算任何的可有效计算函数。如果将“通用”解释为无所不能，就大错特错了。

那么，到底从何种意义上说，这台预言机不是图灵机呢？关键问题要看包含了这张表的内存。图灵对通用图灵机的描述不包括初始化无限内存的能力。当然，现代计算机也没有这种能力。但是，这是否意味着没有一台机器可以做到这一点呢？

要得出不可能存在这样一台机器的结论，我就必须假设，从物理上不可能构建一个能够“记住”任何无限比特序列的事物。是这样吗？只有接受数字物理学，我才能得出这是不可能的这一结论。

假设我想要记住 $\pi$ 这个数字。在二进制编码中，这需要无数的比特。假设我可以切割一根钢条，使它的长度正好是 $\pi$ 米。1799 年，一根白金杆被放置在巴黎的国家档案馆中，多年来，它已成为一米这一长度单位的标准定义。因此，可以这么说，用杆的长度来记忆一个值并不是遥不可及的事情。我刚刚不就建立了一个存储无限信息比特的内存吗?

当然，这个内存会让我遇到一些实际的物理问题。金属杆的长度会随温度的变化（显然，以及重力波的通过）而发生改变。我需要一个“一米”表示什么的清晰和精确规格来解释杆的长度为“$\pi$ 米”。由于量子力学的不确定性定律，想要精确地测量长度将是非常困难甚至是不可能的。如果测量过程中存在任何噪声，那么根据上一章香农的信道容量定理，即方程（4），测量所传递的信息仅包含有限的比特数。

但是，不能仅仅因为我不能测量长度，就说其意味着这个杆没有长度。此外，即使杆的长度随着时间的推移会发生变化，如果它从一个长度连续地变为另一个长度，那么每个时刻的长度也在一定程度上依赖于前一时刻的长度。那么这种依赖不是记忆的一种形式吗？如果长度从一个值连续地变化到另一个值，那么至少有一些中间长度将要求在任何长度单位下精确地表示无限数量的比特，无论长度单位是米、英寸①、弗隆②还是其他任意单位。

这种信息并不以比特的形式来表示。那么比特用在哪里呢？换言之，计算机中的比特在哪里？信息概念的一个关键前提是，信息的存储形式并不重要。这就是为什么信息可以被传递和复制。尽管信息的物理形式在接收者那里是明显不同的，但传递和复制信息的

---

① 1 英寸＝2.54 厘米。——译者注

② 1 弗隆＝201.168 米。——译者注

想法取决于这样一种假设，即接收者与发出者拥有相同的信息。现代计算机的存储器以电荷或磁能的方式存储比特，利用第 4 章的技术将那些无序的物理现象抽象为清晰的数字模型。

当信息从一台计算机传送到另一台计算机时，信息的存储形式可能会发生改变，例如从电荷变成磁极化。在设计计算机存储器时，工程师无须假设底层的物理过程是离散的。那么，是我用金属杆存储数字 $\pi$ 的方法出了什么问题吗？什么问题都没有。如果我坚持其形式就是一个比特列表，那么我已经假定了这样一个结论——这样的信息存储是不可能的。

一位敏锐的读者可以利用许多悬而未决的问题来挑战我的立场。例如，如果你要求让某物被认为是“信息”，那么我们必须能够传递或复制它。这样，我们就得面对一个根本性的问题。香农的信道容量定理，即方程（4）告诉我们，如果在传输或复制信息的信道中存在任何噪声，那么只有有限比特数量的信息能够通过。基于这个观察，你可以将“信息”定义为仅包括可以用有限比特来表示的事物。这要求不能使用连续熵（第 7.4 节）作为信息的度量。

我是一名教师，对一些事物也有相当的了解。我认为我知道什么是“信息”。但是我也知道，我常常不能将这些信息传递给我的学生。部分信息被传递了，但并不是全部信息。我很有幸能够与非常聪明的学生一起工作。他们中的许多人创造性地误解了我想要传递的信息，并提出我从未有过的见解。有时候，他们也没能把这些见解全部传递给我。但是，这并不能减少我所知道的和他们所知道的“信息”。即便信息没有被传递出去，它们也是信息。

因此，我相信，通用图灵机是通用的信息处理机这一说法是非常值得商榷的。今天，这可能只是少数人的观点，我将在下一章更好地为之辩护。我质疑的根源在于无限集合的势（也称基数）这一数学概念。事实上，由所有计算机程序组成的集合是一个很小的无限集合。实际上，这个集合的大小等于数学家们所知道的最小无限集合的大小。当然，存在着更大的无限集合。为了假设我们可以制造的所有机器都局限于这些无限集合中的最小集合，我必须对数字物理学做出假设。为了假设自然界所能制造（或已经制造）的所有机器也是非常有限的，我不得不排除自然界中任何连续的事物的存在。这就需要接受一种更强大的数字物理学形式。现在我将通过研究势的概念来解释这种限制是多么不可能。然后，我将在 8.4 节直接探讨数字物理学的概念。在第 11 章中，我将解释为什么当某些假设不太可能成立的时候，在接受该假设之前，我们必须具有比该假设可能先验成立的还要更强有力的证据。

## 8.3 势

数学家使用术语“势”表示集合的大小。[①] 例如，一个包含两个元素的集合的势为 2。只有当我们考虑有无限个元素的集合时，例如所有计算机程序的集合，这个如此微不足道的概念才会变得有趣。

在上一节的内容中，我向读者阐明至少存在一个决策函数是任何计算机程序都无法实现的。利用康托尔的研究结果，我们可以更有力地证明有无数的决策函数是不能由任何计算机程序来实现的。我们还可以更强有力地证明，不能用计算机程序实现的决策函数要

① 我给大家推荐雷蒙德·斯穆里安关于这个主题的佳作，名为《撒旦、康托尔和无穷大》（斯穆里安，1992）。我第一次从这本书中了解到，康托尔试图证明所有无限集合的大小都是相同的，但他发现事实并非如此。

远多于可实现的决策函数。

这个结果主要依赖于康托尔的观察——并非所有无限集合的大小都是相同的。我们用直观的方法表达他的观点，考虑所有的非负整数集合，ℕ={0,1,2,3,⋯}。符号 ℕ 是这些整数的无限集合的缩写。很明显，这个集合里的整数有很多，实际上是无穷多的。正如集合里的省略号所表示的，其可被读作“等等”。这个集合被称为“自然数”集合，大概是因为有人认为负数和分数有些不太自然吧。

现在我们来考虑所有“实数”的集合，通常它的符号记为 ℝ。[①]这个集合包含 ℕ 的所有元素，但也包含更多的数字。它包括负数、分数和无理数（指不能用分数表示的数字，如 $\pi$）。显然，ℝ 是一个比 ℕ 更大的集合。但它到底大了多少呢？

首先，我们需要弄清楚无限集合的大小是什么意思。在康托尔关于无限集合大小的概念中，如果我们可以在 $A$ 和 $B$ 两个无限集合的元素之间定义一个一一对应的关系，则称这两个无限集合 $A$ 和 $B$ 具有相同的大小。一一对应的关系意味着，对于 $A$ 中的每一个元素，我们可以在 B 中指定一个唯一的元素作为它的对应伙伴。例如，考虑集合 ℕ 和另一个集合 𝕄={-1，-2，-3，⋯}。我们可以建立起一个一一对应的关系，如下所示：

$$
\begin{array}{lccccc}
\mathbb{N}: & 0 & 1 & 2 & 3 & \cdots \\
 & \updownarrow & \updownarrow & \updownarrow & \updownarrow & \cdots \\
\mathbb{M}: & -1 & -2 & -3 & -4 & \cdots
\end{array}
$$

① 虽然实数的概念相当古老，出现在阿基米德和尤得塞斯（柏拉图的学生）的古希腊著作中。但这一概念的现代形式出现得相对较晚，可以追溯到 19 世纪魏尔斯特拉斯和戴德金的著作。这其实是一个相当精妙的概念。根据彭罗斯（1989）的说法：“对古希腊人尤其是尤得塞斯来说，‘实数’是从物理空间的几何特性中提取出来的东西。现在我们更倾向于认为实数在逻辑上比几何学更原始。”

一个集合的每一个元素在另一个集合中都有唯一的伙伴。康托尔的观点认为，如果是这样的话，我们就可以宣称这两个集合具有相同的大小。

有趣的是，我们还可以在集合 $\mathbb{N}$ 和它自身的偶整数子集 $\mathbb{E}=\{0, 2, 4, 6,\cdots\}$ 之间建立起一一对应关系：

$$\begin{array}{llllll} \mathbb{N}: & 0 & 1 & 2 & 3 & \cdots \\ & \updownarrow & \updownarrow & \updownarrow & \updownarrow & \cdots \\ \mathbb{E}: & 0 & 2 & 4 & 6 & \cdots \end{array}$$

尽管第二个集合省略了第一个集合的一半元素，但这两个集合的每个元素都一一对应，因此这两个集合有相同的大小。这种奇异性是无限集合的一个性质。它们的大小与它们自己的许多子集相同。

康托尔用符号 $\aleph_0$ 表示集合 $\mathbb{N}$ 的大小，其中 $\aleph$ 是希伯来字母表的第一个字母 aleph。下标 0 表示这是已知的最小无限集的大小。数学家将 $\aleph_0$ 读为“aleph null”。

有趣的是，许多集合大小都为 $\aleph_0$，包括自然数 $\mathbb{N}$、整数，甚至有理数。上一节列出的二进制序列的集合，我们称为 $\mathbb{B}=\{0, 1, 00, 01, 10, 11, 000, \cdots\}$，其大小也为 $\aleph_0$。希望你能明白如何在这个集合和 $\mathbb{N}$ 之间建立一个一一对应关系。

一个大小为 $\aleph_0$ 的集合被称为“可数无限集合”，因为它与计数数字 $\{1, 2, 3, 4, \cdots\}$ 的集合是一一对应的。因此，我们可以对集合里的元素进行“计数”，当然，我们最终会因为它的无限规模而厌倦这样做。

对于任何大小为 $\aleph_0$ 的集合，该集合的每个无限子集合的大小也为 $\aleph_0$。因此，所有计算机程序集合的大小都是 $\aleph_0$。这是因为每个计算机程序都在集合 $\mathbb{B}$ 中，而这样的程序可能是无限的。

现在事情变得越来越有趣了。我在上一节借鉴了康托尔的对角化方法，他指出存在无数个比 $\aleph_0$ 大得多的集合。康托尔还特别证明了实数集合 ℝ 与自然数集合 ℕ 之间不存在一一对应关系。他使用了一个对角参数，类似于我在上一节中所使用的。数学家都说，集合 ℝ 是“不可数的”。此外，还有更大的无限集合，比如将实数映射到实数的函数集合。

除了 ℝ，还有许多不可数的集合。实际上，上一节讨论的决策函数集合也是不可数的，它的大小和 ℝ 一样。为了证明这一点，我们可以在实数集合和决策函数集合之间建立起一一对应关系。

与集合 ℕ 一样，集合 ℝ 的真子集可能与 ℝ 具有相同的大小。例如，与 0 到 1 之间的实数集合的大小就是相同的。

一个不可数集合严格大于大小为 $\aleph_0$ 的集合。由这一结果可知，并不是所有的决策函数都可以由计算机程序来实现，尽管决策函数只涉及二进制数。因为决策函数的集合是不可数的，而计算机程序的集合是可数的，所以后者要小得多。如果决策函数比可判定的函数多，计算机就不是通用的信息处理机。

现在请大家注意，计算机程序也不能实现任何处理实数的机器。因此，如果我们想要将计算机看作通用的信息处理机，那么，我们必须从我们的“信息”概念中排除实数。这一处理方式实在太过激进了，可以说几乎违背离了数学、科学以及工程领域的所有传统。我们不能轻率地接受这一处理方式。

我们简要回顾一下前一章的内容。如果被区分的可选项的数量是有限的，就可以用比特来度量信息。也就是说，以比特度量的信息是从一个有限集合中被选择出来的。有限集合甚至比可数集合还要小。如果一个随机（未知）量的可能结果是不可数的，例如，这个变量可以取 0 到 1 之间的任何实数，那么，香农的结论实际上表明，这个结果不能用有限数量的比特来表示，这一点现在已经非常明显。由于只有一些可数的有限比特序列，所以不能用这些比特序列从不可数的集合中区分一组值，因为确实没有足够的比特序列。

如前所述，可能的计算机程序的总数为 $\aleph_0$。决策函数的总数更大，但是究竟大了多少呢？如果它只是稍微大了一些，那么我们也许并没有因为限制数字计算机能做什么而损失太多。但实际上不只是稍微大了一些，它要大很多。

首先，请注意，如果我们向可数无限集合添加一个元素，该集合不会变得更大。例如，假设我们将元素 –1 添加到集合 ℕ，并得到一个集合 {–1，0，1，2，3，…}。那么，所得到的集合与 ℕ 具有相同的大小，正如我们从如下对应关系中看到的：

$$
\begin{array}{cccccc}
0 & 1 & 2 & 3 & \cdots \\
\updownarrow & \updownarrow & \updownarrow & \updownarrow & \cdots \\
-1 & 0 & 1 & 2 & \cdots
\end{array}
$$

两个集合的所有元素都一一对应。

通过同样的推理过程，如果我们在可数无限集合中添加任意有限数量的元素，那么集合的大小是不会改变的。如果我们添加可数无限数量的元素呢？假设我们将 𝕄={–1, –2, –3, …} 的所有元素添加到集合 ℕ 中，新的组合集合就是所有整数的集合，常记为 ℤ。然而，组合集合 ℤ 的大小与 ℕ 的大小仍然是相同的！这种一一对应的关系同样涵盖了两个集合中的所有元素：

$$
\begin{array}{cccccccc}
\mathbb{N}: & 0 & 1 & 2 & 3 & 4 & 5 & \cdots \\
 & \updownarrow & \updownarrow & \updownarrow & \updownarrow & \updownarrow & \updownarrow & \cdots \\
\mathbb{Z}: & 0 & -1 & 1 & -2 & 2 & -3 & \cdots
\end{array}
$$

直观上看，我们似乎已经把集合的大小增加了一倍，但实际上，我们根本没有改变它的大小。因此，一个不可数集合的大小肯定是 $\aleph_0$ 的两倍以上。但它甚至比那还要大得多。

实际上，有理数集合也是可数无限的集合。有理数 *r* 是可以写成两个整数 *n* 和 *d*（例如，*n*/*d*）之比的任何数。为了更容易找到这种对应关系，我们将 *n* 和 *d* 限定为正数。然后我们可以构造一个包含所有可能的有理数的表，如下所示：

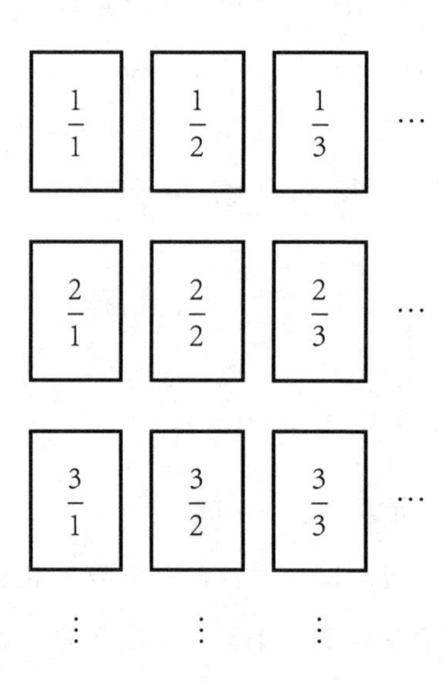


此处的省略号指的是在水平、垂直方向上一直延续这个模式。这个表包含了比有理数更多的条目，因为有一些是冗余的。例如，对角线元素，1/1、2/2、3/3 等等，都表示相同的有理数 1。但是，每个正有理数都会在这张表中的某个地方。

以下图中箭头所示的顺序遍历这张表，我们就可以建立表中条目与集合 ℕ 之间的一一对应关系：

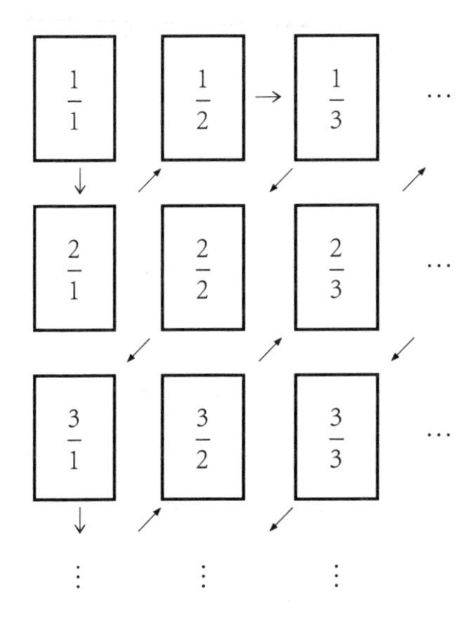


如果你现在沿着表中箭头的路径进行观察，就可以看到如何对有理数进行“计数”，并按照定义良好的顺序命中每个有理数。沿着箭头的路径并在前进的过程中消除任何冗余，就可以在所有正有理数集合和集合 ℕ 之间建立起元素的一一对应关系。从左上角开始，将 1/1 与自然数 0 进行关联。沿着第一个箭头，将 2/1 与自然数 1 关联起来。沿着第二个箭头，将 1/2 与自然数 2 相关联。继续下去，我们就可以把每个正有理数和一个唯一的自然数关联起来。然后，用我们证明集合 ℤ 是可数的相同方法，我们就可以证明所有有理数的集合，包括正的和负的，也都是可数的。

一个与上面的表类似的正方形阵列，如果它是有限的，那么它的大小等于行数或列数的平方。如果我们忽略上表中省略号省略的部分，表中有 3 行 3 列，共有 9 个条目，是 3 列的平方。让这张表不断增长，也就是省略号所表示的，表的大小将变成 $n^2$，其中 $n$ 是行数和列数。当表增长到无穷大时，行数和列数将变成 $\aleph_0$，这意味着表的大小应该是 $\aleph^2_0$。但是，由于表中的条目是可数的，所以 $\aleph^2_0$

$=\aleph_0$。因此，直观地看，集合 $\mathbb{R}$ 的大小和决策函数集合的大小都大于 $\aleph_0$ 的平方。换句话说，一个不可数集合不仅大于两个大小为 $\aleph_0$ 的无限集合的总和，而且大于一个可数无限数量的可数无限集合的组合！事实上，它比 $\aleph_0$ 的任何有限次幂都要大。因此，决策函数的集合实际上远远大于 $\aleph_0$，而且存在比决策函数集合大得多的更大集合。

一个显而易见的问题出现了：是否存在一个大小介于 $\aleph_0$ 和决策函数集合之间的集合呢？数学家通常假设不存在这样的集合。这个假设被称为“连续统假设”，它是未经证明的，事实上也无法被证明。它必须是被假设的。1939 年，奥地利裔美国数学家库尔特·哥德尔证明了连续统假说不能用集合论中的公理来证伪。[①] 1963 年，美国数学家保罗·寇恩证明，连续统假说也不能以这些公理加以证明。因此，连续统假说与集合论公理无关。但不管我们是否假设连续统假说，任何不可数集合都比任何可数集合拥有更多的元素，这是一个不争的事实。

我在上面给出的关于计算机不能解决所有决策函数的证明只是给出一个反例，一个不能被任何程序实现的决策函数 $C$。同样的论据证明，没有一个可数的机器集合能够实现所有的决策函数。这表明，决策函数集合的大小严格大于任何可数集合。决策函数集合是不可数的，因此远大于可被任何计算机计算的决策函数集合。

图灵的结论——存在无法有效计算的决策函数，是几个同时出现的研究结论之一，这些结论粉碎了前一个世纪的乐观情绪。[②] 面对这样的结果，尤其是从势的角度来看，我不得不得出结论，从某种程度上讲，每台有趣的信息处理机都不可能是一种软件。然而，面对如此微弱的证据，我们需要极大的信心才能相信这样的结论。

---

① 具体而言，利用策梅洛–弗兰克尔集合论的公理，可以导出大量的数学算式。

② 关于这种乐观情绪及其破灭的精彩描述，请详见克兰（1980）。

## 8.4 数字物理学？

数字物理学假定，自然界中不存在也不可能存在一组可能性的连续范围，任何系统（包括整个宇宙在内）所拥有的可能状态总数是有限的，并且物理系统在本质上等同于软件。从库恩的观点来看，数字物理学是一种范式转换。我希望我自己不是那些为了让这种范式得到普遍接受而必须最终死去的反对者之一。

如果这是真的，那么这个假设会产生严重的后果。这意味着我们对物理世界的许多最令人珍视的想法都是错误的，包括空间是一个三维连续统，时间从一个瞬间流动到另一个瞬间，等等。这意味着牛顿的那些定律以及爱因斯坦的相对论都是错误的，因为它们都依赖于时间和空间的连续性。当然，正如博克斯和德雷珀（1987）所述，所有的模型都是错误的，但也有一些是有用的。根据这一原则，数字物理学也必定是错误的。因为它是一个模型，是一张地图，而不是真正的地域。

在大多数情况下，数字物理学不太可能像接纳物理世界连续性的模型那样有用。即使假设物理世界的状态是有限的，所有系统（除了最微小的系统）的状态数量都远远超过数字技术在目前以及可预见的未来所能管理的状态数量。尽管如此，数字物理学的概念还是从科学、工程和哲学的角度引发了关于建模的深层次问题。

从工程学的角度来看，数字物理学假定一切可能被制造的东西原则上都可以用软件来实现。这其实就等于说，洗碗机实际上就是信息处理机。这意味着，人类的心智及其所有认知功能原则上都可以在软件中实现（我将在下一章的 9.3 节讨论这个问题）。换言之，任何机器都不能完成软件不能完成的那些工作，例如计算不可判定的函数或处理实数。因此，试图构造这样的机器是毫无意义的。

从科学的角度来看，数字物理学假设大自然是极其有限的，在可能存在的极小的机制子集中运行。这个极小的子集几乎不包括人类几个世纪以来发展起来的物理理论。

从哲学的角度来看，如果宇宙的状态数量有限，那么下面几种情形一定成立：（1）宇宙最终会被发现处于其曾经所处的状态中；（2）宇宙在无限时间内只能改变有限次数的状态，所以它必须有效地停止变化；或者，（3）时间必须结束。

也许更令人不安的是，要证伪数字物理学是不可能的。具体来说，如果我们假设物理世界中的所有测量都是有噪声的，那么香农的信道容量定理，即方程（4），表明每一个测量都只能传递有限数量的比特信息。任何试图表明某个系统的状态无限的测量都将失败。因此，根据波普尔的科学哲学观点，数字物理学不是科学，因为它是不可证伪的。这样一来，数字物理学就变成了一种信念。

数字物理学在我的印象里是遥不可及的，但实际上，大多数现代物理学也都如此。宇宙中的大多数物理现象都是在人类通过这些现象建立起来的、感觉和直觉上毫无用处的范畴中运行的。我们在地球上的感觉和我们的经验并没有给我们太多的直觉去理解黑洞和夸克这样的物理现象。因此，到目前为止，我们现在应该习惯于反直觉的理论。但是，数字物理学的一个方面使其极不可能，这也令人非常惊讶。它将宇宙限定在一个可数的、有限的系统中运行。鉴于我们对世界最深刻和最好的理解几乎都来自连续统和无穷性的强大模型，例如牛顿和莱布尼茨的微积分，因此，我们可以得出这样的结论：大自然是无穷无尽的，它不需要任何给出停顿的东西。得出这样的结论，似乎是倒退到了启蒙运动前的时代。至少，在接受这一观点之前，我们应该坚持要有无可辩驳的证据。虽然今天的证据在我看来还不够充分，但支持这一假说的物理学家已经形成了相当的共识，在他们看来，已有的证据并不是那么羸弱。在第 11 章中，我将确切地解释我所说的“证据”是什么意思，但现在让我们来看看数字物理学到底意味着什么，以及为什么它是如此不可能。

数字物理学有好几个变体，其中的一些有些奇怪。如下所述，以从弱到强的顺序给出了这些变体。

1. 在其最弱的形式中（最小假设），数字物理学断言，自然界中任何具有有限能量和体积的系统的可能状态数都是有限的。如果是这样的话，那么任何该类系统的状态都可以用有限数量的比特进行完全编码。
2. 在一种稍强一些的形式中，数字物理学断言，物理世界本质上是信息化的。每一个过程都是一次信息转换，世界上的每一个实体物本质上都是一束信息。其进一步断言，信息可以用比特来度量。
3. 在一种强大的形式中，数字物理学假设每个物理过程在本质上都是一个计算，原则上可以用软件来表示。这就要求这些过程在本质上是算法式的，以逐步运算的方式进行处理。
4. 在一个更强的形式中，数字物理学假设物理世界本质上就是一台计算机。
5. 在我所见过的最强大的形式中，数字物理学断言物理世界是由计算机进行的模拟。

在我看来，上述这些观点都把地图和地域混为一谈了。它们谈论的是现实的模型还是现实本身呢？[①]

墨西哥以色列裔美国理论物理学家雅各布·贝肯斯坦至少是上述第二种数字物理学观点的支持者。他曾是以色列本·古里安大学和希伯来大学的教授，直到 2015 年意外去世。贝肯斯坦和他的同事提出了现在被称为“贝肯斯坦上限”的概念，这是在具有有限能量

① 独立于人类的现实的存在并不是一个被普遍接受的真理。哲学家将这种假设称为“现实主义”。出于论证的需要，我将采用这一立场。

的有限体积空间内所能包含的熵的上限［参见弗赖伯格（2014）简短易读的摘要］。如果我们假设贝肯斯坦所考虑的熵的形式是离散熵（在前一章已做解释），那么贝肯斯坦上限表明，在给定体积的空间中，可以存储的以比特为单位的信息量是有限的。换言之，这个上限表明，任何占据给定空间的事物都可以用有限的比特数进行完全描述，直到量子级别。我将这称为“对贝肯斯坦上限的数字化解释”。根据这一解释，之前列出的第一种数字物理学形式就会随之成立。另一种基于连续熵对贝肯斯坦上限的非数字化解释似乎与贝肯斯坦最初的公式相一致（贝肯斯坦，1973），但这并非今天大多数物理学家普遍采用的解释。

那么，在这个数字化的解释下，在一个给定的空间里我们到底能存储多少比特呢？詹姆斯·雷德福德声称，现代物理学证实了上帝的存在。他在 2012 年发表的一篇论文中利用贝肯斯坦上限来计算编码一个人所需要的比特数（雷德福德，2012:126）。他的结论是，编码一个成年男性需要 $2 \times 10^{45}$ 比特。我的笔记本电脑硬盘可以储存 1T 字节，或者 $10^{12}$ 字节或大约 $10^{13}$ 字节。因此，我需要 $10^{32}$ 台这样的笔记本电脑才能储存下这么多的比特。下面这串数字就是 $10^{32}$：

100 000 000 000 000 000 000 000 000 000 000

如果摩尔定律继续有效的话，我们假设它适用于内存存储设备，那么只有在 129 年之后，我们也许才会拥有一台具有这么多内存的计算机。这就是摩尔定律的魔力，它预测每块芯片上的晶体管数量每两年会翻一番。

尽管对贝肯斯坦上限的数字化解释似乎在当前的物理学家中得到了广泛的认可，但是我仍然对其持严重怀疑的态度，这是一个公认的少数人的立场。我并不怀疑贝肯斯坦的结论，即一个空间内的熵是受限制的和有限的，我所怀疑的是，贝肯斯坦的熵是离散熵，因此，其代表了可以用比特进行编码的信息。贝肯斯坦的论据似乎与 7.4 节使用连续熵的论据同样有效。然而，对连续熵的数字化解释是错误的。尽管系统中的连续熵确实可以对信息量进行量化，但它并不能告诉我们究竟需要多少比特才能编码该系统。如果我们使用连续熵，系统就不能以有限的比特进行编码。然而，这个系统是有信息的，而且它的信息量可以和其他系统的量进行比较。

路德维希·玻尔兹曼和他同时代的人用宏观系统定义热力学的熵，例如气体的体积，并用公式 $k\log(M)$［方程（32）］进行计算。通常的解释是：在观察由气体中单个分子所组成的微观系统的宏观状态（体积、压力、质量和温度）时，该微观系统所处的状态数就是 $M$。比例常数 $k$ 被称作玻尔兹曼常数，它只是改变了我们用来度量熵的单位。这一解释假定处于这 $M$ 个状态之一的可能性是相同的，并且这种状态的数量是有限的。为了将其解释为等同于离散熵中的一组比特，我们必须假定分子只有 $M$ 个有限数量的可能状态。这种假设是数字物理学的一种形式。因此，要将热力学熵解释为以比特度量的信息，我们就必须首先假设数字物理学是正确的。然后，再用贝肯斯坦上限证明数字物理学是一个逻辑错误。也许还有其他理由可以解释系统的状态数是有限的，但是绝不可能包括熵是有限的这个理由。

这里的错误很微妙，但也很重要。玻尔兹曼不可能知道微系统有多少可能的状态与所观察到的宏观状态一致。玻尔兹曼希望通过分子的位置和速度（或动量）模拟分子的状态。在玻尔兹曼的时代，这些都是连续的随机量，所以熵应该被更恰当地解释为连续熵。今天，可能的状态数被认为是由量子力学决定的，而量子力学在玻尔兹曼的时代还没有发展形成。另外一种解释是，$M$ 是相对自由度的代名词。在量子力学出现之前，经典热力学常用一个与给定气体体积中的分子数成正比的数来代替 $M$。在这种情况下，熵的值具有一个任意的偏移量，然而，只要对任意两个熵使用相同的偏移量，对两个熵的比较仍然有效。但此时，熵的绝对值失去了任何物理意义。

在玻尔兹曼之后，物理学家一直对计算熵的公式进行改进，考虑了更多的基础物理学知识，包括量子力学效应，从而获得了更直接的物理意义。其中一个例子就是 20 世纪早期推导出的萨克尔–泰特洛德方程，用以计算理想气体中的熵。该方程同时具有经典力学和量子力学的特性。这里，我就不再过多解释了，如果读者对此感兴趣，可以去维基百科查阅相关资料。然而，这个方程必须是对连续熵的测量，而非离散熵。这是因为，该方程并没有限定熵一定是正值，而且当气温达到绝对零度时，该方程将熵的值设定为负无穷大。物理学家也许会告诉你，这个方程在低温下就失效了，原因在于，用于推导这个公式的近似值不再是精确的。这也许是对的，但如果这是一个连续熵，那么将它理解为在任意温度状态下的信息的比特数就是错误的。这一情形凸显了明确讨论的熵是离散熵还是连续熵所面临的困难。这两种熵是不可比较的。

实际上，如果一个物理系统具有无限多与观测相一致的可能状态，且这些状态的概率密度函数是已知的，那么我们为这个系统定义一个连续熵，而且它的值确实具有物理意义，如 7.4 节所述。就像离散熵一样，这种熵可以量化信息量，但是信息不能编码为比特。正如要编码一个实数（即便这个数是有限的）一样，这也会需要无限数量的比特。进一步来说，假如概率密度函数是均匀的，如图 7.1 所示，那么连续熵的表达形式就一定是 $k\log_2(M)$，其中 $M$ 是概率密度函数所具有的高度。因此，即使状态数不是有限的，只要所有的状态的可能性相同，玻尔兹曼公式就是适用的。

熵是热力学第二定律的核心概念，其表明熵在任何系统中都将增大（或者至少不会减少）。所以，热力学第二定律是有关于比较熵的定律，而非有关其绝对值的定律，由此，无论我们是否将熵解释为比特方式的信息度量，它都不会受影响。如果我们不知道这些状态的概率密度函数，那么该定律甚至不会受任意偏移的影响。热力学第二定律适用于连续熵和离散熵两种情况。为了对熵给出一个数字化的解释，也为了能用比特度量熵，我们需要假设一个分子的可能状态数是有限的，我还需要假定数字物理学是有效的。

太多的物理学家似乎都认为“熵”这个词自然就是指离散熵。麻省理工学院机械工程和物理学教授塞思·劳埃德在他2006年出版的《编程宇宙》（*Programming the Universe*）一书中，就重复了这个做法。其中有如下一段关于第二定律的文字：

> 热力学第二定律表明，每个物理系统包含一定数量比特的信息——其中包括不可见的信息（或熵）以及可见的信息——而且，处理和转换这些信息的物理动力学并不会减少总的比特数。（劳埃德，2006）

但是，如果潜在的随机处理过程是连续性的，在这种情况下，信息不能用比特来表示，那么热力学第二定律绝对不会被修改。物理学中的其他原理可能会产生比特，劳埃德坚定地认为量子力学可以做到这一点。然而，一个系统可以有一个有限的熵，但如果有限的熵是一个连续熵，那么它仍然不能用比特来表示。

劳埃德用数字方式对熵进行了定义。他说：“熵是对不可用信息世界的一种比特数度量……由构成世界的原子和分子记录。”他还说：“熵这个量与描述原子运动的方式所需的比特数成正比。”但是连续熵仍然是熵，它不是以比特为单位的一个度量。进而，劳埃德提出一个非同寻常的主张：“正如19世纪末的统计物理学家所表明的，世界是由比特组成的。”一方面，那些统计物理学家，如玻尔兹曼和他的朋友们从未听说过比特，另一方面他们的理论对于连续熵运行良好。

劳埃德还有其他一些理由假设物理世界是数字化的。在《编程宇宙》一书中，他认为宇宙实际上是一种被称为“量子计算机”的计算机。虽然量子计算机和图灵计算之间有一定联系，但是劳埃德阐明了自己的立场，他强烈支持数字物理学，并认为世界上的一切事物至少都达到了一定的数字化水平。然而，声称有限的熵意味着这个世界是数字化的，这种观点是非常有误导性的。

量子计算机是以量子力学为基础的，后者是在 19 世纪末统计物理学家大量的研究工作之后才出现的。量子力学用“波函数”取代了机械学家所使用的位置和动量的概念，该函数以概率的方式将位置和动量关联起来。波函数包含一组连续变量，同时在空间上有一个偏移量，也就是一个位置。好了，现在的问题是，波函数的可能偏移数是有限的吗？

数字物理学基于这样一个原理：对于任何具有明确边界条件的物理系统，只可能用有构成该系统的、有限数量的波函数。但是如何建模这些边界条件却是非常棘手的事情。如果我们谈论的是一个气体室（就像玻尔兹曼那样），那么气体室的壁面是否被建模为与气体分子相互作用的波函数？如果是的话，那么我们必须将气体室的壳体视为系统的一部分而不是一个边界条件，但该壳体及其周围环境以及周边环境都必须被视为系统的一部分。如果我们假设宇宙在范围和时间上最终是有限的，那么我们最终也能够得到明确的边界条件。但是，依靠宇宙的有限尺度来描述运用量子力学的亚原子尺度的行为，让我感到非常不可思议。即使是最微小的近似值，或者在跨越这样一个数值范围的任何计算中使用统计参数，也会使结论无效，而我们知道，熵的计算中充斥着近似值。但是，物理学家比我更了解这一点，所以我不得不相信他们的话。最终，状态数实际上是有限的这一结论似乎依赖于我不太理解的一些模型，它们还没有经过实证验证，也不能被证伪。

香农确实证明了，如果对一个连续变量的观测是不理想的（是有噪声的），那么观测所传递的信息就可以用比特来度量，并且是有限的。这是前一章信道容量定理及方程（4）的含义。然而，观测到的信息量并不等于该连续变量中的熵，它是有限的，但不能用比特来度量。连续变量的熵是连续熵。连续随机变量的有噪声观测只传递有限数量的比特，这是观测前后的相对熵结果。这是香农最深刻且意义深远的观测。他指出，任何有噪声的通信信道的信息容量都是有限的，并且可以用比特来度量。

然而，通过假设观测总是有噪声的，且所传递的信息全部都是相关的，这样做或许还可以挽救数字物理学。香农并没有表明变量中包含的信息是有限的，只是表明变量所传递的信息是有限的。事实上，其所包含的信息需要无限比特来进行编码。香农证明，从一个有噪声的观测中完全重构一个连续变量的值是不可能的。为了挽救数字物理学，我们可以做出这样的假设——任何无法通过带噪声观测传递的信息都是不相关的信息。这就相当于假设数字物理学是有效的，我们必须假设数字物理学的有效性，以证明数字物理学的存在是有效的。

关于所传递的信息与所包含的信息的问题是一个深刻而困难的问题。一个物理系统是否可能拥有外部根本无法观察到的却对该系统来说至关重要的信息？我曾在 8.2 节中简要地提到这个问题。在那里我曾遗憾地说，作为一名教师，我无法传递我大脑中的所有信息，我会在第 9 章探讨人类的大脑和认知时再次回到这个问题上。但我最终还是相信，即使是没有被传递出去的信息也是有关的。

贝肯斯坦发展他的上限理论的过程是一个有趣的故事。他和物理学家斯蒂芬·霍金一起研究一个问题，即通过吞噬熵，黑洞似乎会违背热力学第二定律。为了挽救热力学第二定律，贝肯斯坦和霍金将黑洞事件视界[①]的表面积与熵联系起来。在贝肯斯坦和霍金之前，没有人认为任何物体的表面积会与熵有任何关系。但是，这种关联解决了这个棘手的问题，并且挽救了热力学第二定律。

这一上限还取决于量子引力理论，这是为了调和量子力学与爱因斯坦的广义相对论所做的努力。无论是这种联系还是将表面积与熵关联在一起都不是没有争议的，两者也都没有任何实验观察。因此，对我来说，要接受贝肯斯坦上限理论需要对物理学有极大的信心，这种信念是很难被完全理解的（如果不是不可能的话），而且可能已经超出了实验观察的范围。即便是霍金，作为当今最广为人知和最受尊敬的物理学家之一，也对此持怀疑态度。他指出，对上限的数字化解释与大多数现代物理学是不一致的。霍金还指出，连续统在时间和空间上都是量子力学的基石——薛定谔方程——所必需的，从而产生了“未被允许的信息的无限密度”（霍金，2002）。除非你假设可能的状态数是有限的，否则贝肯斯坦上限理论讨论的就是连续熵，而并非以比特计量的熵，这样，矛盾就被化解了。

此时，宇宙的二元性和量子化性质尚未得到实验证实，这两个特性都是数字物理学所需要的。正在进行中的实验一直在寻找这样的实证。其中一个是芝加哥附近费米实验室的高度计，这是世界上最灵敏的激光干涉仪，比激光干涉引力波天文台的探测器还要灵敏（详见第1章）。根据维基百科，这个项目的主要负责人克雷格·霍

① 事件视界（event horizon），是一种时空的曲隔界线。视界中任何的事件皆无法对视界外的观察者产生影响。——译者注

根认为：

> 我们正在试图探测宇宙中最小的单位。这种探索真的很有意思，一种老式的、你不知道结果是什么的物理实验。（维基百科网页上的全息图，2016 年 5 月 24 日检索）

该实验于 2014 年 8 月开始收集各种数据，截至 2016 年 8 月尚未取得任何重大成果。更糟糕的是，即使它得到了结果，如果在这些测量中存在任何噪声，就像香农的信道容量定理告诉我们的那样，那么即使系统潜藏着无限比特数量的信息，这样的测量也只能传递有限比特数量的信息。

我并不是一位物理学家，所以你完全可以对我的质疑持怀疑态度。但我不得不说，如果数字物理学有效的话，我会感到异常惊讶。它对我而言更像是一种邪教，而不是一种科学。如果它是有效的，大自然的确就被束缚了手脚。出于某种原因，大自然会限定自己仅在有限的可能性中运行。可是，大自然为什么要这样做？虽然我的怀疑似乎只是少数人的观点，但并不完全只有我一个人这样想。

英国物理学家、数学家和哲学家罗杰·彭罗斯爵士在他那本颇具争议的著作《皇帝新脑》中写道：

> “一切都是数字计算机”的信念似乎已经广为流传。在这本书中，我的目的是试图说明为什么，以及可能的话，是如何，真实情况未必如此。（彭罗斯，1989:30）

彭罗斯继续论证意识，一个在物理世界中自然发生的过程，不仅不是一种计算，甚至不能用已知的物理定律来解释。

密苏里大学的哲学家瓜蒂耶罗·皮奇尼尼认为：

> 从严格数学描述的角度看，任何事物都是一个计算系统……这一论题是不能被支持的。（皮奇尼尼，2007）

像我一样，皮奇尼尼使用势的概念为这个观点进行辩护。他的结论是，没有足够多的可能的计算去涵盖物理世界的丰富性。

数字物理学不能被推翻，且假设所有的测量都是有噪声的，那么这个问题就可能是永远无法解决的。这可能永远都是一个信念问题。我的信念是，大自然更有可能在各种可能性中变得丰富而不是贫乏。在我看来，数字宇宙那微小的势值实在是太小了。

# 9.
# 共生关系

在本章，我会越过可数的计算世界，并论述计算机并非通用机器，以及它们真正的力量来自它们与人类的伙伴关系。我会解释连续统的概念，这是一个在软件中遥不可及且被数字物理学拒绝的概念，但其对于建模物理世界似乎又是必不可少的；我会说明计算机正在与人类一起共同进化；我还会分析作为计算机功能基础的形式化模型的局限性，并阐明人类与计算机之间的伙伴关系比单独的任何一方都要强大。

## 9.1 连续统的概念

在第 8 章，我提到了连续统假设，这是一个未经证明（在某种意义上是不可证明的）的断言，即下一个大于自然数集合 $\mathbb{N}$ 的更大无限集合具有与实数集合 $\mathbb{R}$ 相同的势（大小）。我还提到，集合 $\mathbb{R}$ 的大小与所有决策函数的集合大小相同。

“连续统假设”中的“连续统”一词是一个有趣且具有深刻哲学含义的概念。那什么是连续统呢？直观地说，连续统是一个集合，在这个集合中，一个元素可以“连续地”过渡到该集合中的另一个元素，而不必传递任何集合之外的值。

实数集合是一个连续统。假设我想从实数 3 过渡到实数 4。3 到 4 之间的每个数字都是实数，所以当我经过中间所有这些数字的时候，我从没有离开实数的集合。

有理数集合不是连续统。如果我们再次考虑从 3 过渡到 4 的话，由于数字 3 和 4 都是有理数，所以它们在有理数集合中。但是，如果我试图从 3 连续地过渡到 4，我将不得不经过 $\pi \approx 3.14159\cdots$。然而，$\pi$ 不是一个有理数，所以，要想从 3 连续地过渡到 4，我就必须离开有理数集合。[①] 由此，有理数集合不是一个连续统。事实上，没有可数集合会是一个连续统。由于计算机完全在可数集合的范围内运行，因此连续统也就超出了计算机的范畴。

现在我们可以从哲学的角度谈谈这个问题。物理世界中存在连续统吗？我们来考虑可能的下午时间的集合。假设现在是下午 3 点，它是这个集合的一个元素。当时间从下午 3 点推移到下午 4 点的时候，我是否经过了任何非集合内元素的瞬间呢？我必须假设不是。如果我进一步假设时间的推移是“连续”的，那么我将不得不得出时间是一个连续统的结论。虽然物理学中的大多数模型都假定时间是一个连续统，但一些现代物理学对这一假设提出了质疑。

① 从有理数集合构建实数集合的一种方法是使用戴德金分割，它是以德国数学家理查德・戴德金的名字命名的。戴德金分割是将有理数集合划分为两个不重叠的子集 A 和 B，其中 A 的所有元素都小于 B 的所有元素，且 A 没有最大的元素。所有这类分割的集合都可以与实数集合一一对应，实际上戴德金分割也可以用来定义实数集合。集合 B 可能有也可能没有最小的元素。如果 B 有一个最小的元素，那么这个分割就与最小的元素，即一个有理数相对应，因此也是一个实数。如果 B 没有最小的元素，那么这个分割就与 A 和 B 之间唯一的无理数相对应，这在某种意义上填补了它们之间的“空白”。这一分割阻止了有理数集合形成一个连续统。值得注意的是，这类分割的数量，即戴德金分割的基数，远远大于有理数的数量，这就是康托尔观察到的结果。

物理学家约翰·阿奇博尔德·惠勒是“黑洞”一词的创造者，也是贝肯斯坦在普林斯顿大学的博士论文导师，他写道：

> 在物理学世界的所有概念中，时间的概念对其自身从理想的连续统落入离散的、信息的、比特的世界产生了最大的阻力。（惠勒，1986）

惠勒不知道在没有连续统的情况下如何处理时间。尽管有这些保留的看法，但是，惠勒也是数字物理学的拥护者。数字物理学要求物理世界中不存在连续统。惠勒甚至创造了“万物源于比特（it from bit）”这个短语来捕捉数字物理学的本质。

空间似乎同样需要是一个连续统的概念。如果我站在 $x$ 点，然后移动到 $y$ 点，我会不会穿过一些不在空间中的点呢？我的移动是不是连续的呢？虽然我的感觉似乎表明是这样的，但当我正在推理的时间和空间的尺度小于我的感觉所能感知到的尺度时，我不能相信我的感觉告诉我的。然而，几乎所有的物理学都将空间建模为一个连续统。①

当然，我们现在可以深入讨论一下“连续”意味着什么。但是，我将以数百年发展的科学传统为基础，在这些科学传统中，时间和空间几乎普遍地被建模为连续统。至少，我们必须承认，将时间和空间建模为连续统已经被证明确实是一个非常有用的范式。当然，这些只是模型，所以当我们忠实地避免混淆地图和地域时，我们就不能仅仅因为这些连续统是有用的模型，就断言连续统在物理世界

---

① 一个例外是全息原理，这是弦理论（简称弦论）的一个性质，也可能是由荷兰物理学家赫拉尔杜斯·霍夫特首次提出的量子引力的一个性质。全息原理用低维曲面代替了三维空间的概念，并至少在一种形式上用一种新的确定性理论代替了量子理论。围绕这一理论和相关理论存在着相当多的争议。（斯莫林，2006）

中是存在的。然而，它们作为模型之所以有用，是因为与拒绝连续统的模型相比，这些模型为物理世界提供了更简单的解释。运用英国方济各会修士、学者、哲学家和神学家奥卡姆的威廉（1287 —1347）提出的奥卡姆剃刀定律，那么，在出现相互竞争的假说时，在其他条件相同的情况下，我们应该选择更简单的那个。

我们也可能会质疑物理世界内在是否具有整数的概念，或者更广义地说，是可数集合的内在概念。假设我面前有两个苹果。当然，这两个苹果是不同的、独立的、完整的事物。针对这一观察，我可以说整数运算，如 1 + 1 = 2，是一个物理现实。但真的是这样吗？实际上，一些苹果分子已经逃逸到空气中，所以我能闻到它们的味道。假如我拿把刀削掉一点儿会怎么样？我还有两个苹果吗？如果被虫子吃掉了一小部分呢？如果这两个苹果碰在一起呢？两个苹果的界限在哪里？可以说，这两个苹果是整数的这一概念混淆了地图和地域的所指。用整数对它们进行建模是站得住脚的，因为它是有用的。杂货店的店员可能会数我篮子里的苹果，进而决定要收我多少钱。但这里的整数不就是一个模型吗？杂货店的店员也可以按苹果的重量向我收费。

19 世纪的德国数学家利奥波德 · 克罗内克强烈地批评了格奥尔格 · 康托尔的著作，他的名言是："上帝创造了整数，其余的都是人类的杰作罢了。" 如果我用 "自然" 代替 "上帝"，那么我将不得不得出这样的结论，克罗内克同样可以把它颠倒过来！我们也可以说，"人类创造了整数，其余的都是上帝的杰作罢了"，这句话同样站得住脚。软件是人类有史以来最杰出的构造物之一，软件的一切就是关于整数且只是关于整数的，进而，甚至只是所有可以想到的整数操作的一个微小子集。我们有理由相信，自然世界要比这丰富得多。

如果我们进一步假设 "时间是一个连续统" 这一陈述是关于物

理世界的柏拉图式真理，那么我们必须假定处理连续统的物理系统是存在的。这样做让我感到很不舒服，因为这样做有可能再次混淆地图和地域。连续统的概念是一个数学模型，而不是一个物理现实。但是，软件系统也在模型的世界中运行，而不是在物理世界中。我们知道如何使物理机器（计算机）符合于软件模型。那么，我们能制造出符合于连续统模型的物理机器吗？是的，我们可以做到！例如，机械工程师就一直在这样做。我的洗碗机是一台机器，几乎可以肯定的是，使用连续统对其建模要比将其限定为计算模型更好。

计算机有两个关键的限制。第一，它们只对数字数据进行操作，这会将它们的域限定在一个可数的集合上。第二，它们的操作是算法式的，以一系列步骤的形式执行，且与时间不相关。除非你采用一种强大的数字物理学形式，否则物理世界就没有上面这些约束。例如，第 2 章提到的电阻和电感模型就没有这些特性。然而，它们都可以说是机器的模型。

但是，所有的模型都是错误的，所以，我们使用的电阻与电感模型不仅在第 2 章中我的引用方式上可能是错误的，而且在一个连续统中的操作也可能是错误的。错误的原因在于，这些模型并没有将行为算法式地描述为一系列步骤。数字物理学的倡导者将不得不得出这样的结论——这些模型在这方面是错误的。然而，对我来说，一个只能在整数上运作的电阻或电感的算法式模型一定会很麻烦，它只对计算机模拟有用，且对人不透明。

计算机不会也不可能处理连续统的事实，无法证明没有机器能够处理连续统。此外，连续统并不是唯一比可数集合更大的无限集合。有些集合要比连续统大得多，而另外一些集合又比这些集合大很多。为什么大自然会把自己限制在无限集合中最小的集合上呢？这一观点似乎不太可能，在接受它之前需要有令人信服的证据。我已经论证过，基于香农的信道容量定理，我们不可能通过实证测量来获得这样的证据。在下一节，我将讨论物理系统，包括像人类大脑这样的信息处理系统。相较而言，物理系统更可能是处理不可数集合的机器，而不是计算机。

## 9.2 不可能成为可能

现在，来考虑一个非常简单的气球。我可以把这个气球想象成一台机器，它可以输出一个给定直径的周长。假设给气球充气，直到它最宽的点达到一个特定的直径 $d$，然后在气球最宽处的横截面上得出一个周长。机器的“输入”是直径 $d$，输出是周长。根据圆的基本几何特性，其周长应该等于 $\pi \times d$。如果我将这个机器充气膨胀到 1 英尺[①] 的直径，它会计算出 $\pi$ 的大小。

数字 $\pi$ 不能用有限比特的二进制数表示。因此，一台数字计算机必须永远运行才能输出 $\pi$ 的二进制表示。不管怎样，数字 $\pi$ 仍然是“可计算的”，因为对于任何给定的正整数 $n$，计算机可以计算出 $\pi$ 的第 $n$ 位数字。没有计算机能够在有限的时间内给出 $\pi$ 的所有数字，但是一台计算机可以给出 $\pi$ 的十进制或二进制表示的任意数字。

同样，实际上，存在一个可以描述构成 $\pi$ 的无限数字序列的有限程序。因为这个有限程序“描述”了 $\pi$，所以这个无限序列（通过有限的描述）

是“可描述的”。然而，还有更多的实数是没有计算机程序可以给出其任意数字的。阿根廷裔美国数学家格雷戈里 · 柴廷曾在纽

① 1 英尺 = 30.48 厘米。——译者注

约的 IBM 公司和新西兰的奥克兰大学工作，他开发了一个关于这个数字的优秀示例，并称其为“Omega”或 Ω。Ω 是一个处于 0 到 1 之间的数字，它的二进制表示可以用于解决图灵机的特定二进制编码的停机问题。具体来说，如果我们知道 Ω 的二进制表示的前 $N$ 位，那么我们可以确定所有长度达到 $N$ 位的有效程序是否会终止。因为这个问题已知是不可判定的，所以没有任何计算机程序可以给出 Ω① 的二进制表示的任意比特。

我在前面提到的气球机器并不是想要计算 Ω。但是，无论如何它似乎确实做了计算机不能做的事情。具体来说，它立即输出了 $\pi$ 的一个表示。

我相信，读者们现在要提出抗议了。那些耐着性子读到这里的读者都非常聪明，肯定不会为我的这些雕虫小技所蒙蔽。这个论点有几个问题。首先，气球的周长不会是 $\pi$，因为气球不是柏拉图式的理想气球。它一定会有瑕疵。例如，制作气球的橡胶可能不是完全均匀的，气球并不会形成一个理想的圆。因此，气球最宽的横截面处的周长肯定不是 $\pi \times d$。事实上，如果我们幸运的话，它可能是 $4 \times \Omega \times d$，在这种情况下，我们已经建造了一台能够计算 Ω 的机器。

尽管如此，我还是要坚持自己的观点。的确，气球不会形成一个理想的圆，但它会形成某种形状。如果我们假设这个形状有一个周长，那么这个周长很可能是直径的不可计算的倍数。比起可计算数字来说，不可计算的数字要多得多，因此需要数字物理学来假设气球的实际周长是它的直径的可计算倍数。我不知道气球究竟实现了什么函数，但它似乎很可能实现了数字计算机无法实现的函数。

---

① 柴廷（2005）给出了一个关于 Ω 的可读性强的故事。

但是，请等一等，这个论点还有更多的问题需要探讨。假设气球机器的输入被限定在一个可数集合内，这么假设也许是因为我们接受了数字物理学，那么所有可能的输出集合也应该是可数的。从前一章的论证中我们知道，两个可数集合的并集仍然是可数的。因此，如果输入是可数的，那么气球机器实际上只能基于可数集合进行工作。

假设气球是理想的，在给定任何直径 $d$ 的时候，它的周长将精确地为 $\pi \times d$。如果 $d$ 属于一个可数集合，那么我可以很容易地想出一个二进制编码来处理这台机器的所有输入和输出。例如，假设我的二进制编码是这样的，以零开头的任何比特序列都被解释为整数，其中第一个零之后的比特直接编码这个整数。例如，00 表示 0，01 表示 1，010 表示 2，011 表示 3，以此类推。进一步假设，在我的二进制编码中，以 1 开头的任何比特序列都被解释为 $\pi \times n$，其中 $n$ 是这个开头的 1 之后的二进制数。例如，10 表示 $\pi \times 0=0$，11 表示 $\pi$，110 表示 $2\pi$，以此类推。现在，我拥有了一台可以用来实现气球机器编码的计算机。

计算机科学家区分了语法和语义，前者指事物的书写方式，后者指事物的意义。计算机转换比特模式，仅是对语法进行操作，且被限制在语法对象（比特序列）的可数集合中。然而，观察这些比特序列的人并不局限于对这些对象的可数的解释。将 110 解释为 $2\pi$ 是人的行为，而不是计算机的行为。是人为语法 110 赋予了语义。实际上，比特序列可以表示整数、实数、文本或任何东西。我们甚至可以对情感进行编码。我可以声明，比特序列 01010 表示“快乐”，并编写一个产生并输出“快乐”的程序。但是，这是否就意味着计算机是快乐的呢？

语义是一个语法对象（如比特序列）集合和一个概念集合之间

的关联。数字是概念，所以对比特序列的一种可能的语义解释是二进制数。然而，还可能会有许多其他的解释。事实上，并没有充分的理由假设可能的解释的数量是可计数的。使计算机如此有效、对人类如此有用的，是我们可以为比特序列指定许多可能的解释。计算机与人类的伙伴关系才是计算机的真正力量来源。

但是，如果人类就只是计算机呢？如果我们假定一种强大的数字物理学形式，那么人类就是计算机这一论断最终肯定是成立的。即使我们不假设数字物理学的合理性，许多聪明的人也相信人类的大脑实际上就是软件。艾伦·图灵是这一观点的坚定拥护者。在这种情况下，语义必须以某种方式简化为语法，并且所有语义解释的集合必须是可数的集合。

这个想法让我们再次回到之前的一个问题——是否存在机器可以实现比图灵定义的“计算”函数更多的函数呢？如果这是不可能的，那么人类的大脑这台机器就必须执行计算。因此，它必须被限定在一个可数的世界里运行。但如果这是可能的，这个世界就会更加的丰富，而且创造力就会没有限制。

让我们再次回到气球机器。如果我把气球充气到直径 $d$=1 英尺[①]，那么这台机器输出的周长是多少？实际上，输入是什么呢？我们怎么知道直径正好是 1 英尺呢？如果我们想要一组数字，那么我们就有一个潜在的激光干涉引力波天文台规模的问题。也许我们会向美国国家科学基金会提交一份 11 亿美元的提案，以资助一个研究项目来进行这项测量。推测起来，如果我们得到了资助，就可以招募 1 019 名从事重力波测量的科学家和工程师来测量气球的直径与周长，其精确度远低于质子的直径。但是，这只是用另外一种形式来

---

① 1 英尺 = 30.48 厘米。——译者注

表示信息。这些信息已经在气球中以一种完全充分和特别经济的形式被表示出来。但这种形式的问题是，我们人类不知道输入是什么，输出是什么，也不知道这台机器会计算什么函数！

为比特序列指定相应的语义是很容易的，例如我宣布 010101 代表“快乐”，111000 代表“阳光”。我进一步假设，我有一台正在运行程序的计算机，给定输入 111000 时会输出 010101。这台计算机根据输入的“阳光”输出“快乐”。从定义上看，这是完全正确的。然而，气球机器的问题更大，因为我不知道输入、输出或正在计算的函数。

如果我们连一台机器最终能实现什么功能都不知道，那么它还有什么用呢？我的意思是说，我们不应该感到惊讶，因为我们确实不知道它要实现什么样的功能。我们也许可以假定，“知道”这个功能意味着，我们可以用某种数学或自然语言来描述该功能。[①]我们需要考虑，任何书面的数学或自然语言可能都无法描述绝大多数具有数字输入和输出的功能。这是因为任何这样的语言中的每个描述都是由有限的字符组成的一个字符序列，因此这些描述的总数就是可数的。但是，还存在更多的功能，所以不可能用任何一种语言对所有函数进行描述。事实上，任何语言都只能描述它们的一个很小的子集，一个可数的无限子集。那么，一个功能是否需要是可描述的之后才能是有用的呢？

汽车是一种机器，其功能是载我移动一段距离。为了使用这台机器，我并不需要去测量那段距离的长度。事实上，对气球周长的任何测量都只是将输出信息转换成另一种形式而已。这个气球向我

① 1964 年，美国最高法院大法官波特 · 斯图尔特将他在雅各贝利斯诉俄亥俄州一案中对污秽内容的门槛测试描述为：“我一看就知道。”由此，“知道”某物与能够描述它并不是一样的，这个概念被人们永远地记住了。

们提供的原始形式有什么问题？如果我坚持把周长作为一个十进制数写在纸上，那么我已经把这个问题强行带入数字计算机领域了。

此外，如果假设每个测量都是有噪声的，那么根据香农的信道容量定理——第 7 章的方程（4）——可知，即使底层的物理系统包含更多的信息，测量也只会得出有限比特的信息。但是，我并不需要测量或写下我的车载我的距离，以由此获得价值。我也不需要测量或写下气球周长的数值，以断言这个周长是由气球机器产生的。

电感就是一个不能以软件实现的机器的极为简单且更为实际的例子，如第 2 章所述。假设机器的输入是电压，输出是电流。方程（256）所表示的法拉第定律给出了输入和输出之间的关系。按照法拉第定律，这个电感实现了一个不能有效计算的函数，因此无法在软件中被实现。事实确实如此，因为输入和输出都存在于一个连续统中。即使输入来自一个可数集合，根据法拉第定律，随着时间的推移，输出值的数量也会是不可数的。

要想断言电感不是信息处理机，我们可以尝试断言用电压或电流来表示信息是无效的。因为如果所有的计算机都用电压和电流来表达信息，我们整个信息处理机的世界就会崩溃。或者我们也可以断言，连续统中的一个值并不代表信息，因为它不能用有限数量的比特进行编码。正如我在第 7 章中解释过的，把连续统中的值解释为信息是完全有效的。

要断言电感实际上是图灵计算，我们就不得不拒绝法拉第定律，开始对电子计数并离散化时间。这种做法不会产生任何有用的模型。

正如我在第 2 章指出的，电感实际上是不可实现的。但就像我的气球一样，任何我称为电感的物理装置实际上就是一台机器，其以产生电流对输入电压做出反应。不能仅仅因为没有一台机器的精确模型就断言不存在这样的机器。它是一台信息处理机，我只是不能确切地知道它实现了什么功能。

即便我的确知道我的机器在执行输入—输出功能，即便我能够用计算机任意地逼近那个功能，我仍然不能得出结论——我已经捕获了这台机器的所有重要属性。输入和输出的关系可能是不充分的。我将在下面的内容中研究这个问题。

## 9.3 数字灵魂？

如果我们连一台机器的输出或者它要计算的功能都不清楚，那么我们又怎么知道这台机器到底好在哪里呢？现在我要给出一个真实世界里极其有用的信息处理机示例，它具有无法从外部观察到的特性，并且具有可能无法描述的一些功能，它就是人类的大脑。人类大脑的功能之一是产生意识。我很清楚这个事实，因为我也有大脑。我们所指的“意识”恰恰就是我以意识所体验的。用塞尔的话来说，“命名现象的概念本身就是这个现象的组成部分”。

然而，我的大脑所产生的意识，除了我自己，任何人都无法直接观察到。我的意识是我的大脑特有的产物，就如同气球的周长一样。任何想要从外部对它进行测量的努力都是徒劳的。无论我的意识能否被观察到，我都知道它是存在的。我不接受任何置疑它存在的观点。“我思故我在。”这是 17 世纪法国哲学家、数学家和科学家笛卡儿的名言。否认我的意识是存在的就是否认存在本身。如果我们否认外部无法观察到的属性是重要的这一观点，那么我们将被迫得出这样的结论——意识不是大脑的重要属性。我并不乐意这样做。

意识与理解、推理、学习、知觉和记忆一样，是大脑诸多认知功能中的一个。在这些功能中，推理似乎最接近计算。很显然，人脑能够进行某种适度形式的图灵计算。在我们的头脑里，我们可以执行与第 4 章所讨论的逻辑门相同的功能。我们有记忆，并且我们能够按照逐步的方案执行，从而模拟一台执行程序的计算机。但是，我们实际上并不擅长这类计算，至少在我们有意识地这样做的时候并不擅长。一台计算机执行第 4 章提到的逻辑功能的速度是每秒钟 40 亿次，并存储数十亿字节。人类的大脑显然无法与之匹敌。

人类的大脑做了许多我们不知道是图灵计算的事情。以人脸识别为例，这是计算机现在才开始擅长做的事情。计算机在人脸识别、自然语言理解以及语音识别等方面的优势，使得今天的许多工程师和科学家得出这样一个结论：人类的大脑一定是通过执行图灵计算来完成这些工作的。这是一次信念的飞跃吗？

有证据证明，大脑中包含有类似数字计算的一些机制。沃伦·麦卡洛克和沃尔特·皮茨在 20 世纪 40 年代的开创性工作表明，基于具有二元性质的、不同且可识别的激发，神经元离散式地进行活动。这个二元性质在于，要么激发要么不激发。沃伦·麦卡洛克和沃尔特·皮茨认为，任何神经元网络的行为都可以通过完全不同的网络来精确复制。他们还认为，神经元的功能能够用命题逻辑进行描述，因此，同一个逻辑的任何实现都将会执行这些神经元所执行的相同功能。假如果真如此，那么从理论上讲，我的意识就有可能被传递给我的大脑之外的某台物理机器。然而，神经元激发的逻辑是否完全构成了意识，这还是值得商榷的。例如，沃伦·麦卡洛克和沃尔特·皮茨的模型假定这些激发的定时与它们执行的功能无关。这一想法似乎是不太可能的。

20 世纪 60 年代，哲学家希拉里·普特南提出了不同结构可以实现相同功能的观点，并称这一原理为“多重可实现性”。比克尔（2016）是这样进行描述的：

> 在心灵哲学中，多重可实现性论题认为，一个单一的精神类型（属性、状态、事件）可以由许多不同的物理类型来实现。

根据这一原理，一组精神状态并不那么依赖于它们所赖以发生的硬件（大脑），因为相同状态的其他实现也能实现相同的功能。换句话说，精神状态就类似于软件。同样，可以引申出这样的结论：这些相同的状态可以在计算机中被实现。这就要求计算机要么是通用信息处理机，要么要求大脑被限制在计算机能够实现的同一类功能上。

DNA（脱氧核糖核酸）中独特的数字编码似乎强化了多重可实现性这一论题。DNA 使用了四碱基编码，而不是二进制编码，但它仍然是数字化的。DNA 分子由一对核苷酸链组成，其中的每个核苷酸由四种碱基中的一种组成。数字遗传密码用于合成新的人类个体，并且使人类实现认知。那么，这是否意味着认知是用数字编码的？

你的后代可能和你拥有同样颜色的眼睛，但他们完全有自己的思想。正如乔治·戴森在《图灵的大教堂》一书中指出的那样，“自我复制的问题从根本上说是一个通信的问题，信息在一个有噪声的信道上，从一代到下一代”（戴森，2012:287）。现在我们回顾一下 7.4 节香农的信道容量定理，即方程（4），它指出一个有噪声的信道每次只能传递有限数量的比特信息。考虑这一限制，在遗传物质中编码超过有限数量的比特是没有意义的。原因在于，这些信息无论如何都不会通过有噪声的信道。非数字化的 DNA 没有任何意义。

根据信道容量定理，只有可以用有限数量的比特进行编码的那些特征才能代代相传。如果心智，或者诸如知识、智慧、自我意识之类的心智特征不能用有限的比特数编码，这些特征就不能被我们的后代继承。当然，DNA 不能编码心智，因为你后代的心智不是你的，甚至不是你亲生父母的心智的组合。刚出生的婴儿没有完全的心智，它是后来才慢慢出现的。

如果心智的运作和特性需要超越数字的机制，那么心智就不能通过任何有噪声的信道来传递。你的心智完全是你自己的，它不仅不能传递给你的后代，也不能传递给任何事物。除非我们能发明一个无噪声的信道，否则它将永远不会驻留在其他硬件中。生物遗传还不能提供一个无噪声的信道。因为如果真的能提供，那就不会有变异，不会有进化，不会有人类，我们也就根本没有思想了。基因遗传必然是数字化的，但是，心智的形成不仅仅来自遗传。

尽管 DNA 是数字化的，并对如何构建大脑进行了编码，但心智并不仅仅来自大脑，除非你在经典的先天与后天的辩论中采取了极端的立场。心智的形成很大程度上受到所处环境、语言、文化和教育的影响。尽管大脑包含了一些类似于计算机的二进制操作，但如果时间很重要的话，那么即使是二进制反应也不是纯算法式的，不像计算机那样，以逐步的离散状态变化序列的方式进行。最终，我们不得不说，我们对神经生理反应的了解还不够，还不能断定它们都是纯二进制的和算法式的。因为我们还有许多其他因素需要考虑，例如药物、噪声、营养等因素对心智的影响。

约翰·道格曼，剑桥大学专攻计算机视觉和模式识别的计算机科学教授，他在文中写道对大脑的技术性隐喻可以追溯到古希腊：

> 从当时的技术经验来看，关于大脑和心智的理论特别容易受到当时零星的重塑的影响。（道格曼，2001）

他谈到了“弗洛伊德关于无意识的液压式[①]构建”，笛卡儿、霍布斯和许多其他思想家的钟表隐喻[②]，以及来自不同作家的蒸汽机隐喻。他说，历史是“在今天理解了大脑原来是一台计算机之后，跌跌撞撞地走向必然的顶点的过程”。

然后，道格曼批评了一些研究人员，他们“明确要求我们不要仅仅将计算当作当代的隐喻，而是应该把它作为对大脑功能的文字性描述”。这一观点实际上将“新隐喻的激活效果”变成了“太字面、太意识形态或太长时间地拥抱一个隐喻所带来的弱化效果”，他得出如下结论：

> 虽然计算隐喻似乎通常具有一个已确定的事实地位，但它应该被看作关于大脑的一种假设性的、历史性的推测。
>
> ……
>
> 今天，在认知和神经科学中对计算隐喻的应用是如此广泛和自然，以至它看起来更像社会学和科学史中经常能看到的一种流行现象，而不像是一种创新性的飞跃。现在存在一种倾向——用计算的术语重新表述每一种关于心智或大脑的每一个论断，即使有时候很难找到合适的字眼或者需要暂时放弃我们质疑的态度。

戴维·多伊奇是数字物理学的坚定拥护者，他也认为，今天构建的软件无法实现认知功能，他将其称为“通用人工智能”(AGI)：

> 通用人工智能尚无法用任何足以编写其他类型程序的技术来编程。也

---

① 弗洛伊德的液压模型认为，各种精神压力不断堆积于人的心灵深处，如果缺乏合适的释放渠道，就有可能突然爆发。现代心理学认为这种说法明显是错误的。大脑并不是通过液压现象或者能量流动来工作的，而是通过信息处理。——译者注

② 钟表隐喻在科学革命中具有本体论的地位。笛卡儿、玻意耳、莱布尼茨等将世界视为钟表，将上帝视为钟表匠。——译者注

不能仅仅通过提高程序在当前执行的任务上的性能来实现，无论提高多少。（多伊奇，2012）

多伊奇以 IBM 公司的超级计算机沃森为例。沃森在 2011 年击败了美国智力竞赛节目《危险边缘》的前两届冠军布拉德·鲁特和肯·詹宁斯。他认为，沃森并没有“模仿人类的思维过程”。他指出，“任何《危险边缘》的答案都不会发表在发布新发现的杂志上”，而原则上，鲁特和詹宁斯都有能力提出可以被发表的答案。多伊奇重申了我的观察，即认知涉及不能从外部观察到的过程。他认为，“通用人工智能程序的相关属性不只是包含其输入和输出之间的关系”。

但是，多伊奇并不是说用计算就无法实现通用人工智能。相反，他是在说，我们不知道如何用计算来实现它。事实上，多伊奇声称已经证明了通用人工智能在原则上是可以通过丘奇-图灵计算来实现的。他的证明依赖于“量子计算理论”（很难理解的物理学理论），表明物理世界中的一切“原则上可以被一台通用计算机上的某个程序以任意精细的细节来模拟”。

但是如果你断言在“任意精细的细节”上模拟某个事物就等同于真正实现了它，那么你还必须断言有理数和连续统之间不存在意义上的任何区别，尽管康托尔观察到的实数比有理数要多得多。给定一个随机选取的实数，它是有理数的概率是零，但你可以用有理数任意地逼近它。[①] 我相信连续统与可数集合在性质上是不同的。在第 10 章，我将给出一些实际系统的简单示例，在这些系统中，“任意精细的细节”上的模拟根本无法完全捕捉到系统的本质特性。

① 请参阅第 11 章，讨论某事物的概率为零到底意味着什么。

在《皇帝新脑》一书中，彭罗斯更进一步论证了意识不能用已知的物理定律来解释。彭罗斯认为，心智不是算法式的，一定是在以某种方式利用量子物理学迄今为止尚不为人所知的特性。我正在提出一个不那么激进的论点，我认为心智不是数字化的和算法式的，即使它完全可以用已知的物理定律来解释。

艾伦·图灵提出了“图灵测试”，以确认一个计算机程序是否实现了认知功能。在这个测试中，人类评估者会观察另一个人和一台编程产生类似人类反应的计算机之间的自然语言对话。评估者会意识到这两个伙伴中的一个是一台计算机，但不知道哪一个是。图灵说，如果评估者不能确定地区分计算机和人，这台计算机就被认为通过了测试。

在第 11 章中，我将研究这个测试大致可以告诉我们关于计算机的什么能力。就目前而言，很明显，如果意识不是外部可观察到的，图灵测试就不能告诉我们计算机（甚至是人类）是否有意识。

同样的问题出现在大脑的其他功能上，例如爱、共情和理解。塞尔提出一个著名的论点，即“中文房间（或华语房间）论点”：没有一台像计算机那样按照算法逐步执行的规则进行操作的机器能够理解自然语言。

中文房间论点是这样的。假设你不懂中文，无论是书面语还是口语（我相信至少塞尔是这样的），你被锁在一间只有一扇小窗户和一本规则手册的房间里。房间外面有个懂中文的人，他递给你一摞上面有中文的卡片。这些卡片用中文讲述了一个故事，然后问一个关于这个故事的问题。你拿起第一张卡片，在你的规则手册中找到一个匹配的符号和一条规则，它们能告诉你如何处理这张卡片。例如，你可以将这张卡片放在桌子的某个特定位置。你的房间里也有一些卡片。规则手册偶尔也会告诉你，在这些卡片中找出一张卡片，然后把它放进你将从窗户递出去的一摞卡片里。同样，你会检查所有递给你的卡片，直到那规则手册告诉你任务已经完成了。然后你把自己的那一摞卡片递给窗外的那个人。

塞尔问了一个简单的问题：房间里的你明白这个故事吗？你对有关这个故事的问题的回答很可能会让外面的观察者得出这样的结论——事实上你确实理解了这个故事。然而，塞尔指出，你自己是不可能得出那个结论的。

在这种情况下，你在房间里的行为完全像是一台计算机。计算机（和图灵机）所执行的算法式计算正是这种性质的。如果你就是这台计算机，那么无论你的规则手册有多好，不管你的答案有多么令人信服，你都没有达到我们所说的“理解”。我们甚至可以将这个思维实验进行拓展，方法是提供无限的带有预先印好符号的纸片，并给我们一台拥有无限内存的计算机，而结论仍然不会发生任何改变。

塞尔的论点引起了相当大的争议。人工智能（AI）领域的研究人员对此感到非常不满。随之而来的是很多抗辩和反抗辩，其中有些观点非常有趣。读者可以去谷歌上查一查。

我的论点有所不同，但它让我相信塞尔的结论可能是正确的，即使你不相信他的论点。功能比计算多得多，所以自然界中任何给定的功能并非都可以真正地执行图灵计算，因为确实没有足够多的可能的计算。

这并不是说软件无法完成大量的任务。有些人，例如美国计算机科学家和未来学家雷·库兹韦尔，已经预言了一个“奇点”，在这个点上，失控效应会占据主导地位。那时，计算机在控制或理解其行为方面将超过人类。库兹韦尔可能是对的。我希望不是，但我所说的一切都不会使这成为不可能。

然而，我要说的是，今天我们所知的计算机不可能实现类人的智能，也就是我所说的数字灵魂和塞尔所说的强人工智能。我相信我们永远不会把计算机当成我们的兄弟姐妹，我们永远无法将我们的灵魂上传到它们那里，即使有一天它们的能力最终能够在任何或所有维度上都超过人类的大脑。当然，未来的软件和硬件形式很可能会有全新的特性，所以我不能对它们能完成什么或不能完成什么做出任何的臆断。

## 9.4 共生的伙伴关系

类人的数字灵魂这一想法，如数字物理学，实际上就是一种范式转换。也许，这个想法正等待着像我这样的怀疑论者消失。事实上，我相信它低估了我们可以以及将要用计算机做的事情。按照我们自己的形象塑造它们，可能具有《圣经》般的吸引力，因为上帝是按照他自己的形象塑造人类的。但是，想要充分利用它们的互补能力是不太可能的。

我提到过，谷歌让我更聪明，维基百科也是如此。谷歌的联合创始人谢尔盖·布林说过，“我们希望谷歌能够成为你的大脑的第三个组成部分”（塞因特，2010）。如果真正发生的是人与机器的共同进化，其中每一方都因为另一方的存在而变得更适合生存或更有可能繁衍后代，那该怎么办？

谷歌和维基百科都可以做人类无法做到的事情。正如我们在第 5 章中看到的那样，它们以数据和软件的形式存在于云那庞大的服务器群中。它们具有一种生命形态的特征，就像我们在第 1 章中看到的那样，在维基百科的免疫系统中，虚拟机器人 ClueBot NG 就像淋巴细胞一样能够迅速杀死恶意破坏者。甚至是互联网也有免疫系统，有能力通过路由绕过受损区域。这些机器都具有神经系统的特征，“做梦”就是索引、组织以及机器学习。难道我们是在扮演上帝的角色，按照我们自己的形象去创造一种新的生命体形式？或者，我们是在被达尔文式的共生新物种进化摆布？还是如同第5章所述，人类是一个变异的“噪声信道”的提供者，通过将程序重组和变异为新的软件促进软件生命之间的融合与进化？

乔治·戴森在《图灵的大教堂》一书提出共同进化的问题。他把谷歌的上百万台服务器说成是“群体的、多细胞动物的有机体”。他指出，“培育（这些服务器）的公司和个人都得到越来越丰厚的回报”，而“在那些不能利用机器来工作的人群当中，失业的情形是普遍存在的”。然而，不能简单地将这一切看作是机器对人类的奴役。其实人类在这个过程中也在进化。“脸书定义了我们是谁，亚马逊定义了我们想要什么，谷歌定义了我们的想法是什么。”（戴森，2012:308、325）

在我看来，毫无疑问，人类正在与计算机共同进化。如果计算机和软件形成了有机体，那么它们就会依赖于我们来繁衍后代。我们提供照料服务并充当助产士的角色。作为交换，我们依靠它们来管理我们的金融、商业和交通系统。更有趣的是，这些机器使人类在传播软件物种的“畜牧业”方面更加高效。对半导体物理进行详尽的软件模拟可以得到更小、更低功耗的晶体管。计算机辅助设计软件使人类能够设计具有以十亿计晶体管的芯片。编译器将人类可读的代码转换为机器可读的比特。谷歌使人类更容易修复机器出现的问题（只需要搜索错误信息），将我们变成了机器自己的治疗代理。软件创新推动了硅谷的创业文化。在硅谷，软件只有在公司生存和发展的情况下才能不断地生存和发展，反之亦然。

但是，不仅仅是人类使机器的工作更有效率了，这些机器也使人类的生活效率更高，生存能力更强。汽车正在学习避免撞车。助听器、心脏起搏器和胰岛素泵等装置都可以弥补我们身体上的缺陷。信用卡公司的计算机可以阻止欺诈性交易，从而减少或避免社会损失。数据挖掘开始能够检测疾病的传播，比如 SARS（重症急性呼吸综合征）和 ZIKA（寨卡病毒）。谷歌的搜索系统让你的医生更容易找到在人类病理中表现出相同症状组合的病例，将计算机转化为我们自己治疗中的代理。正如戴森观察到的那样，"大型计算机正在尽其所能，使人类共生体的生活尽可能舒适"（戴森，2012:313）。

戴森进一步提出一个我们不能忽视的问题：

> 我们利用数字计算机来排序、存储和更好地复制我们自己的遗传密码，从而优化人类，或者数字计算机正在优化我们的遗传密码和思维方式，以便我们能够在复制它们的过程中进行更好的协助？（戴森，2012:311）

实际上，戴森在这里问的是有关计算机的目的性的问题。然而，共同进化在本质上并不需要目的论，那么为什么在这种情况下却需要呢？

共同进化正在发生，在这个过程中，计算机和人类都变得越来越有能力。就像自然界中的许多共生关系一样，即便没有出现戴森所要求的基因操控，这种伙伴关系也能使合作方变得更强大。维基百科仍然会让我更聪明，即使我与生俱来的 DNA 并没有发生改变。末日预言者担心人类最终会变得无足轻重，总有一天，机器会取代或奴役我们。这种担心不一定会发生在自然界的共生关系之中，所以为什么要担心它会在人类与计算机的共生关系中发生呢？即使是历经了百万年，地衣中的真菌也没有杀死藻类。相反，人类与机器之间更强的联系和相互依赖可以创造出更强大的生态系统，例如，安德烈娅·武尔夫所说的互联的“大自然”的概念，这个概念是由亚历山大·冯·洪堡发明的（见第2章）。

进化是一个自然的过程。盲目地害怕这个过程是没有意义的。如果我们了解正在发生的事情，我们就可以引导它朝着理想的方向发展。在我看来，创造类人数字灵魂并不是一个理想的方向。幸运的是，这可能是无法实现的，至少用今天的计算机设计是不可能实现的。相反，促进人与机器伙伴关系的真正力量来自它们的互补性。

要理解这种互补性，我们就必须了解这两个伙伴的根本优势和局限性是什么。软件被限定在一个形式化的、离散的和算法式的世界里。人类通过语义的概念连接到那个世界。我们给比特赋予含义。在下一节中，我将探究软件世界的基本限制，以及人类与计算机之间的伙伴关系如何才能够克服这些限制。

## 9.5 不完备性

软件被限制在一个可数的、算法式的世界里。但人类并没有那么受限制，并且通过语义的概念可以以不可数的各种方式来利用可数的软件世界。然而，这些限制仍然存在。因为科学思维力求严谨，必须建立在坚实的、可证明的基础之上。数学为严谨的科学思维提供了框架。然而，事实证明，正是对严谨性的追求产生了与图灵在计算中所发现的同样类型的不完备性问题。

1931年，年仅25岁的库尔特·哥德尔发表了他著名的不完备性定理。他的定理结束了以德国数学家戴维·希尔伯特的名字命名的希尔伯特问题长达数十年的努力。希尔伯特问题是希尔伯特在 20 世纪初提出的，旨在把数学作为一种建立在坚实基础之上的正式语言。

斯蒂芬·霍金在贝肯斯坦上限以及数字物理学议题的发展中发挥了主要作用。2002 年，霍金通过一个语音合成器进行了一次精彩的演讲（霍金, 2002）。在演讲中，霍金引用了哥德尔定理。他认为，这个定理不仅仅结束了与数学相关的希尔伯特问题，它们也可能会结束科学中的实证主义议题。在该议题中，每一个物理理论都是等待被发现的柏拉图式的真理。他对实证主义哲学做出如下解释：

> 在科学哲学的标准实证主义方法中，物理理论生活在柏拉图式的理想数学模型的天堂里。（霍金，2002）

他对哥德尔的观点做出如下评论：

> 哥德尔定理与我们能否用有限数量的原理来表述宇宙理论，这两者的联系是什么？其中的一种联系是显而易见的。根据实证主义科学哲学的观点，一个物理理论就是一个数学模型。因此，如果有一些数学结果是无法被证明的，就意味着有一些物理问题是无法被预测的。

正如我们将要看到的那样，哥德尔定理告诉我们，在任何（相容的）形式系统中，有些命题不能被证明为真或为假。所以霍金说，假定有一些建模物理世界的形式化体系，那么不可避免地，我们无法知道这些形式化体系中的某些说法为真还是为假。这个结论可能会让那些为了大统一理论这个终极目标而奋斗终生的科学家感到非常失望。但是，霍金还是给出如下这个更为乐观的结论：

> 如果没有一个能够用有限数量原则加以表述的终极理论，那么有些人一定会感到非常失望。我曾经属于那个阵营，但是，我已经改变了主意。我现在很高兴，我们对理解的追求永远不会终结，我们将永远面临新发现所带来的挑战。没有这样的追求和挑战，我们就会停滞不前。

霍金的这个结论，重申了我的观点——科学家和工程师一样，他们的使命永远不会完结。虽然我们可以看出的每一种形式化体系都有其局限性，但是可能的形式化体系是层出不穷、没有尽头的。理论创新的空间永远存在。

要理解哥德尔的结论，我们首先需要理解霍金基于“有限数量原则”的表述是指什么。这依赖于形式语言的概念。在详细解释什么是形式语言之前，我先举一个简单的例子，一种被我称为 *X* 的语言。就像任何一种书面自然语言一样，形式语言中的句子就是一个字母表中的字符序列。*X* 语言有一个小的字母表，它只有一个字母 *x*。因此，在这种语言中，可以表达的句子是 *x* 的任意序列，如“*xxxx*”。我们不能用 *X* 语言进行太多的描述。如果我用 *X* 语言来写这本书，那么这本书的内容一定会无聊透顶。

一种形式语言会有一套公理，公理就是在语言中定义为真的命题。[①] *X* 只有一个公理，它断言命题“*xx*”为真。在一种形式语言中，你不能反对公理。因为从定义上讲，这些公理是真的。所以当我说“*xx*”时，你是否相信我其实并不重要。但当我用 *X* 语言说“*xx*”的时候，它就是真的。这一点请不要与我争论。

一种形式语言会有一套推理规则，它们可以将一个或多个为真的句子转换成另一个为真的句子。*X* 语言只有一个推理规则，即如

① 一个能判断真假的句子是一个命题。公理是无须证明的真命题，定理是需要证明的真命题。——译者注

果某个句子 $S$ 为真，那么新的句子 $Sx$（只是给 $S$ 添加一个 $x$）也为真。例如，如果“*xxx*”为真，那么“*xxxx*”也为真。

*X* 语言中为真的句子是什么？这个问题很简单。这些为真的句子有“*xx*”“*xxx*”“*xxxx*”等等。唯一不知道是真是假的句子是“*x*”，而且，如果语言中包含空句子，那么不知道是真是假的还有空句子。

我们来总结一下目前所掌握的内容：一种形式语言有一个组成句子的字母表，一组（最好是较小的）公理，和一组（最好是较小的）推理规则，这就是全部了。更有趣的形式语言将有一个更大的字母表，例如，可能包括表示数字加法和乘法的字符 + 和 × 。推理规则可以包括一些基本的逻辑规则，例如，“如果你知道句子 $A$ 和 $B$ 中至少有一个为真，并且你知道 $A$ 是假的，那么你可以得出 $B$ 为真的结论”。几乎所有的数学都可以用这种形式语言来表达，包括直接处理连续统的数学。

形式语言对证明有明确的概念。证明就是表明一个特定结束句子为真的一个真句序列。这个序列从假设为真的公理开始，然后是使用推理规则构造的句子。序列中的最后一个句子就是为该证明所证明的句子。希尔伯特问题的目的就是找到一种形式语言，它可以证明所有的数学真理且不存在矛盾（即不能证明那些为假的句子）。

更确切地说，如果一种形式语言中的每个命题都能被证明为真或者为假，那么这种语言就是完备的。如果没有一个命题能被证明既真又假，那么这种语言是相容的。希尔伯特恰恰是要寻找一种既完备又相容的数学形式语言。

在 *X* 语言中，每一个至少有两个 $x$ 的句子都有一个证明。例如，句子“*xxxx*”的证明是句子的序列（“*xx*”“*xxx*”“*xxxx*”）。这是一个证明，因为它以一个公理开始，以一个被证明的句子结束，而且使用推理规则从一个句子推出下一个句子。然而，在 *X* 语言中无法

构造出至少有两个 $x$ 的句子为假的这样一个证明，所以 $X$ 是相容的。但它是完备的吗？

句子“$x$”没有任何证明，但也没有证据证明它为假。事实上，在 $X$ 语言中，我无法构造出“句子‘$x$’为假”这样的句子。我只会构造一些相当无聊的句子，如“$xxxxxxx$”。

因此，这种语言不可能具有“$x$”为假的证明。由此，$X$ 是不完备的，除非我用另一个公理去扩展它，即“$x$”是假或真。在 $X$ 语言中，句子“$x$”既非真也非假。我必须跳出 $X$ 语言，给“$x$”赋一个真值。

如果一种形式语言可能有一些既非真也非假的句子，那么一个句子为“真”意味着什么？这个问题已经困扰逻辑学家一段时间了。解决这一难题的一个可能途径是将“真理”的概念等同于存在一个证明。事实上，这是一种叫作“直觉逻辑”的逻辑形式。具有讽刺意味的是，这种逻辑形式并不十分符合直觉。在直觉逻辑中，一个句子只有在有证据证明它为真时才为真；只有在有证据证明它为假时才为假。在这种逻辑下，在 $X$ 语言中，“$x$”句子既非真又非假。直觉逻辑拒绝“排中律”，这是古典逻辑中的一种公理，它断言任何句子都必须要么为真要么为假。它以一项建设性原则取代了公理，该原则规定，真理或谬误是对那个真理或谬误进行有效证明的结果。

直觉逻辑是解决这一问题的一种相当严苛的方法。其实，我们可以采取一种更实用的方法，那就是简单地接受这样一个事实：我们有时也不得不以某些直觉或不言自明的命题作为真理，即使我们没有证据证明。换句话说，我们可能需要假设一些柏拉图式的善的元素。

后来移居美国的波兰裔数学家阿尔弗雷德·塔尔斯基在 1936 年指出，没有一种形式语言已经丰富到足以满足希尔伯特问题的要求，因为它无法完备地定义自己的真理概念。实际上，要谈论在一种形式语言中某些句子的“真理”，你可能必须先跳出该形式语言，并使用塔尔斯基所说的“元语言”。这种“真理的不确定性”被认为是塔尔斯基最先提出的观点，但实际上这个观点已经出现在哥德尔自己的研究结论中，因此将其归于哥德尔可能更适合。尽管如此，塔尔斯基还是明确了这一概念，并使它获得了更广泛的了解和理解。现在我们来看看下面这句话，我把它称为“哥德尔语句”：

这个句子没有证据证明。

假设这个语句可以用某种形式语言来表达（很显然，*X*语言还不是一种足够丰富的语言）。如果这个语句为真，那么这种形式语言不可能是完备的，因为至少有一个语句，即哥德尔语句，为真且又没有证据证明。如果这个语句为假，那么这种形式语言不可能是相容的，因为如果这个语句是假的，那么它会有一个意味着这个语句为假的证明。因此，任何可以表达哥德尔语句的形式语言都不可能既是完备的又是相容的。

请注意，我并不需要确定哥德尔语句为真还是为假。按照塔尔斯基的说法，这需要我使用一种元语言。如果句子为真，那么语言是不完备的。如果句子为假，那么语言是不相容的。无论如何，我已经证明，没有一种可以表达哥德尔语句的语言可以满足希尔伯特问题。

显然，你可能已经注意到了，有一个办法可以解决哥德尔语句所引发的难题，那就是我们要尽量避免使用任何能够表达哥德尔语句的语言！那么，有这样的语言吗？当然有了。*X*语言就是这样一种语言。但是*X*语言不能满足希尔伯特问题的要求，原因在于它对数学的表达太有限。请注意，它可以表示一小部分数学关系。例如，我可以把句子“*xxx*”解释为自然数 3。所以我可以用 *X* 语言表示所有的自然数（我可以把这个空句子解释为零，因为其不表达任何意思）。但是这种语言让我无法表达诸如“*xxx*+*xx*=*xxxxx*”这样的句子，因为符号 + 和 = 并不在其字母表中。在 *X* 语言中，我唯一能构造的句子只有 *x* 的字符串。

希尔伯特对 *X* 语言一定不会感到满意。那么还有什么别的语言能让他满意吗？令众多抱有乐观态度的数学家大失所望的是，哥德尔指出，任何足以描述自然数加法和乘法的形式语言，实际上都可以构造哥德尔语句或逻辑上与之等价的句子。因此，任何有潜力能够应对希尔伯特问题的形式语言要么是不完备的，要么是不相容的，这就是哥德尔第一定理。同样发表于 1931 年的哥德尔第二定理表明，没有一种形式语言足以证明它自身的相容性。你必须跳出该语言，并使用元语言来构造任何这样的证明。

哥德尔语句似乎很聪明、很可爱，像是一个小把戏。哥德尔语句的本质在于它的自我参照。这个语句描述了它自己，这使人们一下子想起了软件的自我支撑、人类的意识和自我意识，以及塞尔的“命名现象的概念本身就是这一现象的组成部分”等诸多观点。这表明，能够自我参照的形式化体系都是有问题的。霍金指出，这种自我参照也是科学所固有的，因为构建物理世界模型的人类也是同一个物理世界的一部分：

> 我们和我们所构建的模型都是我们所描述的宇宙的一部分。因此，物理理论就像哥德尔定理一样是自我参照的。由此，人们可能会认为它要么是不相容的，要么是不完备的。到目前为止，我们所掌握的理论既不相容，也不完备。（霍金，2002）

所以这不是一个小把戏，这是相当基本的。

虽然这是一个有趣的话题，但是我不会解释哥德尔如何证明了他的定理。由于这部分的内容有些过于专业，我已经在冒着失去更多读者的危险了。如果你有兴趣想更深入地理解这一点，我建议你去读一下弗兰森（2005）的书，他的书是非形式化且比较通俗易懂的。关于这个问题更为严谨的阐述，可以参考拉蒂凯宁（2015）的书。道格拉斯·侯世达（侯世达，1979）在《哥德尔　艾舍尔　巴赫——集异璧之大成》一书中对这个话题进行了诙谐有趣的阐述，该书还获得了普利策图书奖。

我不想过多地谈论哥德尔定理的细节，我想谈谈这些定理对建模和软件的影响。在哥德尔的形式语言中，所有数学命题的集合和所有证明的集合都是可数集合，就像所有计算机程序的集合一样。此外，形式语言中的“证明”是一系列句子的转换，其中每个转换都受到一组推理规则的监督。这在概念上很接近计算机在执行程序时所做的事情。在计算机中，形式语言中的句子最终只是比特序列，推理规则就是指令集体系架构中的指令。

给定一个有限的字母表，每个以字母表中的字母序列构成的句子都可以被编码为比特序列。原有的字母和句子就变成了比特序列的语义解释。如果形式语言中每个推理规则都是可计算函数，那么一个证明过程正好是一个程序的一次执行。证明必须结束，因此，证明的存在性问题和停机问题密切相关。

这不仅仅是理论问题。被称为“定理证明器”的非常有用的计算机程序，可以以某种形式语言中一个句子的编码作为输入，并试图反向应用该语言的推理规则，直到程序将比特模式转换为一个或多个公理。如果这个程序成功了，那么该程序构造了一个证明。哥德尔和图灵都曾以不同的方式表明，没有能够永远成功的该类程序。

哥德尔考虑的形式语言只允许我们生成可数数量的数学句子。此外，他的不完备性理论仅适合于那些足以描述自然数（另一个可数集合）运算的形式语言。如果我们看到的是描述实数运算的形式语言，这些定理就不适用了。1948 年，塔尔斯基证明了表示加法和乘法的实数理论，即所谓实闭域理论（RCFs），是完备的和相容的（也是可判定的，具有一种更强的性质，其断言任何命题的真伪都可以由一个可有效计算函数来确定）。他还展示了欧几里得几何的一个完备、相容以及可判定的理论。

描述实数的形式语言比描述自然数的形式语言要表现得更好。这一观点或许进一步支持了我对克罗内克观点的怀疑，他认为上帝创造了整数，其余的东西则是人类自己发明的。我认为他的观点是一种倒退。同样，这也支撑了我的观点，在设计信息处理机时，我们不应该仅局限于软件，因为其只能在自然数的世界中得以存在。

对于任何特定的形式语言，其句子的数量一定是可数的。但可能的形式语言的数量又如何呢？如果任何形式语言都不能为我们所关心的某个命题提供证明，那么我们总是可以找出另一种不同的形式语言来提供这样的证明，甚至可以使这个命题成为公理。此外，即使我们将字母表限制为诸如 0 和 1，对形式语言而言，可能的语义解释的数量也一定是不可数的。然而，就像库恩的范式一样，不同的形式语言，特别是那些具有不同语义的语言之间，是不可通约的。一种形式语言的句子不能从另一种形式语言的视角去评价。跨形式语言的比较需要跳出这些形式语言，并转向使用元语言。这就是我们给一个语法赋予语义时要做的事情。例如，如果我将 *X* 语言中的句子“*xxx*”解释为自然数 3，那么我已经给它赋予了一个语义。*X* 语言中并没有“3”的概念，而且，“*xxx*”这个句子除了为真，其并没有被赋予任何含义。

图灵计算是一种形式语言。这种语言的字母表只有两个字母，0和1，所有的句子都是比特序列。然而，我给这些比特序列赋予的语义是非常随意的。正如我在9.2节中指出的那样，我可以将比特序列11解释为$\pi$，尽管11不是数字$\pi$的直接二进制编码。因此，正如形式语言可以描述无理数一样，计算机也可以做到这一点，给比特序列一个合适的语义解释。计算机与人类的伙伴关系使这种语义解释成为可能，而且由于在任何形式语言中，可能的语义数量要远远多于句子的可数数量，因此，其中存在着很大的创造空间。

在刻画模型的过程中，科学家和工程师广泛地使用了关于实数的数学形式语言。尽管在任何形式语言中，可以形成的句子的数量是可数的，但是这些模型可以用来描述行为包含不可数集合的系统。例如，法拉第定律方程（256），刻画了一个连续统中的电压和电流，但这个定律仍然可以用一种形式语言进行编码。事实上，当我们在模型中使用连续统时，我们经常使用包含不可数集合的模型，例如对时间或空间的建模。通过适当选择的语义解释，这些模型就可以被计算机操作。然而，如果没有对语义的解释，这些操作就毫无意义。因此，计算机与人类的伙伴共生关系变得至关重要。

然而，如果物理世界中可能存在的系统或行为的数量是不可数的，那么给定任何一种形式语言和任何一种语义解释，我们都可以预见大多数系统是无法被描述的。没有足够的句子来描述系统的一个微小子集。如果自然界不局限于只给出可描述的系统，那么我们应该假设，在自然界中发现的任何系统都有可能是任何特定的形式语言和语义解释所无法描述的。

人类并不局限于只使用一种形式语言和一种语义解释。的确，对于任何特定的形式语言，例如基于策梅洛－弗兰克尔集合论的数学语言，我们都只能构造出可数数量的句子。然而，我们可以发明新的语言。事实上，我们一直以来都是这样做的。每一种编程语言都是一种形式语言，我们不断地创造新的语言。我们可以对任何形式的语言中的句子进行任意的语义解释。尽管计算机只产生 0 和 1，但我们可以将一个 0 和 1 的串解释为自然语言中构成句子的字母表中的一个字母序列。我的这本书是在计算机上写成的，从形式上讲，这本书就是一个由 0 和 1 组成的序列。但是，只有人类才能赋予其意义。

如果我们的目标是工程而不是科学，那么我们不需要用新的语言来描述一些预先存在的物理系统，例如人类的认知。相反，我们只需要语言能够描述一些有用的东西，甚至只是一些优雅或有趣的东西。同时，我们需要该语言是可实现的。我们需要找到一种与该语言高度相符的物理实现。它不一定是完美的，也没有一台计算机是完美的。

模型是相似的，它们都基于某种形式语言来表达。作为一名工程师，我需要模型是可以被理解的，同时，我还需要和我所构建的模型高度相符的物理系统。我不需要我的模型是真实的。例如，我们都知道，我们可以制造一个很好的气球机器，即使周长永远不会是 $\pi \times d$。另外，我们也可以制造出一个相当好的电感，即使法拉第定律无法精确地描述它的行为。

数学模型能够描述软件无法数字式地处理的行为，但是通过给计算机操作的形式化符号赋予语义解释，计算机就可以帮助人类使用这些模型。例如，计算机有时可以证明定理，并象征性地求解涉及实数的数学方程。然而，从根本上说，软件局限于一个可数的世界，它也局限于那些算法式的、逐步执行的过程。如果物理世界并非那么有限，有一些机器就可以执行软件无法执行的功能。我认为，物理世界如此有限是极不可能的。因此，尽管我们可以用软件做一些令人感到惊奇的事情，但无论如何我们都无法用它去做任何事情。甚至，我们可以用软件去做的事情往往需要与人类合作，才能赋予它任何的语义含义。换言之，计算机绝对不是通用机器。

# 10.
# 决定论

在本章，我将会讨论，确定性[①]是模型的属性，而不是物理世界的属性；确定性是一种极具价值的属性，它在历史上为工程和科学都带来了可观的回报；由于混沌和复杂性，确定性模型无法有效地进行预测；包含离散和连续行为的确定性模型家族是不完备的；明智而审慎地使用非确定性模型会在工程中产生至关重要的作用。

## 10.1 拉普拉斯妖

之前的三章已经明确表明，我们不可能无所不知。当然，我们每个人都已经了解我们自身，但这些结果是根本性的。它们断言，并非一切都是可知的。如果我们把自己的研究仅仅局限于计算过程，也就是那些由软件以算法形式给出的过程，那么图灵的结果表明，

① 作为一种属性时 determinism 译为确定性，而作为一种学说时译为决定论。决定论又称拉普拉斯信条，它认为每个事件都因为先前的事件而有原因地发生。决定论相信，宇宙完全由因果定律的结果支配，经过一段时间以后，任何一点都只有一种可能的状态，因此呈现出确定性。——译者注

我们不能仅仅通过查看代码来判断某些程序的功能是什么。如果我们把研究的范围扩展到形式化的数学模型，那么哥德尔的研究结果表明，我们总是能够构建我们无法确定为真或为假的模型（或者更糟的是，最终是既为真又为假的）。此外，势参数表明，可能的信息处理功能比计算机程序、数学模型甚至任何特定语言能给出的描述都要多。因此，有些功能是不可计算的，不能用数学的方式进行建模，甚至不能用我们所拥有的任何语言来（完全地）描述。除非大自然出于某种莫名其妙的原因，将自己局限于可计算的和我们的语言可描述的功能的极小子集，否则大自然将不可避免地继续向我们抛出一些我们无法理解的事物。对科学家来说，这可能是非常令人沮丧的事情。但对于工程师而言，这只是意味着创造力的空间是无限的。我们能做的事情是没有边界的，因为我们可以继续发明新的语言和形式化方法，而且，因为它们永远不会是完备的，所以我们永远不会停止。

因为我们无法知晓一切，所以我们需要系统的方法来应对不确定性。在下一章，我将直接讨论如何用概率来建模不确定性。然而，在我们能够做到这一点之前，我们先要解决这样一个问题，即不确定性是由我们知识的局限性造成的，还是由世界或我们的世界模型中的某种内在随机性造成的。我们所建立的许多数学模型和计算机程序都是确定性的，这意味着我们应该对它们有相当多的了解，除非它们落入图灵和哥德尔的陷阱。大多数计算机程序员都会努力避免落入这些陷阱，试图开发出可以理解的程序，同时也创建确定性的程序。然而，决定论的概念并不那么简单。我们只有首先面对决定论，然后才能面对不确定性。

决定论是一个看似简单的概念，却在长久以来一直困扰着思想家。从广义上讲，物理世界中的决定论是这样一种原则，即发生的一切都是不可避免的，是由宇宙的某些早期状态或某个神灵预先决定的。几个世纪以来，哲学家一直就这一学说的含义进行着争论，特别是在它削弱了自由意志的概念时。如果世界是确定性的，那么我们大概无法为自己的行为负责，因为它们是注定的。①

决定论是一个相当微妙的概念，就像自由意志的概念一样。约翰·厄尔曼在《决定论入门》一书中承认，他无法完全理解和把握这个概念：

> 这足以使人们产生强烈的怀疑，如果不同时构建一种全面的科学哲学，就不可能真正理解决定论。由于我无法提供如此全面的科学哲学观点，所以我不得不以谦卑的姿态来完成我为自己设定的任务。当情况变得过于艰难时，我会慎重地发表免责声明。但是，即使是采用慎重的方法，决定论把科学哲学的许多重要且非常有趣的问题揭示出来的过程，也赢得了我们持续的赞美。（厄尔曼，1986:21）

但是，厄尔曼坚持认为，“决定论是一种关于世界本质的学说”。在此，我想采取迂回的方式，先绕过最难走的荆棘之路，转而采用我第一次从奥地利计算机科学家赫尔曼·科佩茨那里学到的原则。科佩茨断言，确定性是模型的属性，而不是物理世界的属性。这个观点并没有减少我对厄尔曼所阐述的深层次问题的兴趣，但是，它的确使决定论的概念更容易应用到工程系统中。

作为模型的一种属性，确定性的定义相对容易：

> 在给定模型的初始**状态**且给定模型的所有**输入**时，如果该模型只定义了一种可能的**行为**，那么该模型是确定性的。

---

① 作家兼神经学家萨姆·哈里斯在2012年的短篇著作《自由意志》一书中指出，即使没有决定论，自由意志也是不存在的。他的论点很有说服力，但与本书的主题无关。

换句话说，如果一个模型不可能以两种或两种以上的方式对相同的条件做出反应，它就是确定性的。也就是说，它只会对此做出一种反应。在这个定义中，我用加粗的字体（必须在建模范式中定义的概念）来完成相关的定义，具体而言，就是“状态”、“输入”和“行为”。

例如，如果一个粒子在 $t$ 时刻的状态是它在欧几里得空间中的位置 $x(t)$，时间和空间都是连续统，同时，如果输入值 $F(t)$ 是在每一个时刻 $t$ 施加给粒子的力，而且行为就是粒子在空间中的运动，那么，由牛顿第二定律可知，方程（4 096）就是一个确定性模型。

显然，这一思想立即会形成两个有用的变体。首先，模型可能没有任何输入，在这种情况下，它被称为“封闭模型”。例如，我们假设宇宙就是一切的存在，那么宇宙的任何模型都不可能有任何的输入。宇宙之外不存在任何事物提供这些输入。一个封闭模型是确定性的，换言之，给定一个初始状态，它只会有一种可能的行为。

其次，确定性模型可能是可逆的。在这种情况下，给定模型在任何特定时间的状态，以及在一切时间的输入（如果存在），那么该模型的过去和未来都会被唯一地定义，即该模型只有一个可能的过去和一个可能的未来。换句话说，在一个封闭的可逆确定性模型中，任何时刻的行为都是由该时刻的状态决定的。

这个简单的概念之所以如此成问题，原因之一就是——在谈到确定性的时候，说话人常常将地图混淆为地域，即误将地图上的标记视为真正的地域。在提及确定性之前，我们必须先给出“输入”、“状态”和“行为”的定义。我们如何为一个实际的物理系统定义这些概念呢？不论以何种方式，我们都需要一个模型才能对它们进行定义。因此，关于确定性的断言实际上是关于模型的断言，而非关于被建模事物的断言。只有模型是确定性的，这一点毫无疑问。当然，这也凸显了厄尔曼为确定这一概念所做的努力。

考虑到任何给定的物理系统几乎总会有一个以上的有效模型。例如，在牛顿第二定律下，一个我们施加了力的粒子会表现出确定性的运动，而在量子力学下，粒子的位置是概率性的。然而，在量子力学下，粒子的波函数的演化是确定性的，其遵循薛定谔方程（又称薛定谔波动方程，我将在后面的内容中详细阐述）。如果一个模型的状态和行为是波动方程，那么这个模型是确定性的。相反，如果状态和行为是粒子的位置，那么模型是非确定性的。将确定性作为粒子的一种属性是完全没有意义的。可以说，确定性是模型的属性，而非粒子的属性。

如果我有一个与某个物理系统相符合的确定性模型，那么这个模型可能会有一条特别有价值的性质：该模型可以预测该系统在响应某些输入激励时将如何演化。确定性模型的这种预测能力，正是人们寻求确定性模型的一个关键原因。

我们已经知道有些确定性模型是不可预测的。例如，图灵证明，对于所有的计算机程序，即使一个程序是确定性的，我们也不能预测该程序对于特定的输入是否会终止。事实证明，由于混沌和复杂性，还有更多的确定性模型也都是不可预测的。

在第 2 章中，我对模型的工程应用和科学应用进行了区分。工程师寻找一个物理系统来匹配一个构建的模型，而科学家寻找一个模型来匹配一个物理系统。对于这两种用法，确定性的作用不同。对于工程师来说，模型的确定性是非常有用的，因为这有助于树立起该模型内在的可信度。在第 4 章中，我讨论了逻辑门作为硅材料中电子流动的确定性模型。逻辑门模型的确定性是有价值的：它使电路设计人员能够使用布尔代数，在拥有数十亿个晶体管的电路设计中建立起可信度。该模型完美地预测了电路的行为，因为在给定任何一个初始状态时，工程师都可以确定逻辑门模型将如何对任何特定的输入做出反应。

当然，逻辑门模型的有用性也取决于我们能否构造出与模型高度吻合的硅结构。我们已经掌握了如何控制硅材料中的电子流动，这样一来，在高可信度的支持下，一个电路就能以每秒数十亿次的速度模拟逻辑门模型，并在数年内无误差地工作。

这就是科学与工程的本质区别。对于科学家来说，要使一个确定性模型是有用的，该模型必须能够高度一致地刻画特定物理系统的行为。另一方面，对于工程师来说，要使确定性模型有用，必须有可能构建一个高度符合于该模型的物理系统。在这两种情况下，“高度符合”都意味着模型的行为与物理系统的行为高度匹配，只不过二者的目标不同。因此，情况往往是这样的：一些确定性模型对科学家而言是无用的，对工程师来讲却是有用的，反之亦然。

一些最有价值的工程模型都是确定性的。除了逻辑门，我们还有数字机器、指令集体系架构和编程语言，其中大多数都是确定性模型。第 8 章的图灵机也是确定性的，所有这些模型的确定性在历史上都被证明极具价值。信息技术革命正是建立在这些模型的确定性之上的。

从根本上说，当科学家考虑使用确定性模型的时候，被建模的物理系统是否也是确定性的就非常重要。那么硅材料中的电子流动是确定性的吗？如果只有一个模型可能明确是确定性的，那么我们又该如何回答这个问题？事实上，几乎所有已确立的物理定律都是确定性模型，而且它们中的大多数也是可逆的模型，例如，第 2 章用于电阻的欧姆定律和用于电感的法拉第定律都是可逆的确定性模型。对于一个电阻，如果我把输入定义为电压，将输出定义为电流，欧姆定律就给出了一个电阻的确定性模型，表示为方程（1 024）。牛顿的运动定律和爱因斯坦的相对论也是确定性的。有趣的是，就连用来研究气体热力学的基本定律，如玻意耳定律和查理定律，也都是确定性的，尽管它们并不要求气体分子的基本运动是确定性的。它们用压力、温度和体积来定义状态、输入和输出，而不是用气体分子的位置和动量来定义。甚至量子力学也几乎完全是确定性的，因为薛定谔方程所定义的波函数的演化是确定性的。

物理世界是不是确定性的这一问题长期以来一直没有答案。19世纪初，法国科学家皮埃尔-西蒙·拉普拉斯提出了宇宙决定论的观点。拉普拉斯认为，如果有一个恶魔知道宇宙中每个粒子的精确位置和速度，那么每个粒子在过去和未来的位置与速度就可以完全被确定，并可以根据经典力学定律加以计算（拉普拉斯，1901）。然而，真是这样的吗?

正如我之前指出的，经典力学定律，如方程（4 096）所表示的牛顿第二运动定律是错误的。它们需要用爱因斯坦的相对论进行调整才能精确，尽管这种不精确对于大多数经典力学的应用来说是微不足道的。此外，在经典力学中作为“状态”概念基础的位置和速度这两个概念被量子力学破坏了，尽管这种破坏是极其微小的。如果关于世界是否是确定性的这个问题是一个根本性的科学问题，那么任何的不精确，无论多么微小，都是很重要的。

量子力学中波函数的概率性质是怎样的？这一性质是否会破坏宇宙决定论这一观点？斯蒂芬·霍金认为并非如此：

> 起初，这些对完全决定论的希望似乎会因为20世纪早期的一些发现而破灭，例如，人们发现放射性原子衰变这样的事件似乎是随机发生的。用爱因斯坦的话来说，就好像是上帝在掷骰子。但是，科学通过调整

目标以及重新定义宇宙完整知识的内涵，从失败的绝境中夺取了胜利。（霍金，2002）

霍金所指的事实是，描述波函数如何随时间演化的薛定谔方程是确定性的。“在量子理论中，人们不需要同时知道（粒子的）位置和速度”，只需要知道波函数如何随时间演化就够了。

虽然我不可能完全解释上面霍金所讲的那段话（我相信没有人能够做到这一点），但我们还是值得对波函数做一个简短的讨论，因为在被广泛接受的基础物理模型中，它们代表了我所知道的唯一被确立的非确定性。在量子力学中，粒子在空间中的位置并非被简单地描述为欧几里得三维几何中的一个点，而是以一个波函数来描述的，它是一种随时间改变形状并在空间中移动的波形曲线。波函数在某个空间和时间点上的值的平方，表示粒子在那个时刻出现在那个位置上的相对概率。[①] 概率这一精妙概念（我将在第 11 章中进行讨论）的使用，意味着粒子的位置是不确定的，同时，波函数表示观察者在空间中任何特定点找到粒子的相对可能性。

1926 年，诺贝尔奖得主、奥地利物理学家埃尔温·薛定谔给出了薛定谔方程，它现在被认为是量子力学的核心。这个方程描述了波函数在时间和空间上的演化。正如霍金指出的那样，演化是确定性的。

波函数代表了概率，对这一点的解释一直非常困难。在丹麦物理学家尼尔斯·玻尔和德国物理学家沃纳·海森堡 1925 年至 1927 年提出的哥本哈根诠释中，他们认为，一个系统的状态是持续由概率来定义的，直到外部观察者观测到这个状态，并且只有在那个时刻概率才会影响结果。在被观测到之前，由概率表示的所有可能的

① 粒子的位置实际上是一个概率密度，而不是一个概率。在空间和时间的任何特定点上找到粒子的概率为零（详见第 11 章）。

结果仍然是可能的。这需要一个独立于该系统的“观察者”来测量粒子的位置。通常对概率的解释是，它表明了观测到某一实验的特定结果的可能性。在这种解释下，只有在进行了实验且结果被观测到时，概率才有意义。但是，如何才能使观察者从物理系统中分离出来呢?

薛定谔指出了哥本哈根诠释的诸多难点，并以著名的“薛定谔的猫”来进行说明。在这个思想实验中，一只猫被关在一个封闭的匣子里，且这个匣子里有这样一种装置，如果某个特定的放射性原子衰变并发出辐射，这个装置就会释放一种毒素。放射性原子的衰变是由波函数决定的，所以衰变事件由概率决定。这个概率根据薛定谔方程确定地演化，但在哥本哈根诠释下，在观察者观测这个系统之前，由这些概率决定的实际实验并不会发生。因为在观察者观测这个系统之前，所有的可能性都是可能的。所以薛定谔认为，在这种观测发生之前，猫必须处于活猫和死猫的叠加状态。只有这样，它才会变成一个或另一个。

这些困境导致了有关波函数含义的无休止争论，其中也不乏各种奇怪的观点。有些观点认为，观察者以某种方式存在于物理世界之外，观察者就是上帝，以及观察者就是人类认知的本质，等等。20 世纪 50 年代，物理学家休·艾弗雷特三世摒弃了观察者，并在一个在薛定谔方程下确定地演化的单波函数下进行观察。这种观点通常被称为“多世界”观点，因为它可以被解释为，所有结果同时存在于无数个平行宇宙中。在这个观点中，我们可以把一个系统的状态视为该系统的波函数，同时量子动力学是确定性的。

所以拉普拉斯的问题仍然存在，只是现在我们必须重新认识它。我们要考虑系统的“状态”是由其波函数表示的，而不是用其粒子的位置和速度来表示，而且，我们必须考虑时空的曲率，无论其有多小。如果我们做出这些调整，那么我们得到的宇宙模型是确定性的吗？物理世界本身是否具有确定性这个问题我们可能无法回答。[①]然而，我们可以回答宇宙是否有某个特定的确定性模型这一问题。我们需要清楚地图和地域的区别。

2008 年，大卫·沃尔珀特使用格奥尔格·康托尔的对角化技术来证明拉普拉斯妖是不存在的（沃尔珀特，2008）。他的证明依赖于这样一种观点，如果这样的恶魔真的存在，那么它必须存在于它所预言的物理世界中。这导致了自相矛盾的自我参照，就像第 8 章讨论的图灵的不可判定性和第 9 章讨论的哥德尔的不完备性定理一样。事实上，这个结果是一种本质上的不完备性，它必然是由宇宙的任何确定性模型造成的，类似于之前引用的霍金的观点。在评论沃尔珀特的工作时，宾德尔（2008）尖锐地指出："尽管如此，这些不同的理论，连同我们在物理学和其他科学学科中所学到的一切，仍有可能融合成科学所能做到的最好的东西：一个包罗万象的理论。"这一理论虽然不完整，但几乎包含了今天所有的确定性模型。

这些争论特别引人入胜，甚至比科学更富有哲理。但是，它们在很大程度上与模型的工程应用无关。确定性逻辑门模型的值，其实根本不取决于电子在硅材料中的流动是否是确定性的。它仅仅取决于我们能否构造出高可信地模拟该模型的硅结构。我们不需要也不可能达到完美。正如博克斯和德雷珀所说，所有的模型都是错误的，但是有些模型是有用的，而逻辑门已被证明是非常有用的模型。

尽管确定性可以帮助我们预测一个系统在一段时间内将如何演化，但我将在 10.2 节说明，即使一个确定性模型也可能无法很好地

---

① 请详见霍弗（2016）的评论，他对前面的各种解释做了一个简要的总结。为了更深入地研究物理模型中的确定性问题，厄尔曼的著作《决定论入门》一书仍然是对各种物理理论中确定性的良好分析（厄尔曼，1986）。

预测未来的行为。它们可能会被一种称为混沌的现象影响；由于复杂性，计算这些预测变得不切实际；或者更简单地说，是受累计误差的影响。在这种情况下，非确定性的模型可能会变得有价值。

每个模型都有一个有限的有效性范围。牛顿定律仅在适度的速度和尺度下是准确的。但即使是牛顿定律能够良好描述的系统也可能演化并超出该模型的有效性范围。假设我们对空间中的一个物体长时间施加一个适度的恒力，然后，牛顿第二定律预测速度将无限地增长，最终超过光速，显然，这会违反爱因斯坦的狭义相对论。与实际物理系统相比，模型的预测误差将变得任意大。然而，在一个相当短的时间范围内，在力小而质量大的情况下，牛顿第二定律能够非常好地预测运动的行为，而这样的预测是有价值的。同样，爱因斯坦的广义相对论在大尺度上解释了引力，而量子力学在小尺度上解释了物质的相互作用，但是想要将这些理论全部统一起来的尝试至今仍然不能令人满意。

确定性模型也可能被复杂性挫败。热力学中的一个经典例子是气体在腔室内所呈现的压力。这个现象可以被模拟为单个分子彼此的碰撞，以及分子与室壁的碰撞。在拉普拉斯的时代，这些碰撞本来是由牛顿的确定性运动定律控制的，但是这样的模型很难处理。在这样的运动定律下，即便是对相对较少的分子的个体运动行为进行计算也是很难实现的，这远远超出当今最强大计算机系统的算力。因此，物理学家认为这些运动是非确定性的，并且依赖于大量随机事件的统计数据来表现由玻意耳定律和查理定律确定地建模的那些行为。从大量的非确定性行为中得出确定性模型是遵循大数定律的结果，我将在下一章中进行讨论。我们将晶体管建模为确定性开关的能力依赖于类似的统计参数。

即使是简单的模型也可能产生复杂的行为，这可能会表现出一种被称为“混沌”的现象。有趣的是，尽管混沌模型的确定性实际上可能是一种有价值的特性，但还是无法对该类模型进行预测。以加密技术为例，它掩盖了信息的内容，这既依赖于确定性（确保消息可以由预设的接收方解密），也依赖于不能进行预测（保护信息不被窃听者窃取）。有趣的是，尽管今天的密码学家依赖于确定性模型，但他们希望物理世界实际上是非确定性的，可以利用某种形式的“真正随机性”来开发更强大的加密技术。事实证明，真正的随机性是极难实现的。

一个非确定性的模型可能有助于预测，但它预测的不是一个单个的行为，而是一系列行为。这一系列行为中的每一个行为都是可能的。例如，一个掷硬币的非确定性模型，简单地说，正面和背面朝上都是可能的。掷硬币的一个确定性模型仍然令人难以捉摸。即使我们用硬币的形状和材料特性以及它所掉落的表面的精确模型来费力地构建一个这样的模型，这个模型的预测值也会很差，因为即使我们的模型中只存在最小的误差，也会极大地改变掷硬币的结果。尽管毫无用处，可是作为科学实证主义的“大祭司”卡尔·波普尔坚持用这样的模型来掷骰子：

> 人们有时会听到这样的说法，行星的运动遵循严格的规律，而骰子的下落却是偶然的，或者是随机的。在我看来，区别在于我们迄今已能成功地预测行星的运行轨迹，却不能预测掷骰子的单个结果。为了推断预测结果，我们需要有一些定律和初始条件；如果没有可用的定律，或者初始条件无法确定，预测的科学方法就失效了。在掷骰子的时候，我们缺乏的显然正是对初始条件的充分了解。如果对初始条件进行足够精确的测量，在这种情况下也有可能做出预测。（波普尔，1959:198）

这种坚持的根源是对物理系统潜在确定性的坚定信念。然而，预测只能通过模型进行。可是，并没有这样一种会以任何有用的方式高度符合于这个物理系统的模型，因此，在物理系统与模型之间仍然存在着一个不可调和的差距。

不管潜在的物理世界是不是确定性的，一个非确定性模型都可以用概率来进行增强。换言之，它增加了我们对不确定的结果进行测量的可能性。第 7 章探讨过掷非均匀硬币的例子，我们预计掷 10 次硬币只会有 1 次是背面朝上，这样，这个例子就可以用背面朝上的概率 0.1 和正面朝上的概率 0.9 来建模。我将在第 11 章对概率模型进行讨论，但目前我们只关注确定性模型。

## 10.2 蝴蝶效应

爱德华・诺顿・洛伦兹为了更好地预测天气研究了大气效应，并得出一个特别令人沮丧的结论，即尽管他构建的模型是确定性的，但是仍然无法预测几天以后的天气状况。20 世纪 60 年代初，洛伦兹是麻省理工学院的一名气象学家，他也是最早一批使用流体中先进的对流和热效应数学模型对天气状况进行计算机模拟的研究人员之一。然而，他注意到，如果他以差异微小的初始状态开始模拟，他的模型就会产生完全不同的预测结果。

> 两种差异甚微的状态最终可能演化成两种截然不同的状态。如果在观察当前状态时出现任何错误，即出现了任何实际系统中似乎都不可避免的错误，那么，对遥远未来的瞬时状态进行可接受的预测很可能是无法实现的。（洛伦兹，1963）

后来，人们把这种对初始条件的极度敏感性称为“蝴蝶效应”，这是洛伦兹在一次演讲的标题中给出的一个比喻，即蝴蝶的翅膀在空气中产生的气流可能会引发一场龙卷风。蝴蝶的翅膀改变了初始条件，这一改变足以造成龙卷风形成和没有形成之间的巨大差异。如果蝴蝶没有飞动，就可能不会形成龙卷风。

自洛伦兹最初的实验以来，计算机、数学模型以及天气数据收集等方面都有了很大的发展，提升了许多个数量级。然而，超过 14 天以上的天气情况（如降雨和风）预测仍然是不可靠的。不可区分的那些初始条件会导致完全不同的天气状况。

对初始条件极度敏感的模型都有一个共同的特点，它们的行为看起来是随机的，甚至是反复无常的。恰恰由于这个原因，这种现象通常被称为“混沌”，尽管这些模型实际上都是确定性的。流体流动的模型经常表现出混沌现象，例如，空气在地球上移动会形成各种不同的天气。这些模型只能捕捉到系统行为的一般模式，但无法捕捉到细节。例如，你在飞机上感觉到的气流就具有高度随机运动的特征（见图 10.1）。即使是最详尽的模型，也无法对这种运动做出有意义的预测。

即使是简单的模型也会对初始条件表现出极大的敏感性。图 10.2 给出了一个桌球在桌子上的运行轨迹，这个桌子的中间固定有一个圆形障碍物。在这种情况下，即使球的初始路线发生了一个微小的角度变化，最终也会导致球在桌子上出现完全不同的运行轨迹。虽然左边的球的起始轨迹在实线和虚线之间的差异几乎是不可察觉的，却产生了一个完全不同的轨迹。

图 10.1　在彩色烟雾的辅助下，飞机机翼尖端的涡流中的气流。（图片由美国国家航空航天局兰利研究中心提供，已公开。）

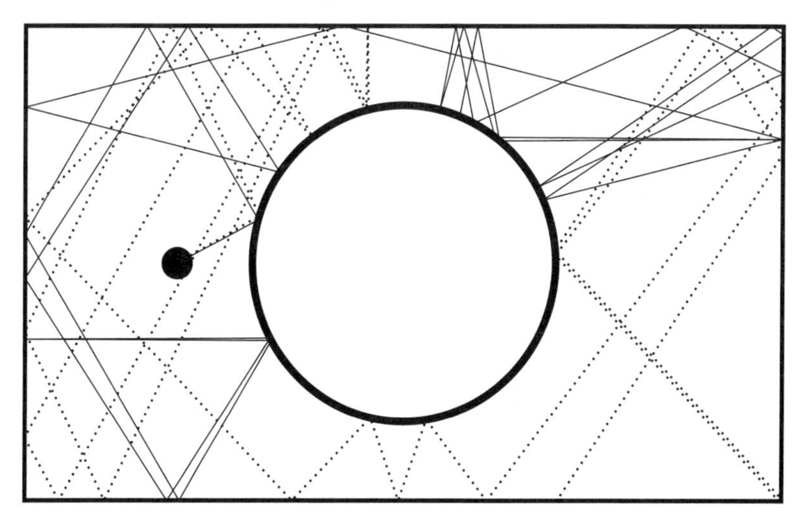

图 10.2　中间有固定圆形障碍物的球桌。

洛伦兹对混沌的全部研究都包含了在一个空间和时间连续统中运行的物理系统。事实证明，纯数字系统也会表现出混沌行为。我们在第 2 章中提到的电气工程师所罗门 · 沃尔夫 · 格伦布，他有一句名言是，“通过在地图上钻孔，你永远不会找到石油”（格伦布，1971）。他发现，简单的令人吃惊的数字逻辑电路可以产生看似随机的比特模式（格伦布，1967）。

我第一次了解格伦布的“线性反馈移位寄存器”是在 20 世纪 80 年代初，当时我还在贝尔实验室设计调制解调器。如我们所知，调制解调器是一种通过普通电话信道传输比特序列的设备，而电话信道被设计用来传输语音信号而不是比特序列。结果表明，调制解调器在没有重复模式的、看似随机的比特序列上表现得更好。格伦布想出一种方法，使用一种叫作“扰码器”的简单逻辑电路，让几乎所有的比特模式看起来都是完全随机的。在接收端可以使用一种类似的“解扰器”逻辑电路，就可以很容易地提取出原始的比特序列。我对这种方法优雅的简洁性（以及可以用来分析这些电路的布尔代数）印象深刻，于是我画了一幅油画，画布上画了一个扰码器电路和一个 LED 灯（见图 10.3）。LED 灯呈现出一种看似随机的模式，每 14 个小时重复一次。这个电路至今运行可靠。

伪随机模式也被用于一件更为严肃的艺术作品，如图 10.4 所示。这是一件由美国艺术家利奥 · 比利亚雷亚尔创作的灯光雕塑。这座灯光雕塑由 2013 年安装在旧金山海湾大桥上的 2.5 万盏 LED 灯组成。这些灯由一台计算机控制，它们能在安装的两年内呈现出不重复的灯光图案。

图 10.3　画布上的伪随机、燃油、晶体管逻辑（TTL）电路以及 LED 灯，由本书作者绘制，1981 年。

图 10.4　旧金山湾区灯光，灯光雕塑由利奥 · 比利亚雷亚尔创作（2013）。

格伦布的电路会产生伪随机的比特序列。它们看起来是随机的，但实际上并不是，它们会产生数字混乱。伪随机的比特序列是仿真、计算机游戏、密码学甚至一些艺术的核心。例如，在计算机游戏中，它们制造了一种事件随机发生的错觉，而事实上，游戏完全是确定性的。

20 世纪 80 年代初，史蒂芬·沃尔弗拉姆注意到格伦布的电路和元胞自动机之间存在联系。元胞自动机是一种简单的数字模型，其有一个矩形的比特网格，网格中的每个比特都通过计算相邻比特的某些逻辑函数反复更新。元胞自动机的一个著名示例是康威的“生命游戏”，该游戏是由英国数学家约翰·何顿·康威于 1970 年开发的。康威的游戏是一个非常简单的确定性封闭模型，它呈现的行为极为逼真生动。它激发了包括沃尔弗拉姆在内的许多人的丰富想象力。沃尔弗拉姆在他的职业生涯后期的大部分时间里都致力于研究元胞自动机及其相关现象。

这个游戏有一个矩形的元胞网格，这些元胞要么是活的（显示为黑色方块），要么是死的（显示为白色方块）。在初始状态中，有一些元胞是活的，一些元胞是死的，如图 10.5 所示。在游戏的每个步骤中，元胞都按照以下规则进行更新：

1. 任何一个活元胞，如果有少于两个活的相邻元胞，就会死亡。
2. 任何一个活元胞，如果有两个或三个活的相邻元胞，就会活到下一步。
3. 任何一个活元胞，如果有三个以上活的相邻元胞，就会死亡。
4. 任何一个死元胞，如果有三个活的相邻元胞，就会变成活元胞。

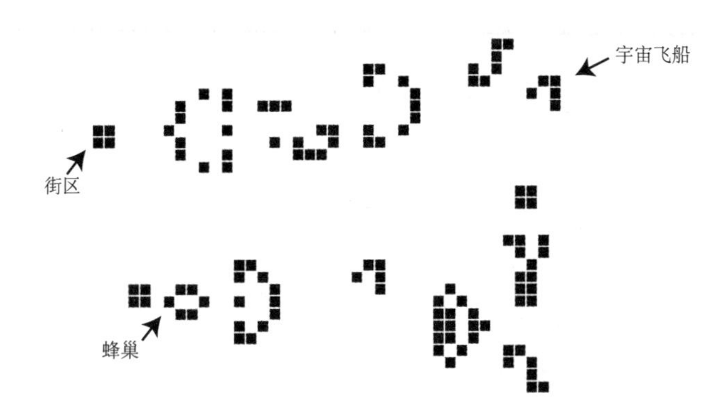


图 10.5 康威“生命游戏”场景的一个截图。

康威隐喻性地将这些规则与人类的生活联系在一起，人口不足、人口过剩和生命的繁殖都会改变元胞的状态。尽管规则很简单，但这个游戏表现出令人惊讶的复杂行为。随着游戏的进行，一些模式会像图中显示的“街区”和“蜂巢”一样变得比较稳定，或者它们可能会像“宇宙飞船”一样在网格中移动。它们也可以在两种重复模式之间来回摆动，而且它们可以在相当长的一段时间内表现出看似随机、混沌的行为。观赏这样的一种游戏是非常令人着迷的。

康威的游戏是纯数字化的，在计算机上很容易实现。如此简单的规则却可以呈现出如此复杂的行为，这一事实启发了沃尔弗拉姆的灵感。他在 2002 年出版的著作《一种新科学》（*A New Kind of Science*）中得出“一切都是计算”的结论。更确切地说，沃尔弗拉姆假设所有的自然过程都可以用简单的规则来构建，而复杂性的产生是由于这些规则会引起混乱。他给出一个引人注目且引人入胜的观点，当然，这种假设的终极“真理”将取决于数字物理学。

尽管存在一些混沌现象，但是许多工程系统在数年的时间范围里还是高度可预测的，晶体管的出现就是很好的例证。虽然建模硅材料中电子运动的任何详细模型都是混沌的，但是晶体管的宏观行为是简约的，它的功能就像一个开关。汽车的汽油发动机是另一个很好的例子。汽缸内的那些爆炸高度混乱，但它们的确为动力系统提供了可控的动力。对混沌的控制是工程中的一个关键目标。如果沃尔弗拉姆的观点是正确的，那么这也会是大自然的一个关键目标。

## 10.3 决定论的不完备性

拉普拉斯认为，大自然可以被确定性模型完全描述。沃尔弗拉姆更进一步认为，大自然的行为就像计算模型一样，也是确定性的。确定性计算模型的集合要比确定性模型的集合小得多。例如，计算模型的集合排除了连续统。因此，沃伍尔弗拉姆的观点比拉普拉斯的观点更激进。

在这两种情况下，模型都可能表现出混沌，因此它们都能够描述极其复杂的行为。但这些混沌也限制了模型作为预测器的效用，这使得拉普拉斯妖成为一个难以被接受的概念。但无论如何，这些模型是确定性的。

在拉普拉斯的世界里，时间和空间是连续统，物体在这些连续统中运动。在沃尔弗拉姆的世界里，时间和空间是离散的元胞网格，这些元胞以逐步的方式进行更新。如果我们假设世界有两种行为，离散的和连续的，那么将会发生什么？我举一个简单的例子来说明，在这样的世界里，决定论会是不完备的。具体来说，一组使用离散和连续混合行为来描述世界的确定性模型存在着“漏洞”，也就是应该能够确定地建模却无法做到的情形。要填补这些漏洞，我们必须完全排除离散行为，断言它们不会在物理世界出现。如果我们允许存在离散行为，那么势必要接受数字物理学。但是，这将付出巨大的代价，我们必须否认几乎所有已知的物理学模型，包括相对论和量子力学，因为这两种模型都将空间和时间建模为连续统。

以具有连续和离散行为的模型为例，我们来考虑如图 10.6 所示的桌球碰撞。假设左边的球是以动量 $P$ 向右边的球移动，而右边的球静止不动，如图 10.6（a）所示。假设表面是无摩擦力的，所以每个球的动量保持不变，直到发生碰撞。显然，只要不发生碰撞，球的运动行为就是连续的。

假设我们将桌球的碰撞建模为一个离散事件。也就是说，我们假设碰撞只发生在一个瞬间，且没有持续时间。这种模型需要以碰撞前两个球的动量函数来确定碰撞之后这两个球的动量。

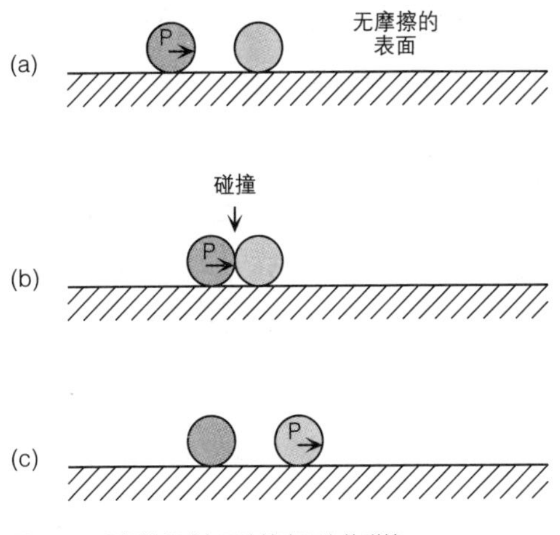


图 10.6 理想的桌球在无摩擦表面上的碰撞。

假设这些桌球都是理想弹性体，这意味着当它们碰撞时不会有动能损失。在这种情况下，牛顿定律要求能量和动量都是守恒的，碰撞后球的总动量和总能量必须与碰撞前相同。[①]在物理世界中，一

① 球的动量是它的速度与质量的乘积。球的能量是它的质量和速度平方的乘积的一半。

些动能会因摩擦而转化为热能，但这里我们假设这是不会发生的，或者动能的损失极其小，我们可以将其直接忽略掉。

假设两个球的质量相同，那么这种动量和能量都保持不变的碰撞会产生两种可能的结果。一个结果是，左边的球穿过右边的球，而没有与之产生相互作用。这个结果是有可能发生的，例如，这个球实际上是一个中微子而不是一个桌球。然而，对于桌球来说，这种结果是极不可能发生的，所以我们有充分的理由否定这种可能性。那么另一个唯一保持动量和能量的结果是两个球交换了动量，如图 10.6（c）所示，左边的球现在是静止的，右边的球则以与碰撞前左边球靠近时相同的速度在移动。

现在假设这两个球有不同的质量。在这种情况下，仍然会有两种可能的结果。一种是左边的球穿过右边的球，另一种是两球发生碰撞并弹开。让我们再次选择两个球弹开这一更为合理的结果。由于两个球的质量不同，发生碰撞之后，两个球都会移动。如果左边的球比右边的重，那么它们都会向右移动。如果左边的球比右边的轻，那么它们就会向相反的方向移动。在这两种情况下，它们在碰撞之后的速度是由牛顿的动量和能量守恒定律决定的。因此，该模型是确定性的。

然而，如果有两个以上的球，那么情况会变得更为有趣。让我们在头脑中思考一个思想实验，两个球正从相反的方向接近第三个球，如下图所示[①]：

① 这个思想实验的细节请参见作者 2016 年的一篇文献 Lee（2016）。我不会在这里进行一场技术呆子的头脑风暴。但如果你想检验结论，请参阅这篇文章。彭罗斯（1989）也使用多球碰撞来证明，即使在古典力学中决定论的概念也是有问题的。他的例子有些复杂，因为它们发生在更多的维度上。

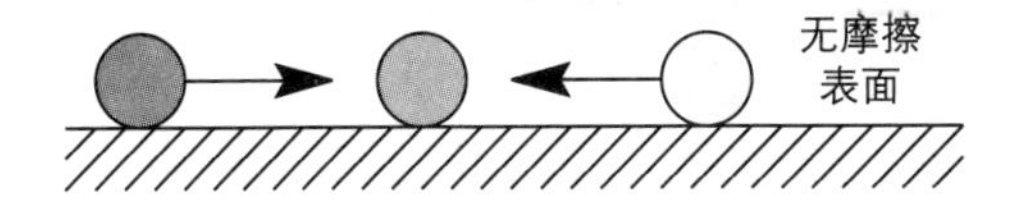


假设中间的球静止不动，两侧的两个球同时与中间的球发生碰撞。简单起见，我们假设三个球的质量相同。那么，此时会发生什么呢?

我希望你有足够丰富的打桌球实际经验，那样的话，你的直觉就和我的一样了。我的直觉认为，两侧的球碰撞中间的球之后，会分别以它们接近中间球时的速度向相反的方向弹出。因此，碰撞后的情况如下图所示：

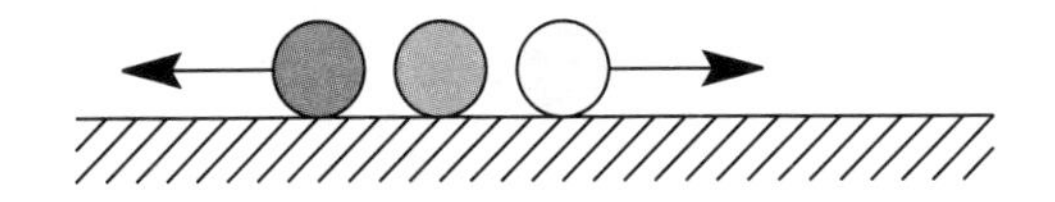

但是，要想给出一个预测这一行为的离散模型并不那么容易。

第一个尝试是简单地使用上述相同的方法，我们使用两个球，且当它们碰撞时会交换动量。但是，如果左右两个球与中间的球的碰撞同时发生，那么这两个球将与中间的球同时交换动量。这两个动量大小相等、方向相反，从而相互抵消。因此，这三个球将会突然停止。然而，这个结果不能同时保持动量和能量的守恒。

处理这种情况的另一种方法是，将两个同时发生的碰撞视为两球碰撞的序列，且在两次碰撞之间没有时间的流逝，如图 10.7（a）所示。当碰撞发生时，我们可以先任意选择其中一个碰撞进行处理，而忽略另一个碰撞。假设我们先处理左边的碰撞，忽略右边的碰撞，如图 10.7（b）所示。左边的球把它的动量 $P$ 传给中间的球，然后停止。在没有时间流逝的情况下，我们会发现现在处于（c）状态，中间的球和右边的球相向移动，并相互碰撞。现在只有一次碰撞，所以我们在（d）状态下对其进行处理，使球处于状态（e），这一状态下两个球交换了动量。同样，在没有时间流逝的情况下，会发生一次新的碰撞，我们在（f）状态下进行处理之后会处于（g）状态。在一段时间后，我们会发现这些球处于（h）状态，中间的球没有移动且保持静止，左边和右边的球从中间的球向两侧移开。这样的行为是我们直观的预期，即两个球在碰撞后以相同的速度移开。

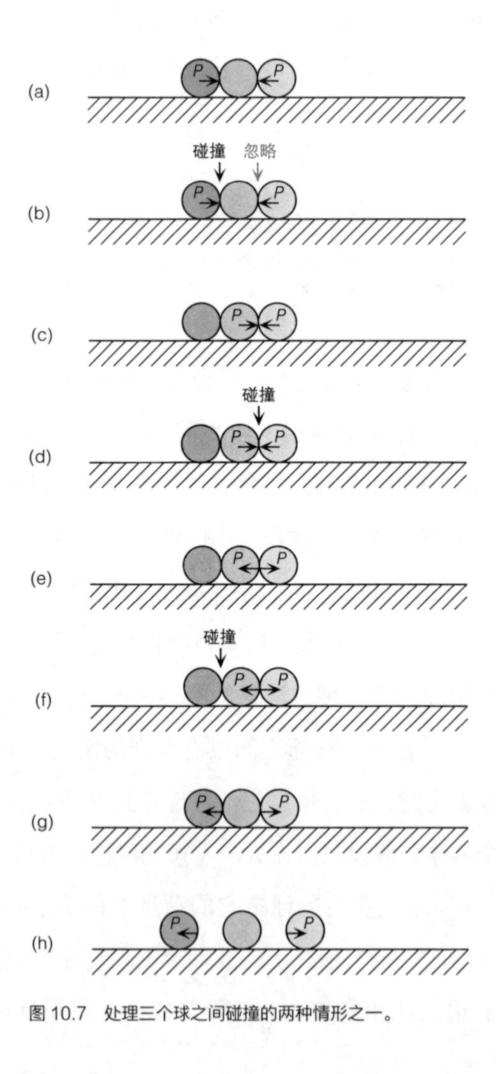


图 10.7　处理三个球之间碰撞的两种情形之一。

在这个解中，如果所有球的质量都是相同的，我们首先处理哪一次碰撞就无关紧要了。但是，麻烦来了。如果球的质量不一样，得出的解就不一样了。如果先处理左边的碰撞，我们就会得到一个解。如果先处理右边的碰撞，那么我们会得到一个不同的解，三个球会以不同的速度移动。

例如，假设中间球的重量是左边球和右边球的两倍。具体地说，假设中间球重 2 公斤，左边球和右边球分别重 1 公斤（这些球相当重，但这些漂亮的约整数会使计算更容易）。假设左边球和右边球分别以 1 米每秒的速度接近中间的球，因此它们将与中间球同时碰撞。首先，请注意，这个假设的场景是完全对称的，同时，直观的解也是适用的，即两个外侧的球在与中间球发生碰撞之后会向外弹开，并分别以每秒 1 米的速度离开中间球，而中间球保持静止不动。这个解同时保持了动量和能量的守恒。

但是，这并非使用图 10.7 所示的策略得出的解。在图 10.7 的策略中，我们首先处理的是左边球的碰撞，然后在没有时间流逝的情况下处理第二次和第三次碰撞。我不想让你继续忍受这场技术呆子的头脑风暴，但在发生了图中的碰撞序列之后，左边球将以大约每秒 0.48 米的速度向左移动，中间球也会向左移动，但其速度要慢一些，约为每秒 0.37 米，同时，右边球将以每秒大约 1.22 米的速度向右移动。如果你进行数学计算，就可以验证这个解，即动量和能量都是守恒的。[①]请注意，在这个解中，尽管初始状态是对称的，但是结果不再是对称的。

那么，如果我们先处理右边球的碰撞会发生什么呢？在这种情况下，我们将得到一个镜像的不对称解，中间的球会向右移动。当

① 碰撞后，该系统中的总动量为 $-0.48\times1-0.37\times2+1.22\times1=0$，与初始动量相同。碰撞后系统的总能量为 $((-0.48)^2\times1+(-0.37)^2\times2+(1.22)^2\times1)/2=1$，与初始能量相同。

然，这个解仍然保持了动量和能量的守恒。

我们现在有一个真正的难题。我们会有三种可能的结果：一种是由直觉得出的对称解，以及由图 10.7 的策略得出的两种镜像的不对称解。牛顿定律没有给我们提供选择任何一个解的理论依据。不只是这三种解，还有更多的解都符合牛顿定律，它们都遵守动量和能量守恒定律。由于存在不止一种可能的行为，牛顿定律（在离散碰撞的情形下）造成了一个非确定性模型。

我们如何才能知道哪种行为与某些物理实验相匹配？这就是问题变得棘手的地方。为了进行这样的实验，我们必须确保这些碰撞是同时发生的。实际上，我们很难做到（事实上，考虑到量子力学的非确定性原理，这是不可能的）。首先，假设这些碰撞实际上并非同时发生，只是在时间上非常接近。也就是说，两个外侧的球中的一个刚好在另一个球到达之前先与中间球发生碰撞。在这种情况下，这些碰撞并不是三个球之间的一次碰撞，而是这些球两两之间的一系列碰撞。这使得问题更容易解决了，因为只有两个球发生碰撞时，碰撞后只有一个结果就能够同时保持动量和能量的守恒（排除隧道穿越的结果，即两个球互相穿过对方）。因此，如果碰撞不是同时发生的，那么这个模型仍然是确定性的。该模型只允许一个最终的行为。

如果球的质量不同，左边球先碰撞和右边球先碰撞的运动行为就不同。不管这些碰撞的时间间隔有多短，得出的结果都是不同的。令左边碰撞的时间是 $tL$，右边碰撞的时间为 $tR$，其时间差为 $d = tL-tR$。我们考虑要进行一系列实验，其中 $d$ 总是为正（右边球总是先碰撞），且 $d$ 越来越小趋近零。当 $d$ 接近零时，这些实验的结果之间几乎没有差别。比如，将 $d$ 从 1 纳秒改变为 0.5 纳秒并不会对结果形成太大的影响。最终，当 $d$ 的值变小时，这些实验结果之间就不再有显著的差异。[1]因此，实验的序列似乎收敛到了$d$=0时的运动行为。似乎当碰撞同时发生时，极限的运动行为应该是唯一的运动行为。

然而，事实并非如此。如果我们重复相同序列的实验，但这一次我们设定$d$总为负，然后，我们再一次得到一个运动行为的序列，那么这些行为越来越接近在一起，它们似乎收敛到一个行为，但它们并不会收敛到与之前实验序列相同的运动行为。

在极限情况下，当$d$达到0时，碰撞会同时发生。此时的运动行为将取决于我们正在进行的实验序列，即$d$>0还是$d$<0。当$d$趋近0时，这两个实验序列会收敛于不同的运行行为。当碰撞同时发生时，我们没有任何依据能够在这两种极限情况之间进行选择，因此，我们必须假设它们都是可能的。它们都能保持动量和能量的守恒。

在$d$为零的唯一实验中，该模型会有不止一个可能的结果，因此该模型是非确定性的。然而，如果$d$不为0，无论其值多小，该模型都是确定性的。数学家会称所有这些确定性模型的集合是不完备的，因为这个集合不包含它自己的极限点。在这个极限点，即当$d$正好达到0时，模型就变得不确定了。确定性模型的集合在$d$=0时就有漏洞了。

请注意，仅是不允许$d$=0还不够，因为要做到这一点，我们必须不允许$t_1$和$t_2$之间有连续变化。假设时间是一个连续统，就像目前所有的物理模型一样。$t_1$可以跳过$t_2$，在这种情况下，会有一个点$t_1$=$t_2$，由此$d$=0。请注意，如果按照数学物理学的要求将时间进行量

---

① 从技术上讲，相互之间差异极小的这样一个实验序列被称为柯西序列，以法国数学家奥古斯丁-路易斯·柯西的名字命名。如果一个模型空间中的每个柯西序列都收敛于该空间中的一个模型，就称这个模型空间是完备的。然而，确定性模型的空间是不完备的，请参见作者在文献中的证明李（2016）。

化，那么这一点更难避免。然而，无论如何，我们都不想这样做，因为这样做就意味着几乎要放弃所有的现代物理学理论，包括牛顿定律、薛定谔方程和爱因斯坦的相对论。

我曾在 9.3 节中指出，一个过程的近似并不具备与实际过程相同的性质，除非连续统和可数集之间没有显著的差异。这个桌球思想实验强化了我的这个观点，即任意接近的近似可能与实际的事物存在着很大的不同。如果“实际事物”是同时发生的碰撞，那么这个思想实验表明，所有任意接近它的近似都是确定性的，但实际的事物并非如此。此外，我们还可以设定两种情形，一种是 $d<0$，另一种是 $d>0$，它们的所有参数都彼此任意接近，但它们会给出截然不同（但仍然是确定性的）的运动行为。我们不得不得出这样的结论：用多伊奇的话说，就是对一个“实际事物”的“任意精细的接近”并不会达成这个事物”。在这个桌球实验中，同时发生的碰撞的所有近似都是确定性的，但在实际中同时发生的碰撞却不是。

如果离散地处理碰撞，这个物理系统的任何模型都会遇到这个问题。离散地处理碰撞到底是什么意思？在这种情况下，它意味着模型关注了碰撞前后的时间，但碰撞本身并不占用任何时间。也就是说，碰撞是瞬间发生的。在碰撞前的一瞬间，我们有一种确定的能量—动量排列，在碰撞后的一瞬间，我们有另一种能量—动量排列，而这个模型只要求总能量和总动量是守恒的。

另一种选择是不要将碰撞视为一个离散事件。它并非瞬间发生，而是占用了一定的时间。当球的分子足够接近并开始相互影响的时候，碰撞就开始了；而当它们之间的距离足够大且不再显著地互相影响时，碰撞就结束了。我们可以用经典力学（牛顿定律）或量子力学（薛定谔方程）来描述一个波函数的连续演化。这两种方法产生的模型都是确定性的，但对初始条件极其敏感，因此所产生的模型会是混沌的。

非离散的经典力学解是很容易理解的。假设这些球总是有一点儿弹性，也就是说，当一个球的分子与另一个球的分子足够接近并开始相互作用时，这些球的分子就会被挤压在一起，就像弹簧被压缩了一样。此时，球的移动速度会慢下来。压缩的分子暂时将动能转化为潜在的势能，因此能量仍然是守恒的。随着球的分子被不断压缩，球的运动会减慢，直到停止。然后压缩的分子开始释放压力，将势能转化为动能，并将球推开。这样的模型是确定性的，但是，它对球的初始位置、速度和弹性非常敏感。如果这些参数略有偏差，就都会产生完全不同的运动行为。

所以我们有这样一个选择。我们可以选择接受一个离散的碰撞模型，在这种情况下，我们会失去可预测性并陷入非确定性；或者，我们可以选择拒绝接受离散性，构建一个分子相互作用的精细模型，在这种情况下，我们将失去可预测性并陷入混沌。在这两种情况下，我们都失去了可预测性。然而，接受离散碰撞的模型比建模分子相互作用的模型要简单得多，所以采纳非确定性的模型似乎是更好的选择。

## 10.4 决定论的硬和软

决定论把我们的注意力集中在以一个单一的行为、单一的反应和单一的“正确答案”，来回答一个系统将如何对一个激励做出反应的问题。作为一种知识工具，它是有价值的。对于波普尔的科学可证伪性原则而言，能够确定“正确答案”是至关重要的。如果一个理论的行为与该理论预测的正确答案的偏差超过了测量误差，那么这个实验就证伪了这个理论。

在模型的工程应用中，确定性的模型定义了系统的“正确行为”。任何明显偏离正确行为的物理系统都表明实现该系统的模型是有缺陷的。对正确行为进行明确定义是所有数字技术的基本原则。

“数字”的概念将混乱的物理世界离散化，明确地区分 0 和 1，是和否，对和错。这是塞尔硬和软这一观点的根本。

然而，当我们将地图与地域混为一谈时，我们必须小心避免落入由其带来的困境。确定性是模型所具有的一种清晰、明确的属性，却是物理系统的模糊和不可靠的属性。几乎所有的基本物理模型都是确定性的，然而，物理世界是否存在一些在本质上是非确定性的行为，这仍然是一个悬而未决的问题。这个问题与其说是技术上的，不如说是哲学上的，因为物理世界的任何非确定性模型都可能只是反映了一个未知的未知，反映了一些决定结果但对我们不可见的隐藏变量。[①] 正如霍金观察到的那样，我们对物理世界的认识永远不可能是完整的，因为我们永远无法肯定地断言物理世界是非确定性的。随着我们观测物理世界的技术与能力不断提高，隐藏变量或未知的物理定律可能会在将来显现出来。

不管物理世界是否是确定性的，人类已经学会了制造诸如晶体管等物理装置，它们表现出与离散的、数字化的确定性模型高度符合的行为。你的笔记本电脑中的晶体管每秒可以开关数十亿次，工

① 在量子力学中，以爱尔兰物理学家约翰 · 斯图尔特 · 贝尔的名字命名的贝尔定理，用量子纠缠排除作为实验观测到的量子系统中随机性来源的隐藏变量。具体来说，这些实验表明，在空间中的一个点上进行测量，可以立即影响在遥远点上进行的另一个实验的结果，这似乎违反了通信技术中的光速限制。爱因斯坦把量子物理学的这一特性称为“幽灵般的超距作用”。有趣的是，虽然贝尔定理似乎表明随机性在物理世界中是真实的，但一个同样可以解释得通的办法是——在一种极强的方式下，世界实际上是确定性的，其中的每个粒子从一开始就携带着可能在将来任何时候发生的所有测量结果。因此，即使是这个结果，也不能肯定地证明随机性在世界中是真实的。

作数年而不会出现偏离由确定性模型所定义的正确行为。这种与确定性模型的高符合度是人类创造的任何其他人工制品都无法比拟的。

因此，模型中的确定性是非常有价值的，但这并不意味着工程师应该放弃非确定性的模型。事实上，非确定性是克服确定性的局限性的重要工具。例如，如果一个确定性模型因为过于复杂而难以分析，那么非确定性模型可能会更有价值。一个非确定性模型可以呈现出多种行为，但如果所有这些行为被证明是可以接受的，那么一个非确定性的模型同样可以提高设计的可信度。

尽管图灵机和算法通常都是确定性的，但是，非确定性在计算机科学的理论和实践中同样发挥了核心作用。例如，并发软件，即多个程序同时执行，可能就很难甚至是不可能被确定性地建模。

非确定性在计算机科学一个悬而未决的关键问题上也扮演着核心角色：*P* 是否等于 *NP*。这个问题似乎是在 1956 年库尔特·哥德尔写给约翰·冯·诺依曼的一封信中首次被提出的。这个问题是，一个答案容易验证的问题是否也容易被求解。“*NP*”中的“*N*”代表了“非确定性”，但是，我们无法在这里充分解释这个问题，这会把我们带得太远。如果你感兴趣，可以在维基百科上找到一篇很不错的文章。

根据波普尔的说法，在科学中，一个理论的模型必须预测一个物理系统的行为，否则该理论就是不可证伪的，因此也是不科学的。然而，确定性模型不一定产生可预测性。确定性模型往往对初始条件极为敏感，也常常表现出混沌现象。即使是纯离散的、数字的和计算的确定性模型，也可能表现出极其复杂的混沌行为。

与科学相反，在工程领域，可预测性可能不如可重复性重要。可重复性能够确保一个工程系统将严格按照所设计的那样运行，具有很高的可信度。即使该设计可能呈现出过于复杂而无法预测的行为，这也是有价值的。

根据沃尔弗拉姆的说法，数字技术必须展示极其复杂的行为的这种能力，证明了一种“新物理学”的信念是合理的。这种新物理学以一种纯离散的、计算的方式建模物理世界。我曾在第 8 章中指出，我发现自然界不太可能将自身局限于一个小的计算过程的集合。即使确实如此，物理世界的计算模型也是有价值的。例如，模拟天气的模型是确定性的、混沌的、离散的和计算性的，但是，这样的天气模拟模型至少在预测未来几天的天气状况方面表现出色。即使这些模型的预测价值是有限的，即使这些模型的机制不符合大自然的机制，这些模型也提供了洞察自然界中那些过程的巨大能力。

也许比起混沌，更令人不安的是确定性模型的不完备性。任何丰富到包含了牛顿运动定律的建模框架，如果它们允许离散行为，那么它们是不完备的。因此，这类确定性模型都存在“漏洞”，也就是不能被确定性建模的极限情况。这一观点的哲学意义似乎是深远的。这意味着，既允许离散行为又允许连续行为的物理世界模型也必须允许非确定性。

混沌和非确定性都限制了模型的预测价值。混沌和非确定性似乎都是不可避免的。由于我们的预测能力有限，所以我们对未来的看法总是不确定的。任何面向实际使用的、足够丰富的建模框架都必须处理不确定性。下一章我将探讨如何面对和管理不确定性。

# 11.
# 概率与可能性

在本章，我将探讨概率的含义，我认为概率在根本上是有关系统不确定性的模型，而不是一个系统的直接模型；我重新讨论了连续统的问题，并说明连续统上的概率模型会进一步强化数字物理学是极不可能的这一结论。

## 11.1 贝叶斯学派和频率学派

科学家一直在寻找物理世界的模型。即使物理世界的确是确定性的，拉普拉斯试图以确定性的模型解释自然世界的议题也会由于复杂性、决定论的不完备性、混沌的不可预测性，以及沃尔珀特证明拉普拉斯妖的不可能性中的任意一个或者全部四个因素的出现而化为泡影。如果我们抛开决定论的不完备性（通过禁止具有离散行为的模型），那么拉普拉斯的议题仍然可能存在，但只能作为一个哲学问题来进行思考。它不再是一个科学或工程问题，因为要么解释者（恶魔）是不可能的（按照沃尔珀特的说法），要么任何解释都会由于混沌而几乎丧失预测价值。缺乏预测价值的模型不可能被证伪，因此它无法通过波普尔的科学检验。加上霍金的观察，哥德尔定理意味着自然界的模型永远不会是理想的，同时，图灵的结论表明，只是通过查看代码，我们无法了解某些程序的功能。这一切都似乎表明，我们别无选择，只能接受不确定性。

请读者们注意，即使我们坚信爱因斯坦的“上帝从不掷骰子”这一说法，我们也不得不接受不确定性的存在。无论物理世界是否存在随机现象，我们的模型都不可能是确定性的。一旦我们有了包含不确定性的模型，这些模型对物理世界中是否存在机会这一哲学问题就是有力的支撑。不管是否存在，这些模型都会发挥作用。

与科学家不同，工程师寻求模型的物理实现。在前一章的内容中，我认为确定性是模型的一个非常有价值的属性，因此，如果我们能够找到与确定性模型高度匹配的物理实现，就会得到一个强有力的伙伴关系。然而，这种方法也有其局限性，就像确定性模型的科学运用也有局限性一样。除了混沌的不可预见性，我们很容易发现自己处在这样的一种情况下：我们对物理实现的了解还不够，因此无法构建可信的确定性模型。在这种情况下，能够对我们所缺欠的知识进行明确建模仍然是很有价值的。这就是概率模型的作用。

拥抱不确定性也可以为我们提供一种应对复杂性的方法。来考虑任何本质上非常复杂的系统，例如第 6 章提到的空客 A350，即使我们能够构建一个确定性模型来描述它的行为，这个模型也很可能是不可理解的。如果我们能够认可系统存在的不确定性，那么我们会改变我们的目标。我们寻求的不再是确定性，而是可信度。

但什么是不确定性，我们又如何对其建模呢？非确定性模型给出了一种建模不确定性的简单方法。我们只需要创建具有多个被允许行为的模型就可以了。然而，这往往过于简单。非确定性模型本身并没有指明到底哪个被允许的行为更有可能发生。事实上，它们完全忽略了可能性的概念。

现在我可以在这里玩一个小戏法了。我可以将随机性定义为不确定性，然后将不确定性定义为可能性，再将可能性定义为概率，最后将概率定义为随机性。我可以用华丽的语言来描述它，这样你甚至不会注意到它是循环的。我甚至可以用“随机”和“测量”增加其分量，但你还是不知道我在说什么。当然，我不会这样做。相反，我会比较坦率地说，概率是被循环定义的。它是一个不证自明的公理系统，具有牢靠的、易于理解的数学性质。唯一需要说明的是，如何将其模型应用于物理世界，这是一个难题。

从哲学的角度来看，概率论是一套令人惊讶且有争议的理论，尽管它建立在数学之上且已发展成熟。我同意这样一个观点，即概率就是量化我们所不知道的事物的一个形式化模型。也许产生争论的原因在于，当我们在任何时候谈论我们所不知道的事物时，我们不能真正明白我们在谈论什么。

我们可以把如何理解不确定性（它只讨论可能性）和概率论（它试图量化不确定性）之间的差异作为切入点。我们到底有多么不确定呢？借用米歇尔·塞尔的观点，康纳指出，概率和可能性之间的区别是众多硬与软的对立关系中的一种，正如我们在第 4 章中讨论的那样。

> 概率表示“不确定但可计算”，而可能性表示“确定但不可计算”，我们只能将两者的差距视为硬与软的另外一种表现形式加以把握了。（康纳，2009）

概率用以量化已知的未知，而未知的未知只能用可能性来处理。

可能性是用非确定性来建模的，但如果想要有一个可计算的不确定性理论，我们就需要概率。例如，概率论使我们在收集数据的时候，能够对某些事情更加确定，同时保留了从更多数据中学习的空间，并留下了剩余的不确定性。这一方法要归功于 18 世纪英国数理统计学家和神学家托马斯·贝叶斯。有趣的是，这个现代数学方法最早源于拉普拉斯，显然，他是在对冲他的“恶魔”是否能真正消除所有不确定性的赌注。

我在第 7 章使用了概率，当时我分析了均匀硬币和非均匀硬币的例子。在那一章中，均匀硬币正面朝上的概率为 0.5，而非均匀硬币正面朝上的概率为 0.9。这些数字的真正含义是什么？为了回答这个问题，我们先来看一场长期存在的哲学争论。虽然概率论的专家们对他们所使用的数学机制达成了很普遍的共识，但他们在这些数字的基本含义上仍然存在分歧。这些专家分为两大阵营：频率学派和贝叶斯学派。在贝叶斯学派的模型中，概率是对不确定性的量化估计。而在频率学派的模型中，概率是一种关于重复实验如何能够得出结果的表述。让我来具体解释一下。

我们来看“正面朝上的概率是 0.5”这个表述。对于频率学派，这意味着“在反复掷硬币的过程中，平均有一半的结果将是正面朝上”。而对于贝叶斯学派来说，同样的说法意味着“我不知道掷硬币的结果是正面还是背面朝上，所以我没有理由期待一种结果多于另一种结果”。频率学派的表述是关于重复的独立实验，而贝叶斯学派的表述是关于不确定性的，也就是关于我们所不知道的事物的。

现在我们来考虑关于非均匀硬币的表述，即“正面朝上的概率是 0.9 ”。对于一个频率论者，这意味着“如果我反复地掷这枚硬币，平均来说，10 个结果中会有 9 个是正面朝上的”。而对于一个贝叶斯论者来说，这个同样的说法表明，“我坚信掷硬币很有可能会出现正面朝上的情况”。0.9 这个数字量化了这种信念的强度。

如果你将这枚非均匀硬币掷 $N$ 次，如果 $N$ 是一个足够大的数值，那么频率学派和贝叶斯学派都将期望看到 $N \times 0.9$ 次正面朝上的结果。这是概率论中一个核心原则的非正式表述法，被称为大数定律。具体来说，这个定律断言，对于足够大的 $N$，正面朝上的实际次数，记为 $M$，将接近 $N \times 0.9$。在这里，“将接近”意味着 $M/N$ 与 0.9 的差大于某个较小的数的概率非常小。[①]

更具体地说，“非常小”意味着对于任意特定值，我们可以通过选择一个足够大的 $N$ 值来使这个概率尽可能地小。

尽管两个学派对大数定律的看法达成了一致，但是仍然存在着深层次的差异。频率学派认为，大数定律是概率的基本定义。概率就是关于重复实验的一种表述，仅此而已。然而，贝叶斯学派将概率作为不确定性的一种度量，它是一个主观概念，因此即使只有一次实验，也可以解释概率的意义。

假设你正在掷第 7 章所说的一枚非均匀硬币，其正面朝上的概率为 0.9。假设你第一次掷出的结果是背面朝上，我会对此感到惊讶。假设你第二次又掷出背面朝上的结果，我会感到更惊讶。假设第三次掷出的还是背面朝上，现在，我会惊讶至极。

频率学派和贝叶斯学派都认为这样的事件序列是极不可能发生的，他们都认为这个结果的概率是 $0.1 \times 0.1 \times 0.1=0.001$（千分之一）。两个学派都会说：“哇，那真的不太可能。”他们可能会怀疑有什么地方不对劲，但随后，他们还是会分道扬镳。

频率学派和贝叶斯学派都使用概率模型认知世界。一个频率论者可能会设计一项科学实验研究硬币难题，以检验你掷硬币时正面

---

① 技术呆子们喜欢用希腊字母（epsilon）来表示微小的差异。这甚至已经无形中渗透到他们的“方言”中。例如，一个技术呆子可能会说：“我只差 epsilon 这么点儿就读完这本书了。”

朝上的概率为 0.9 的假设。他将这一假设称为“零假设”，然后，再假定另一种假设，例如，硬币实际上是均匀的。[1]之后，开始进行实验。假设结果是正面朝上。频率论者会冷静地观察到，发生这种情况的概率很高，是 0.9。假设下一次掷硬币的结果是背面朝上，频率论者则会说，“这不太可能”。掷一次硬币得出背面朝上的概率是 0.1，但更有趣的是，在两次重复的实验中，我们都看到了背面朝上的结果。在两次掷硬币的实验中，能看到至少一次背面朝上的概率为 $0.1 \times 0.9+0.9 \times 0.1+0.1 \times 0.1=0.19$（因为有三种可能发生的结果）。

这种 0.19 或 19% 的概率被称为“$p$ 值”。这是在给定零假设的前提下，对看到一个至少和所观察到的结果（两次掷硬币出现一次背面朝上）同样极端的可能性的度量。19% 的概率很小，但还不足以拒绝零假设。这枚硬币仍然可能是一枚非均匀的硬币。

继续进行实验。你再掷一次硬币。假设结果再次是背面朝上。那么，我们现在已经看到掷三次硬币出现两次背面朝上的结果。如果硬币是非均匀的，这样的结果应该不太可能。通过研究三次掷硬币至少出现两次背面朝上的所有可能性，我们得出 $p$ 的值为 0.028，或者 2.8%。此时，频率论者会说：“嗯……这个 $p$ 值低于我拒绝零假设的阈值 5%。因此，我得出结论是，你所掷的硬币不是我所认为的非均匀硬币。”

以波普尔的理论来看，这个频率论者对这个问题的处理方法是客观和科学的。他构造了一个假设，然后设计了一个实验来证伪它。当数据表明该假设很可能是错误的时候，他就会拒绝该假设。

然而，贝叶斯论者会以一种完全不同的方式来处理这个问题。

---

① 实际上，可选假设的范围可能更广。硬币正面朝上的概率可能是小于 0.9 的某个未知值。这一假设甚至还包含了硬币是其他非均匀硬币的可能性，例如，其正面朝上的概率为 0.1。但是，这些都不会以任何方式改变实验或其结论。

她也会怀疑你掷的硬币不是她所认为的非均匀硬币。但她会从量化她最初的不确定性开始。假设她给你一枚非均匀硬币，其正面朝上的概率为 0.9。那么，她会认为你掷的硬币很可能就是那个特定的非均匀硬币。她先为这个信念赋一个值，例如，她认为有 80% 的把握认为你掷的是她原来给你的那枚硬币。这是一种主观判断，她将其称为先验概率。先验概率是在任何观测数据之前对不确定性的一种度量。

有了这个设定的先验概率，就可以开始实验了。假设第一次掷硬币的结果是正面朝上。因为这枚非均匀硬币正面朝上的概率是 0.9，所以贝叶斯论者并不会感到惊讶。这似乎恰恰加强了她的先验概率。她现在使用贝叶斯公式，这给了她一种特定的方法来使用这个新数据，并更新她的先验概率。

令 $U$ 表示该硬币是她给你的非均匀硬币这一断言。这个贝叶斯先验概率为 $p(U)=0.8$。令 $H$ 表示掷硬币得到正面朝上的结果。如果硬币是非均匀的，那么这个结果的概率是 $p(H|U)=0.9$，意思是“假定该硬币是非均匀的，正面朝上的概率是 0.9”。然后，贝叶斯公式为贝叶斯论者给出了一种更新先验概率的方法，如下所示：

$$p(U \mid H) = \frac{p(H \mid U)\, p(U)}{p(H)} \tag{2}$$

公式左边的 $p(U|H)$ 表示“掷硬币得出正面朝上的结果时，该硬币为非均匀硬币的概率”。这种新的概率是一种被更新过的信念，被称为后验概率。它量化了我们在观测到数据之后关于硬币是否为非均匀硬币的不确定性。

因此，贝叶斯公式为我们提供了一种系统的方法来更新我们在观察世界时的主观信念。

我们有足够的信息来计算公式右侧分数的分子，因为我们知道

$p(H|U) = 0.9$，且 $p(U) = 0.8$。唯一的难点是分母，它是硬币正面朝上的概率，无论硬币是否非均匀。这个概率就是掷非均匀硬币（0.9）时看到正面朝上的概率与掷均匀硬币（0.5）时看到正面朝上的概率的加权平均，其中权重分别为硬币为非均匀硬币的概率（0.8）和为均匀硬币的概率（0.2）。由此，分母为 $0.9 \times 0.8 + 0.5 \times 0.2 = 0.82$。

综合起来对公式（2）求值，贝叶斯论者计算出的后验概率为 0.878。也就是说，她有 87.8% 的把握确定这枚硬币是非均匀的。正面朝上的观察结果使她更加坚信该硬币是非均匀的。在观察任何数据之前，她有 80% 的把握。现在她有 87.8% 的把握了。

我们继续进行实验。假设下一次掷硬币的结果是背面朝上。然而，在假设该硬币非均匀的前提下，这一结果是不太可能发生的。因此，这个结果会导致对硬币是非均匀的信念的降低。我们的贝叶斯论者将再次运用贝叶斯公式（2）。她不会告诉我们令人厌烦的细节，但是会告诉我们，贝叶斯公式给出了一个新的后验概率为 0.59。也就是说，她现在只有 59% 的把握认为这枚硬币是非均匀的。请注意，背面朝上的结果对她信心的削弱大于正面朝上的结果对她信心的增强。这是因为，背面朝上的概率要比正面朝上的大得多，所以背面朝上的观察结果会携带更多的信息。事实上，在第 7 章中，我给出了硬币非均匀的情况下，香农如何计算出观察到硬币背面朝上所携带的信息是观察到正面朝上的 22 倍（3.32 比特对 0.15 比特）。[①] 因为这个观察带有更多的信息，也就是说，我们的贝叶斯论者了解到更多的信息，并且更多地调整了她的先验概率。

---

① 在本书的第 7 章，我们假设硬币是非均匀的。我们可以调整信息量的计算方式，以考虑到我们只有 80% 的把握来确定硬币是非均匀的。通过这种调整，正面朝上的概率变成 $p(H) = 0.82$，而不是 0.9。正面朝上的结果所包含的信息量从 0.15 比特变为 0.29 比特。相应地，硬币背面朝上的概率由 0.1 变为 $p(T) = 0.18$，同时，观测到硬币背面朝上的结果所包含的信息量由 3.32 比特减少为 2.47 比特。

继续这个实验，假设下一次掷硬币再次出现背面朝上的结果。那么根据贝叶斯公式，在观察到这一点之后，我们的贝叶斯论者将只有 22% 的把握确信这个硬币是非均匀的。她现在实际上相信，这枚硬币更有可能是均匀的，而不是非均匀的。频率论者会得出同样的结论，并拒绝了硬币非均匀的假设。频率论者并没有任何机制去考虑贝叶斯论者给了你一枚非均匀硬币这样的先验信息。因此，频率论者的实验更加客观，但这个实验也忽略了我们实际拥有的信息。

如果我们继续实验，并再次观察到背面朝上的结果，我们的贝叶斯论者就只有 5% 的把握认为硬币是非均匀的。她现在很确定这枚硬币不是她给你的那枚非均匀硬币。但是，还是需要更多的观察才能达到这样的可信度，因为必须用数据才能消除她的偏见。然而，频率论者并没有考虑这种偏见的机制。

贝叶斯学派的方法具有主观性。这与将概率解释为不确定性的度量而非重复实验结果的百分比的度量是一致的。不确定性必然是主观的。不存在任何客观的物理现实，其关于任何事物都可能是不确定的。不确定性是人类认知范畴中的一种概念。

对于物理世界是否真是确定性的这一争论，贝叶斯学派对概率的解释是强有力的。如果世界真的是确定性的，那么频率学派的观点是站不住脚的。重复地进行一个实验到底意味着什么？

如果每一次重复实验的初始条件都是相同的且世界是确定性的，那么实验的结果应该是一样的，这就意味着这个频率论者的重复实验是毫无意义的。显然，每次重复实验的初始条件需要有所不同。但它们之间有什么差异？这种差异又有多大？初始条件上的差异性似乎是产生不同结果的唯一原因。可是，频率论者忽略了这种差异性。或者，只是说频率论者不能确定初始条件？但是，频率论者不也面临着主观的不确定性吗？

假设存在一个确定性的物理世界，那么频率学派对概率的解释就是有问题的，而贝叶斯学派的解释没有问题。贝叶斯学派使用概率模型来量化不确定性，无论物理世界是不是确定性的，不确定性都存在。此外，贝叶斯学派的方法将学习进行了系统化，这正是减少不确定性的过程。我们能够以不那么特别的方式从数据中学习。这样，贝叶斯学派的方法会在机器学习领域占据主导地位也就不足为奇了。在机器学习领域，计算机程序会不断更新世界的概率模型。我们在本书第 1 章看到的维基百科系统中的破坏行为检测器，就是这种机器学习应用的一个示例。

频率学派和贝叶斯学派使用了几乎相同的数学框架，其中包括贝叶斯公式（2）。虽然他们的实验方法与之前掷硬币的实验方法存在差异，但通常这两个阵营之间并没有什么不同。两大知识分子阵营之间的分歧如此之大，却几乎总是一致的，这一点让人感到奇怪。这就像苏斯博士的《黄油大战》一书描述的情形那样，两大阵营之间爆发了一场军备竞赛，但不同的只是应该往哪一边抹黄油。实际上，贝叶斯学派和频率学派之间的差异更为哲学，但在那个层次上，它们之间的差异是深刻的。

香农的信息概念与贝叶斯学派的解释非常吻合。直观概念是，信息对抗无知。接收信息才能不断地更新我们对世界建立的模型，或者进行学习。我们接收的信息越多，我们越能更新我们的模型。即便掷非均匀硬币出现了正面朝上的结果，我们也不会感到惊讶，因为这正是我们期待的结果之一。这个结果包含的信息量很少（按照第 7 章的计算，只有 0.15 比特）。[①] 这样来看，我们并不会对原来模型进行太多的更新（在之前的例子中，只是从 80% 增加到 87.8%）。相反，

---

① 或是调整使用先验计算方法之后的 0.29 比特。

如果掷硬币后出现背面朝上的结果，那么我们会感到有点儿惊讶。因为根据我们预先的设想，出现这种结果的概率为 0.1，可以说，这是一个不太可能出现的结果。那么这个结果所包含的信息量更高（如第 7 章的计算，为 3.32 比特）。[①] 我们对模型进行了更多的更新。我们如果不能从反复观察到的硬币背面朝上的结果中学到一些东西，也不能更新我们的模型，我们就是教条和固执己见的。

事实上，贝叶斯学派的概率给了我们一种理解这种教条的方法。如果我一开始就绝对肯定硬币是非均匀的，那么我的先验概率会是 $p(U) = 1$，贝叶斯公式就不可能用于学习。在贝叶斯公式（2）中，我们会看到，如果 $p(U) = 1$，$p(H|U) = p(H)$，那么后验概率 $p(U|H)$ 将等于先验概率 $p(U)$。无论掷硬币的结果如何，贝叶斯公式都不会改变我们的想法。即便是贝叶斯本人也不能克服顽固的教条主义。如果你下定决心不去学习，那么你便不会学习，无论你在世界上观察到了什么。贝叶斯公式恰恰证明了这一点。

在《科学发现的逻辑》一书中，卡尔·波普尔强烈反对贝叶斯学派的方法（他把这种方法称为拉普拉斯学派的方法）。他认为，贝叶斯学派对概率的解释是主观性的，而主观性在科学领域中并无地位。

> 该学派把可能性的程度当作一种衡量尺度，来衡量确定性或不确定性、信赖或怀疑的感觉，而这些感觉可能是由某些断言或猜想导致的。对于一些非数值型的表述而言，“可能”一词以这种方式加以解释可以令人相当满意。但在我看来，这样的解释对于数值型的概率表述似乎并不十分令人满意。（波普尔，1959:135）

---

① 或是调整使用先验计算方法之后的 2.47 比特。

换句话说，这样的“感觉”不应该被赋予数字。然后，波普尔将此归功于英国经济学家约翰·梅纳德·凯恩斯。凯恩斯在1921年出版的《概率论》一书中，将概率解释为“合理信念度”，完善了拉普拉斯和贝叶斯关于概率的概念。对于波普尔来说，这种解释可以更理性地赋予一个数字，但它仍然是主观的。波普尔毫不吝啬地表达了他对频率学派方法的偏爱，他断言该方法是客观的：

> 我声明我忠实于一个客观的解释；主要是因为我相信只有客观的理论才能解释概率微积分在经验科学中的应用。（波普尔，1959:137）

然后他承认，“主观理论……所面临的逻辑困难比客观理论要少一些”，但这是因为它们是“非经验性的……它们是恒真命题”。这是一个建立在自己假设基础之上的理论，就像数学中的公理论。波普尔宣称这是“完全不能接受的”。

频率学派的观点似乎具有更好的可测试性优势，迎合了波普尔对经验方法的偏好。具体来说，贝叶斯学派的方法总是需要一个先验概率，这个先验概率的使用并未经过测试。但是，贝叶斯学派将根据新的证据调整先验概率，而不是证明或证伪一个假设。

这种方法怎么会比频率学派的方法更缺乏经验性呢？一个频率论者会把反复掷硬币当作一项科学实验，目的是证伪硬币是非均匀的这一假设。但是对假设的证伪什么时候才能实现？什么时候应该拒绝这一假设？频率学派使用一种特殊的测量方法，其中 $p$ 值的阈值通常为5%或1%。这种方法怎么就不那么主观了？即使是非均匀的硬币，出现一连串背面朝上的结果也是有可能的，只是可能性不太大罢了。

贝叶斯公式提供了一种从观测数据中学习的系统化方法。这个贝叶斯方法恰恰印证了所有模型都是错误的这一观点，并提供了一种改进模型的方法。客观的方法只是提供一种拒绝模型的方法，但是正如库恩指出的，由于所有的模型都是错误的，所以所有的假设都应该被拒绝。即使如此，频率学派的方法也不是那么严格的，因为它依赖于特殊的置信度度量，例如 $p$ 值的阈值，来决定何时拒绝一个假设。

拉普拉斯显然采取了波普尔认为不可接受的一种主观方法，但这实际上是拉普拉斯一贯坚持的立场。毕竟，拉普拉斯相信一个由确定性模型统治的确定性世界，而且这个世界可以由他的“恶魔”来预测。在这样的一个世界里，重复实验是毫无意义的。但是，拉普拉斯意识到，我们并不是非常清楚实验的初始条件。我们不太确定这些初始条件，而他的概率正是在建模这些不确定性，而不是在建模上帝掷骰子的世界中的某个固有机会。

18 世纪的苏格兰哲学家大卫·休谟支持拉普拉斯的立场（同时也可能影响了拉普拉斯）：

> 虽然世界上没有机会这种事物；我们对任何事件的真正原因的无知，也会对理解产生相同的影响，并产生一种类似的信念或观点。
> 当然有一种可能性，它产生于任何一方的机会优势；随着这种优势的增加，并且超过相反的可能性，这种可能性就会按比例增加，从而使我们发现优势的那一方得到了更大程度的信任和赞同。（选自《人类理解研究》）

与拉普拉斯不同，波普尔的观点强调统计而不是不确定性。对波普尔来说，概率并不是关于我们所不知道的情况的，而是有关大量确定性参与者个体的聚合行为。他对瀑布的描述很好地诠释了这一观点：

> 想象一个瀑布。我们可以看出某种奇怪的规律性：构成瀑布的水流大小各不相同；不时地会从主水流上溅出水花；然而，在所有这些变化中，有一种明显的规律性，它强烈地暗示了统计效应。不考虑流体动力学中那些尚未解决的问题（如旋涡的形成等），原则上说，如果给出足够精确的初始条件，我们就可以以任何期望的精度来预测任意体积的水——或者一组分子——的路径。因此，我们可以假设，有可能预测任何远在瀑布之上的分子的路径，它会在什么地方越过边缘，在什么地方到达底部，等等。用这种方法，原则上任何数量的粒子的路径都是可以计算的；如果给定了充分的初始条件，原则上我们应该能够推导出汇入瀑布的任何一个统计波动。（波普尔，1959:202）

波普尔接受了拉普拉斯的确定性世界，但他确实选择了一个难以解释的例子。流体流动的模型是非常混沌的（见图 10.1），因此，波普尔所说的“任意期望的精度”无法真正实现，无论初始条件多么精确。它们必须是完美的，所以，我们在这里可以看到明显的争论。贝叶斯学派会说，我们不知道分子会去向何处（我们能否知道是无关紧要的），我们只是使用概率来建模这种不确定性。波普尔说，我们可以知道，但是我们感兴趣的是许多分子的聚合行为，因此我们用概率来建模这种聚合行为。

虽然这两种观点都有优点，但是我个人认为贝叶斯学派的观点更有说服力，原因有三。首先，贝叶斯学派的方法包含了信息和学习的概念。在波普尔的方法中，对确定性分子聚集行为的任何描述要么是错误的要么是正确的，而且，这可以通过观察瀑布中的分子来检验。如果通过观察我们发现我们的聚合模型是错误的，那么我们可以更新模型，然后再次尝试。但是，这个更新（对于波普尔来说）必须发生在概率论之外的一个元理论中，因为概率并不会对我们所知道的和所不知道的事物进行建模，它只是对聚合行为进行建模。因此，模型的更新变得主观，而且可能反复无常，因为原则上讲，元理论不能帮助我们进行更新。具有讽刺意味的是，今天我们使用的许多机器学习技术，如在维基百科的破坏行为检测器中使用的技术（见第 1 章），使用的都是贝叶斯学派的模型。更具讽刺意味的是，这些机器学习算法是完全机械化的，是在没有人类干预的情况下运行的。然而，按照波普尔的说法，它们是主观性的。显然，我们很难调和这些观察及分析。

其次，贝叶斯学派的方法在讨论稀有事件的时候会更有意义。一个贝叶斯论者会说，“未来 30 年旧金山发生大地震的概率是 63%”（菲尔德和米尔纳，2008）。我认为一个频率论者不太会理性地做出这样的陈述。可以肯定的是，这样的说法是不可被证伪的，也不是关于许多不确定性个体行为的聚合行为的陈述。[①] 如果这样的说法能够得到严谨研究的支持，它就反映了许多专家的综合观点以及计算机模拟模型的使用情况，而这些模型是根据以往实际地震的经验得出的。然而，这样的先验经验还远远不够，不足以采用一个频率论者对概率所做出的解释。尽管如此，我发现对稀有事件的陈述依然是有用的（如果是令人恐慌的）。这些陈述量化了我们所知道的和不知道的事物，而且，对稀有事件的推理是安全关键工程系统的一个重要组成部分，例如空客 A350。

第三，也是最后一点，我发现贝叶斯学派的观点会更令人信服，原因在于它涵盖了那些频率学派的解释似乎无法很好进行处理的情况。

---

① 我想，除非我们采用艾弗雷特对量子力学的多世界的解释，这个解释假设多个世界在与我们相同的时空里平行存在。因此，就会有很多个旧金山，其中一些会发生地震，而有些则不会。然而，即使是这个理论，也不允许对多世界进行任何观察，所以该理论仍然是不能证伪的。

例如，假设掷出了一枚硬币，但在你能观察到它之前，掷硬币的结果被杯子挡住了。当杯子被移开时，你看到硬币正面朝上的概率是多少呢？不论你做了多少次移开杯子的实验，结果总是一样的，所以频率学派似乎不得不说硬币正面朝上的概率要么为 0 要么为 1，但我们不知道是哪一种。然而，贝叶斯学派解决这种情况并没有什么困难。他们认为观察到正面朝上的概率与掷硬币之前的情形是相同的。

## 11.2 再论连续统

迄今为止，我只考虑了出现有限数量可能结果的事件的概率。例如，掷硬币的结果要么正面朝上要么背面朝上，地震要么发生要么不发生。然而，现实世界往往更加混乱。一枚硬币可能会垂直陷在淤泥里，既不会正面朝上也不会背面朝上。地震时时刻刻都在发生，不过幸运的是，大多数地震都小得感觉不到。我们所不知道的许多事情都具有超过有限数量的可能结果。要想解释这些情形，就需要对概率论进行一些改造。

考虑一个思想实验。假设你投掷一枚飞镖，然后你要测量你站立的位置与飞镖落地的位置之间的距离。这是一个物理过程。我将它的“输出”定义为到飞镖的最终距离。假设这个距离是一个连续统（详见第 9 章）。你可以精确地测量出距离，并以英寸为单位的实数来度量距离。例如，飞镖可能在 120.5 英寸的位置落地。

现在，到飞镖的距离是整数的可能性有多大？凭直觉，我希望你明白这是不可能的。事实上，对于这个过程的一个合理的概率模型，结果是整数的概率是零。非整数的距离比整数距离要多得多。

好吧，也许你会说，让我们用毫米而不是英寸来测量距离。现在出现距离是整数的可能性又是多少呢？如果测量是精确的，那么这个概率将再次为零。非整数的距离仍然远远多于整数距离。事实上，对于任何精度的测量，得到一个整数的概率都是零。

然而，事情会变得更加奇怪。假设我投掷飞镖，它正好落在距离我 120.123 英寸的地方。请注意，我并不要求我们真的能够测量出这个距离。飞镖总得落在某个地方，某些神灵知道它落在距离我 120.123 英寸的地方，尽管我不知道。在一个合理的概率模型中，飞镖落在 120.123 英寸处的概率为零。事实上，它落在任何特定距离的概率都是零，但是它还是落在了某个地方。它落在任何地方的概率都为零。然而，我们还是不能放弃概率。现在请耐心地听我解释。

对于具有有限数量可能结果的问题，例如掷硬币，概率是 0 到 1 之间的一个数，其中 0 表示这个事件不会发生，而 1 意味着这个事件总是发生。在我的飞镖实验中，我们不能再将为 0 的概率解释为这个事件不会发生。因为根据这种解释，飞镖将无法落地。它必须一直悬停在半空中，因为它能落地的每个点的概率都是 0，但它确实落地了。

在我告诉你细节之前，让我先指出我的论点中的一个缺陷。我已经让你想象了一种物理场景——投掷飞镖，然后用它来得出关于一个在连续统中测量距离的模型的一组结论。我正在让你把地图和地域混淆在一起。

好了，我们得挑一个实验方式。我们是想在物理世界还是模型世界中进行这个实验？如果我们选择在物理世界中做实验，那么我们会面临许多困难。首先，我要你精确地测量距离。而你无法在物理世界里做到精确测量。即使是激光干涉引力波天文台所做的实验也不能精确地测量距离，尽管通过卓越的工程技术以及 11 亿美元的投资，他们已经把测量距离的不精确程度降低到远远小于质子直径的程度，但仍然不能到零。

为了避免这些困难，让我们选择在模型的世界里做实验。现在，这就成了一个思想实验。我们当前身处一个模型的世界，我们可以假设飞镖有一个距离，是一个实数，即使我们不能精确地测量它。

这里的主要问题是，到飞镖的距离会有大量可能的值。事实上，它有无数可能的值。但有些值会比其他值更有可能。

飞镖不太可能落在距离我 1 英里的地方。它也不太可能落在距离我非常近的地方，例如落在我的脚上。如果所有距离的概率都为零，那么我们如何能够建模这些可能性中的变化性呢？

在概率论中，处理这种情况的方法是使用概率密度而不是概率。具体来说，我讲的是飞镖落在距离我 9 ～ 11 英尺内的概率。也许这个概率是 0.68。一个频率论者会把这个数值解释为：在反复投掷中，飞镖会落在 9 英尺到 11 英尺之间的可能性为 68%。一个贝叶斯论者则会将这个数解释为一种信念，即下一次投掷的飞镖落在 9 英尺到 11 英尺之间的可能性要大于落在这个范围之外的可能性。无论哪种方式，我都将为概率分配一个范围，而不是一个特定的数值。每个单个数值的概率都为零，但是一个范围的概率可能大于零。

我们投掷飞镖实验的概率密度函数如图 11.1 所示。这个图具有一个被称为“钟形曲线”的特殊形状，它表明飞镖最有可能落在 10 英尺附近，因为那是曲线最高的地方。在曲线的任何一个远离 10 英尺方向的过程中，概率密度都会逐渐减小，但实际上它永远不会为零。在这样的曲线中，曲线下的面积表示飞镖在一定范围内落地的概率。例如，阴影区域的面积约为 0.68，表明在 9 英尺到 11 英尺之间落地的概率为 68%。请注意，曲线在特定点上的值并不是飞镖在这一点落地的概率。飞镖在任何特定一点落地的概率都是零。在一个范围内落地的概率就是该范围内曲线下面区域的面积。

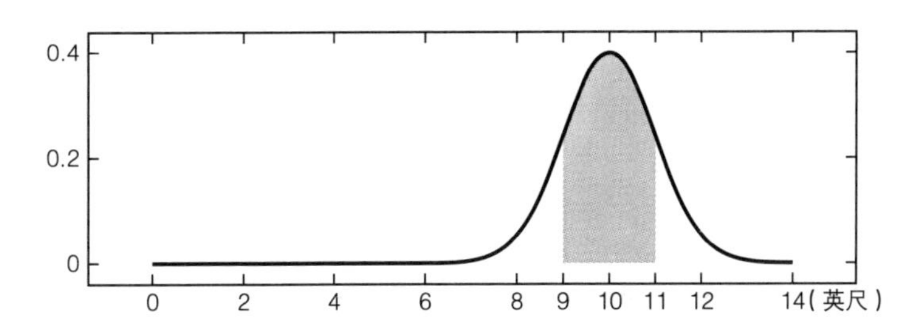


图 11.1　飞镖距离实验的概率密度函数。

回顾第 7 章的内容，香农的信息模型表明，一个稀有事件比一个普通事件携带更多的信息。如果一个事件的概率为零，例如飞镖落在 120.123 英寸处的事件，那么对该事件的一次观测将携带无限数量的以比特为单位的信息。尽管如此，香农仍然使用了一个有限的数字来建模投掷飞镖的信息量。这个有限的数字是一个连续熵，正如我在 7.4 节中所解释的，连续熵并不以比特为单位来度量信息。连续熵更像概率密度，而非概率。我们可以将其解释为一种信息密度，而不是单个观测的信息量（以比特为单位）的一种度量。这使得我们可以比较信息密度，就像我们可以比较可能性一样。如果飞镖落在离我 1 英里而不是 10 英尺的地方，那么这是一个非常值得关注的事件，它包含了相当多的信息，尽管这两种结果（落在 1 英里和落在 10 英尺的地方）的概率都为零。但是，概率密度的使用的确可以让我进行这样的比较。

图 11.1 所示曲线中的特殊形状，即钟形曲线，在概率中是非常特殊的。香农的熵的概念有助于解释其中的原因。钟形概率密度函数被称为“正态分布”（大概是因为它比异常分布更“正态”吧）或被称为“高斯分布”，以 19 世纪德国数学家卡尔·弗里德里希·高斯的名字命名。在具有固定均值和方差且没有其他约束的所

有分布中，正态分布是最随机的。[①]如果将均值和方差都相同的两个随机变量的熵进行比较，其中一个是正态分布，另一个是其他类型的分布，那么正态分布的熵更大，因而也更随机。

## 11.3 不可能与不大可能

在飞镖的思想实验中，当我们投掷飞镖时，它必然会落在某个位置。从我到它落地位置的距离是从可能距离的连续统中选择的一个随机数。因为这些距离构成了一个连续统，所以，出现任何特定距离的概率都为零。然而，确实会存在一个特定的距离。所以在一个连续统中，为零的概率并非表示不可能，而是极不可能。

现在，冒着混淆地图与地域的风险，如果我们假设物理世界中存在连续统，那么我们必须得出这样一个结论，在物理世界中发生任何特定事情的概率都是零，至少贝叶斯学派的概率模型是这样的。也许这就是不可能对物理世界中的任何事物进行精确测量的根本原因。这将意味着一些极不可能的事情的确定性。根据贝叶斯学派的解释，“概率为零”意味着我们几乎可以肯定所讨论的事件不会发生。我们又怎么能对揭示了我们非常确定不可能发生的事情的测量充满信心呢？实际上，概率理论者使用概率为零这样的术语来表明他们所谈论的事情“几乎肯定”不会发生，他们的意思是它的概率

① 均值，又称期望值、数学期望，是概率密度函数的质心。对于正态分布来说，均值是分布的峰值，或者均值是这样的一个结果，得到一个高于或低于这个结果的可能性相同。对于一个频率论者而言，均值是无数个实验结果的平均值。而对于一个贝叶斯论者来说，“期望值”这个术语要比均值更有意义，因为它反映了概率的主观性。方差是各个结果与均值之差的平方和的平均值（或期望值）。它衡量这些结果偏离均值的程度。如果方差较大，那么会有许多结果远离均值；如果方差较小，那么大多数结果将接近均值。

为零，但它仍然有可能发生。也许这就是贝叶斯学派对概率的解释比频率学派的解释更吸引我的原因。所有模型都是有误差的，所以不可能实现确定性。然而，有些模型是有用的，我们可以用它们来增加可信度。模型和实验可以减少我们的无知，但确定性是虚构的。我们需要以开放的心态继续学习。可以说，贝叶斯学派的模型为我们提供了一种系统的方法。

这也是为什么我不相信物理世界的数字物理学解释可能是正确的或有用的观点（见第 8 章）。除非我们相信大自然将其自身限定在了一组可数集合中，这是一个不可测试的假设，那么任何自然发生的过程是一个计算的概率为零。这不是不可能的，而是极不可能的。因为自然界中存在着大量无法计算的过程。

人类的认知是一个自然发生的物理过程。由此推论，人类认知是计算的概率为零。计算比物理过程要少得多，因此，在某种程度上，自然界最终只使用我们称为计算的有限集合中的过程，这是极不可能的。还是那句话，这不是不可能，而是极其不可能。

因此，我们当然不应该仅仅假设认知就是计算，正如今天许多人所做的那样。相反，我们需要证据来支撑这种观点。我们需要什么样的证据？需要多少证据呢？贝叶斯公式为我们提供了指导，因为它解释了如何根据观察来更新我们的信念。

但是，贝叶斯公式现在给我们带来了一个严重的问题。假设在方程（2）中，我们让 $U$ 表示“认知是可以用计算机程序实现的”这一命题。那么，之前势的推理似乎要求我们要断言先验概率 $p(U)$ 为零。如果我们把这个当作先验概率，那么任何观测 $H$ 都不会产生不等于零的后验概率 $p(U|H)$。我们坚持一种有些固执的立场，即认知不是计算，再多的证据也不能改变我们的想法。

我本人并不喜欢固执。在贝叶斯学派的解释下，先验概率是主

观的。它不是由公式或实验得出的。因此，如果我们有任何疑问，我们就不应将先验概率的值设为零。然而，基于我对势的论证，我们的先验概率似乎应该是比较小的。因为物理过程的数量要远多于计算，所以认知是计算的可能性不大，但也并非不可能。例如，我们可以选择先验概率为 1%，即 $p(U) = 0.01$。这表示我们相信认知就是计算的可能性为 1%。那么需要用什么样的证据来说服我们认知实际上就是计算呢？什么样的观测 $H$ 会产生一个大于 50% 的后验概率 $p(U|H)$，使我们相信认知更有可能是计算呢？

贝叶斯公式（2）表明，当我们观测到某个实验结果 $H$ 时，我们的信念通过将我们的先验概率与下式相乘而得到更新。[①]

$$E = \frac{p(H \mid U)}{p(H)} \tag{1}$$

我们把 $E$ 称为“证据”。如果 $E$ 的值大于 1，那么它是有利于 $U$ 的证据。如果 $E$ 的值小于 1，那么它是不利于 $U$ 的证据。如果 $E$ 等于 1，那么它根本不是证据，因为那样的话，我们的后验概率将与先验概率相同。

在 9.3 节中，我探究了图灵测试是否能够帮助我们确定一个计算机程序具有意识的问题。我在那一节中得出的结论是，如果意识不是大脑的一种外部可观察到的属性，那么即便通过了图灵测试，它也不能提供在程序中存在意识的证据。因此，如果 $U$ 是程序具有意识的假设，$H$ 是通过图灵测试的结果，那么必然有 $p(H|U)/p(H) = 1$，或者是，$p(H|U) = p(H)$。这意味着什么？

假设程序是有意识的，$p(H|U)$ 这个量是通过图灵测试的概率，而 $p(H)$ 表示不论程序是否有意识时通过图灵测试的概率。因此，

① 根据梅塞施米特定律，我从这里开始写什么已经无关紧要了。现在，我真的感到自由了。

要使这两个量相等，我们只需要这样一个命题成立，即一个计算机程序能否通过图灵测试并不取决于该程序是否拥有意识。

事实上，已经有许多可以令人满意地通过图灵测试的计算机程序被开发出来，至少在有限的领域内是这样的。据我所知，这些程序的设计者中尚无一人声称他们的程序是有意识的。

有这样一个著名的例子。20 世纪 60 年代，麻省理工学院的计算机科学家约瑟夫·魏泽堡编写了一个名为伊莉莎（ELIZA）的计算机程序，它能够与人进行对话。伊莉莎会以一种类似共情心理学家的交流方式回应人类。使用伊莉莎的一个最新版在线实现程序“*elizabot*”，我与伊莉莎进行了如下简短的交谈：①

伊莉莎：请告诉我，什么事一直让你心烦？
你：我觉得我的计算机比我更聪明。
伊莉莎：计算机令你感到担心吗？
你：是的。
伊莉莎：你确定吗？
你：不，不太确定。
伊莉莎：你回答不仅是为了否定吗？

伊莉莎是现在被称为“聊天机器人”计算机程序的第一个示例。聊天机器人被广泛应用于客户服务呼叫中心、航空订票系统、玩具（如智能芭比娃娃玩具 Hello Barbie）以及自动个人助理软件（如苹果手机的 Siri 和亚马逊的 EcHo）。当然，恶意的聊天机器人也常常会出现在聊天室里，暗中投放广告，并诱使人们泄露个人信息。

魏泽堡声称，伊莉莎证明了类人智能的出现实际上并不意味着

① http://www.masswerk.at/elizabot/

类人智能的存在：

> 机器被制造出来并以令人惊讶的方式运转，往往足以让最有经验的观察者觉得眼花缭乱。但是，一旦一个特定的程序被揭开了面纱，一旦它的内部运作原理能够被语言解释得足够清晰并让人们理解，它的魔力就会消失；它只不过是一些程序的集合，而其中的每个程序都非常容易理解。于是，观察者会自言自语地说："我本可以写出这样的程序。"带着这样的想法，他将把这个有问题的程序从标有"智能"的架子移到保存老古董的架子上，以后只适合用来和不如他有见识的人进行讨论。（魏泽堡，1966）

魏泽堡研究伊莉莎是为了证明，智能的表象是很容易实现的，因此，其不应被解释为真正智能的证据：

> 本文的目的就是要对即将被"解释"的程序进行这样的重新评估。很少有程序需要被重新评估。（魏泽堡，1966）

魏泽堡的声明有一个令人感到不安的方面。他似乎要声明，如果一个程序是可以理解的，那么它一定不是智能的。这意味着，如果智能就是计算，那么它一定是一种我们无法理解的计算形式。这难道不是在断言，我们永远都无法理解智能吗？

理解人类智能的概念是自我参照的，因为进行理解的过程本身必须是智能的。因此，这一概念很容易受到哥德尔在形式语言中发现的那种不完备性的影响，霍金将其应用在物理学中，而沃尔珀特在拉普拉斯的决定论中也发现了这种不完备性。如果这种不完备性是成立的，且我们永远无法完全理解智能，那么魏泽堡的标准就是有效的，而且，我们如果完全理解了一个程序，我们就应该摒弃这个程序中的智能。然而，以我的经验来看，编写没有人能够完全理解的程序并不是一件难事，我自己就写了不少这样的程序。所以魏泽堡的标准并不是真正的限制。当然，正如 10.2 节所讨论的，呈现数字混沌的那些程序有着无法解释的行为。

那么，到底需要什么样的证据才能说服我们相信认知就是计算呢？假设我们的先验概率很小［如 $p(U)$ =0.01］，那么我们需要某种观测 $H$，其中证据 $E=p(H|U)/p(H)$ 远大于 1。换句话说，我们需要 $p(H|U)$ 比 $p(H)$ 大得多。因此，我们需要一个观测 $H$，其在 $U$ 为真时比 $U$ 不为真时更可能出现。为了使我们得到一个 50% 的后验概率，即认知是计算的可能性与不是计算的可能性是一样的，我们就需要一个观测 $H$，其在 $U$ 为真时的可能性是 $U$ 不为真时的 50 倍。当先验概率较小时，举证的责任比先验概率中等大小时要更高，。

或者，我们可以使用许多证据力度较弱的观测结果。如果图灵测试提供了任何证据，那么它们最好是较弱的证据，且 $p(H|U)$ 仅略大于 $p(H)$。同样，如果认知是计算时通过图灵测试的可能性只比不是计算时的可能性大了一些。在证据较弱的情况下，$E$ 仅略大于 1，因此如果先验概率较小，那么后验概率也会较小。要克服先验概率较小的问题，就需要大量这样较弱的证据。

另一种解释是，聊天机器人近似于人类的认知能力，当软件变得越来越复杂时，它的认知功能会任意接近真实的认知能力。

那么，任意地接近就足够了吗？我已在 9.3 节中强调，除非在一个连续统和一个可数集合之间没有明显的差别，否则我们不能假定一个过程的近似具有与这个过程本身相同的特性。这一观点在 10.3 节得到强化，其中的桌球思想实验就具有这样的特性，即所有近似同时发生的碰撞都是确定性的，但实际中同时发生的碰撞却不是。如果对认知的一个近似实际上并不是认知，那么很容易证明图灵测

试并没有提供任何证据来证明一个程序实现了认知。在这些假设之下，我们原则上可以设计一个计算机程序，从而让 $p(H)$ 无限接近我们所期待的 $p(H|U)$ 。随着程序变得越来越复杂，认知的证据 $E$ 会无限接近 1，这个值根本无法提供任何证据。

显然，认知就是计算这一说法看起来并不乐观。如果图灵测试只能提供薄弱的证据，而且先验概率较小，我们就需要大量的观测结果来支持这个说法。如果图灵测试没有提供任何证据，那么我们还应该开展什么样的实验，以更新认知就是计算的较小先验概率呢？结论是，这样的证据是不存在的，因此，认知就是计算的说法最终是基于信念的。鉴于势的讨论以及没有以实验证据来更新先验概率的有效方法，认知就是计算这一主张等于设置了一个不合理的高先验概率。这就是信念的本质。

我是工程师，不是科学家。我的目标不是建模物理世界，或者复制诸如人类认知这样的自然过程。相反，我的目标是让物理系统做有趣的和有用的事情。我相信，即使我们不能复制人类的认知能力，我们也可以用计算做一些有趣的事情。我将在下一章中论证，我们可能甚至并不想在计算机上复制人类的认知。

我们可以用计算机做更多有用的事情来扩充人类的能力。在第 9 章中，我论证了语义学的概念确实使人与计算机之间的伙伴关系更加强大。即使与无限的可能性相比，这些模型的总数也很渺小。然而，数字技术，连同人类已经构建的硬件和软件范式的堆叠栈，是一个真正丰富的建模媒介，即使这样的模型总数与可能的模型数量相比还很小。我们知道如何为几乎所有这些模型建立高度匹配的物理实现。通过使用贝叶斯推理，我们也知道如何建模我们对这些物理实现所不了解的某些方面。这为我们提供了一个真正表达创造力的工具箱。我相信，到目前为止，我们对用它能做什么的认识还很肤浅。

# 12.

# 最终的想法

**这一章我将把所有这一切都联系在一起，分析是什么阻碍了技术的进步，并会说明在一些领域里出现某些阻碍因素或许并不是什么糟糕的事情。**

## 12.1 二元论

坚持读到这里的少数读者（谢谢！）可能想知道我是如何避免提及笛卡儿的二元论的，即身心分离。如前所述，关于建模分层如何导致软件和支撑其运行的物理硬件相分离，我已经构造了一个完整的故事。软件其实就是模型。我已经在本书中反复强调过，不要把模型与被建模的事物，或者不要将地图和地域混为一谈。地图是一个模型，而地域代表了被建模的物理世界。难道我的观点不再是笛卡儿式的二元论了吗？我只不过是用“模型”代替了“心智”。

模型是具有物理性的，无论是纸质地图的物理形式，还是人脑中的地图概念。精神状态存在于生理上的大脑当中。

一旦大脑消失或者被损坏，精神状态也就随即消失了。所以说，就连精神形态本身也具有物理性。一些哲学家称这种观点为“物理主义”。该观点认为，世界上的一切现象，包括精神状态在内，都是由物理过程产生的。然而，我需要提醒读者，不要认为这就意味着我们可以解释所有的物理现象，实际上我们无法做到。但是即使无法解释一切物理现象，它们也是物理的，根本不存在身心对立的二元论。

对一位科学家来说，无法解释物理世界将令他们深感不安，因为这会破坏实证主义的常规做法。按照实证主义的科学哲学，要“解释”一种物理现象，就要为这种现象构建一个（最好是形式化的或数学的）模型，即一种“理论”。由波普尔的观点，这一理论必须通过实验的证伪。但是哥德尔已经证明，任何能够自我参照的形式系统要么是不完备的[①]，要么是不相容的（详见第 9 章）。霍金指出，任何对物理现象的解释，都采用了存在于它们所解释物理世界中的精神状态的形式。任何解释所有物理现象的理论都必须能够自我参照，因此这些理论要么是不完备的，要么是不相容的。正如霍金指出的那样，现在我们拥有的物理世界的所有模型都是不完备且不相容的。

沃尔珀特利用类似的自嵌入方式得出一个结论，即使在一个确定性的世界里，预测未来也是不可能的事情（见第 10 章）。甚至，连基础数学也变得令人怀疑。他的观点强化了霍金和哥德尔的立场。波普尔曾努力调和数学方程中的真理与他的科学可证伪性标准（见第 1 章）。我们来看 1 + 1 = 2 这个等式。有没有任何可以想到的实验

---

① 当我说“自我参照的能力”时，我只是泛泛地说了一下。具体的要求是系统要能够表达哥德尔语句。哥德尔证明，任何丰富到足以表达自然数运算的系统都能够表达哥德尔语句，我们很难想象在物理学中使用一个至少还没这么丰富的理论。

能够证伪这个等式呢？如果没有，那么根据波普尔的理论，这个等式就不是一个科学理论。

塔尔斯基详细地阐述了哥德尔的不完备性，以表明任何能够自我参照的形式系统都不能定义它自己的真理概念（见第 9 章）。如果你把这一结果与物理世界可以被形式化建模（这是实证主义的基本主题）这一前提结合起来，世界上就不可能存在真理的概念了。实证主义崩塌成了一大堆的否定主义。

然而，我是工程师，不是科学家。我在西蒙所说的“人工科学”（见第 1 章）范畴里工作。我很高兴一些科学家正在试图为我们详细地建模自然界。但是，这只是他们的工作主题，而并非是我的。在我的世界里，自我参照是力量的源泉，而非软弱的来源。例如，我们可以使用软件来建立半导体物理的仿真模型，以改进最终运行该软件的晶体管的设计。

我不需要解释物理世界中的一切。事实上，恰恰相反，我的计划是要创造物理世界中从未存在过的东西。你必须承认，要去解释尚未存在的事物是非常困难的。只是，我不相信柏拉图式的极端观点，极端地认为所有这些事物都已经存在于某个独立的现实中，正等着被发现（详见第 1 章）。

就像数字技术里的情形一样（见第 4 章和第 5 章），当存在许多从物理世界分离的层次时，数字技术就会出现自我支撑，这赋予我们发挥自由创造的巨大空间。作为人类，思考的机器，我们可以假想我们是在一个由模型组成的人工世界中运行，我们独立于物理世界，运用我们的想象力，发明智能的人工制品甚至是全新的范式。这些新的范式层在现有范式层的基础上进一步抽象（详见第 6 章），进一步加深了模型—实体分离的现象，并激发出更多的创造力。即使这些抽象具有局限性，就像计算的概念一样（见第 8 章），对我们人类用来和这些抽象进行关联的语义的限制也会少得多（见第9章）。从根本上说，这种模型的自举及其意义的无限可能性是非常强大的，这些都依赖于自我参照。可以论证的是，自我参照系统的不完备性恰恰是激发创造力的源泉，它确保我们的创造永远不会终结。

一旦我们认识到技术从根本上来说是一种创造性的事业以及人与机器之间的伙伴关系，任何特定技术的创造者的个性和特质就会变得非常重要。我们绝不能把技术当作乏味的柏拉图式事实，认为它们存在于其他某个世界，正等待着被发现。相反，我们应该将技术视为文化的、动态的思想，它们受制于时尚、政治以及人类的局限性。对我来说，这样去理解会使技术变得更加有趣。

作为一种文化产物，技术是通过群体变异、通过设计与发明而不是通过发现不断进化的。发现仅意味着一个事件，即某个人在突然了解到某个预先存在的事实而发出惊叹"啊哈！"的那个时刻。发现者可能会被认为对人类有很大贡献，但假设是，发现者作为一个个体与被发现的事实无关。发明和设计不是这样的，它们不太可能是离散的事件。那些"啊哈！"的时刻和许多文化产品一样，更有可能是通过大量的人类贡献而产生的。

为了更为高效，大量建立集体智慧的人们必须在一个共同的思想框架内合作，用托马斯·库恩的话说就是同一个"范式"。库恩的范式为科学思维提供了概念性框架，而且库恩的理论认为，科学的进步更多是通过范式的转换而不是知识的积累达成的。与科学一样，在技术中，共同的范式使发展技术的集体开发和互操作成为可能。和科学一样，技术范式的转换也会破坏平衡。知识积累这一常态工程是与技术革命和范式转换（用进化生物学的术语说，是一个间断平衡[①]的过程）并存的。

然而，范式在科学与工程中的作用确实存在差异。范式转换在科学领域相对罕见，例如，牛顿力学、爱因斯坦相对论和量子理论。然而，在技术方面，范式的转换则相对频繁。例如，我们来考虑编程语言风格的丰富性（见第5章）以及它们对计算的截然不同的视角，每一种语言都构成了一种范式，而接受该范式对于使用这些语言来构建技术是十分必要的。

当然，编程语言代表的是一个相对较小的范式，它依附于一个更庞大、更持久的范式。如图灵、丘奇、冯·诺依曼和其他人在20世纪发展起来的计算概念，就构成了一种与科学范式一样持久的范式。范式转换与更稳定的范式共存，这是一个由范式的深度分层所支持的过程，其中，一个范式是建立在另一个范式之上的。相较而言，在科学中这样的分层要少得多，这将导致出现频率低但破坏性更强的范式转换。要想更为有效，技术人员必须接受这种颠覆，要想创新，技术人员必须接受甚至是寻求颠覆。

也许具有讽刺意味的是，由于范式的分层，一个分层上的范式的稳定性可以促进另一分层上的范式发生变化。例如，由于指令集体系架构在这40年里几乎没有变化，它们便提供了一个稳定的平台，将底层半导体技术的惊人进步与新型编程语言的创造性发明成功地分离开来。相对稳定的中间层将这些层相互隔离，从而使得上下两层都能快速地发展。

科学范式通过教材、课程、会议和共同的文化被制度式地固化下来。技术范式也是如此。但除此之外，技术还可能编码自己的范式。我们在软件中尤其可以看到这一点。例如，将编程语言编写的

---

① 间断平衡论（punctuated equilibrium）是古生物学研究中提出的一个进化学说，认为长期的微进化之后会出现快速的大进化，渐变式的微进化与跃变式的大进化交替出现。——译者注

程序转换成机器码的编译器，就能用它们所编译的语言来编写。这种范式的自我支撑是实现深度分层的一部分，因为范式已经变得足够精确，可以作为可信任的基础。

由于几个相互交织的复杂原因，数字技术，其分层从晶体管的半导体物理学到维基百科的社会技术现象，再到服务器集群的“群体后生生物”，已经具有特别大的破坏性和强大威力。它们的离散性和算法式特质使得确定性模型（详见第 10 章）更为实用和有用。我们能够制造抽象了物质中杂乱的电子流动且离散地进行开、关（导通、截至）操作的晶体管，这一事实使得确定性、形式化的数学模型能够拥有强大的分析属性和可重复行为。而我们可以将数十亿这样的晶体管放置到微小的空间，并以每秒数十亿次的速度打开或关闭它们，这一事实又使得我们能够基于极为简单的开关操作构造出极其复杂的行为。

数字技术的力量激发了人们对它们的热情。这种热情已经蔓延到物理学和神经科学领域。在那里，众多虔诚的学者相信宇宙和宇宙中的一切，包括人类的认知，都是一种图灵计算。然而，所有图灵计算构成的这个集合只是一个极小的集合，尽管它是无限的（见第 8 章）。我们可以用软件做的所有事情的总和都是可数的，而可数集合是我们所知道的所有无限集合中最小的（见第 9 章）。如果我们要接受大自然出于某种原因限制自身只能在所有无限集合中的这个最小可数集合上运行这种说法，那么我们应该提供强有力的证据。然而，这样的证据并不存在，我们甚至都不知道什么样的实验能够提供这样的证据（见第 11 章）。

虽然与物理世界中可能存在的事物相比，这些数字技术是非常有限的（除非我们接受数字物理学的存在），但它们仍然是极其强大的技术，特别是与人类的语义概念相结合时（见第 9 章）。事实上，我认为有比这些模型内在的不完备性更为严重的障碍需要克服。我将在下一节研究这些障碍。

## 12.2 障碍

我们要克服的最为严重的障碍是，尽管人类大脑有着惊人的能力，但它实际上是相当有限的。事实在于，我们无法像计算机一样记住那么多的东西，不能读得像计算机那样快。我们也不能像计算机那样快速地进行计算，而且我们会犯更多的错误。尽管如此，当人类与计算机和网络协作的时候，我们还是可以做一些令人惊讶的事情，例如把人类曾经出版过的几乎所有文献全部装入我们的口袋。

数字技术为人类提供了一种极其丰富的创造媒介，它丰富到我们用今天的技术所能做的事情还远未饱和，就更不用说未来的新技术了。创造力是无穷的，然而，由于我们的大脑倾向于被未知的已知支配（详见第 2 章），所以我们的创造力再次放缓。我们会抵制新范式，即使技术已经使这些新范式成为可能（见第 6 章）。

在数字技术中，除了最低层（半导体物理学）之外，其他的每一层抽象都是人类的发明。当我们穿过了先硬件而后软件的几个抽象层时，我们已经抛开了物理学的影响，以至物理学变得几乎无关紧要了（见第 3 章）。我们进入了模型的世界，一个由人类构建的抽象的世界。软件变得更像数学，而不是自然科学，它们只服从于自己的规则。当然，我们需要有用的规则，但我们无须坚持认为它们不是自我参照的。事实上，它们必须是自我参照的，这样才能具有更好的表现力，就像哥德尔指出的那样。

迄今为止，人类发明的所有建模范式都有其局限性。软件只能执行"有效的计算"，用图灵的话说，这是物理世界可能的过程的一个极小子集（见第 8 章）。数字技术只存在于康托尔指定的无限集合中的最小集合内（详见第 9 章）。我们可以超越软件，构造可以形成信息物理伙伴关系的机器，以充分利用两者各自的优势（见第 6 章）。计算机与其他物理机器的伙伴关系，使得我们能够克服人类的其他局限性，例如，我们有限的交流能力。我们只能用 10 根手指缓慢地写字，只能用 10 千赫的音频带宽讲话，等等。显然，机器通常没有这样的限制。请想一想，当你观看诸如《阿凡达》这样用计算机制作的电影时，请看看艺术家、计算机、数字显示器和人类视觉系统之间的伙伴关系吧。你会发现这些伙伴关系实现了人与人之间前所未有的交流方式。

我们自己永远无法克服这样一个致命的局限性：只有当人类真正能够理解模型的时候，模型才对人类有用。虽然我们的大脑确实是神奇的机器，但是它们在应对哪怕是中等复杂度的模型时，都存在着很大的困难。毫无疑问，本书的一些模型，让那些即使是最有学问的读者也觉得非常难以理解，这是因为我所讨论的专业化的跨度的确太大。其实，我在书中所进行的阐述大都比较基础和浅显。在我所涉及的任一领域里，领域专家们实际使用的模型都比我过度简化以能够让你相信的那些模型复杂得多，在认知上也更具挑战性。

由于我们大脑的局限性，专业化对于让我们能够开展复杂建模是必要的，但同时我们也要付出一定的代价。库恩指出，"专业化工具"（包括专业期刊、专业学会、技术会议、学术部门、专业课程等）获得了自己的声望，并创造了反对新范式的惯性（库恩，1962:19）。因此，专业化对变革产生了阻力。

因为我们的大脑容量只有这么多，所以专业化会导致碎片化，进而，一个专业领域中的见解对于其他专业领域来说会变得难以企及。对于科学家和工程师来说，跨专业工作是相当困难的。武尔夫在撰写有关亚历山大·冯·洪堡的文章时指出，洪堡提出的综合跨学科的方法已经过时了（见第 2 章），这导致洪堡基本上已经被科学群体遗忘了。她认为："这种日益增长的专业化支撑的是一种越来越关注更多细节的狭隘视野，却忽视了后来成为洪堡标志性理念的全局观。"（武尔夫，2015:22）

在这种狭隘的视野下，专家们对越来越细小的事物了解得越来越深入，直到他们最终对一无所知的事情了如指掌。然后，他们成了教授，而他们所教授的课程成了障碍，难倒了那些"毫无戒备"且只是没有准备好面对复杂专业的本科生。教授们热爱他们的专业，他们想教授这些专业知识，却看不到专业的深奥；他们所开发的晦涩而复杂的分析方法，既不容易学习，也不容易在实际中应用。他们的学科被进一步细分为专业，每个教授都丢掉了大局和大体系。没有人有资格来教授这种大体系，而且，无论如何，他或她的同事都会认为这种大体系不过是"米老鼠"而已，它太简单、太不成熟了，不值得他们花时间去研究。

技术在塑造并渗透我们的文化时，专业化造成的碎片化尤其具有破坏性。这个星球上的每一个人，无论他（她）的智力水平如何，都会受到科技的影响。然而，许多知识分子都低估了理解技术的价值。我看不出今天任何一个真正的人文主义者如果不了解技术，如何能了解社会。在我看来，抛开技术研究当代文化就如同抛开语言去研究文学。然而，这似乎是许多人都在做的事情。

我的母校耶鲁大学就是一个很好的例子，它是艺术和科学的典范。1992 年，也就是在我获得"计算机科学"以及学校的"工程与应用科学"双学位几年以后，学校的教务长弗兰克·特纳突然提议取消耶鲁大学几乎所有的工程专业。对于特纳来说，"应用科学"并非基础性的，远不及科学本身那么重要。在他看来，应用科学是工程学所做的一切。当然，取消工程专业的提议最终并没有被采纳，但是这种提议在当时备受关注，并在一些校友中引起了轩然大波。耶鲁新闻 2010 年发表的一篇纪念文章称，特纳是一位"研究那些塑造了西方文明的思想的历史学家"。今天，如果不研究技术，我不知道你怎么可以研究塑造西方文明的思想。

然而，技术并不容易理解。我们可能都有过这样的经历，当我们无法解决个人电脑或家庭网络中的某个问题，而印度的某个巫师却向我们解释了如何解决这个问题时，我们会觉得对自己很无言。我们觉得我们本应该知道这个巫师所知道的事情，或者本应该能够解决这个问题。然而，巫师所掌握的知识并不是关于这个世界的基本事实。那是关于一种特殊技术的语言和文化。在这样一个多元的世界里，我们不可能理解所有的语言和文化。而每个专业化的领域，都会有自己的教区专家。

学术界中要么发表、要么毁灭的普遍心态进一步加剧了专业化。学术期刊上最受推崇的可发表成果，是那些解决了长期的开放性问题的成果。在一个更为专业的领域，开放性问题是什么就更明确了，但这些问题很难被解决。所以，如果你能解决这些问题，就会受到更多的尊重。只有长期存在的专业才会有长期存在的开放性问题。相比之下，在跨学科以及不成熟领域的工作中，真正的创新往往来自提出一个前人还没有认识到的问题。然而，如果新提出的问题很容易被解决，那么描述问题解决方案的学术论文就可能在同行评审中被拒绝，因为解决方案是"显而易见的"。

即使是技术也会减缓创新的步伐。软件有一个相当显著的特性，即它趋向于编码自己的范式（见第 5 章）。当一种新的软件范式出现时，它不可避免地会带来一套特定的语言和工具，这些语言和工具会迅速积累足够的规模和复杂性，从而变得不可撼动。这些都会使得这个范式具有耐久的生命力，但有时会过于耐久，进而阻碍了创新与发展。

2016 年 5 月 25 日，美国国家会计总署发布报告称，美国政府有超过 70% 的信息技术预算用于“运行维护”，而不是技术的“开发、现代化升级和优化增强”。这一预算高达每年 650 亿美元，其中大部分被用于维护过时的语言和硬件，其中有些甚至已经有 50 年历史了。该报告还援引了美国国防部使用 8 英寸软盘以及美国财政部使用汇编代码等一些案例。因此，我们可以说，硬件、语言和工具实际上已经成了创新的障碍，因为要改变已有的格局是相当困难的。

当然，所有的学科都抵制变革。库恩说，“例如，常态科学常常会抑制那些基础的新鲜事物，因为那些新鲜事物必然会颠覆其基本的信条”（库恩，1962:5）。当这些“基本的信条”被编码成一套数百万行的计算机程序时，这样的惯性会变得更难克服。

抵制变革的不仅有技术人员，还有技术的消费者。当人类习惯了与机器互动的一些方式时，改变就可能变得不那么容易了。例如，在设计汽车的刹车和油门踏板时，这些踏板通过机械和液压装置与刹车和油门直接耦合连接。人们学会使用这些控制装置驾驶汽车。

今天，这些踏板会向计算机发送指令，计算机对该指令进行调整，可能会在把指令传输给刹车和油门之前对其进行更改。例如，计算机可以对每个车轮施加不同的制动量，以提高行车的稳定性并防止打滑。在电动汽车中，每个车轮都有自己的电动机，而不是一个统一的油门，这样计算机就可以单独控制这些电动机。如果人类要通过直接的机械连接结构来控制每个车轮，汽车就必须安装 8 个踏板，4 个用于刹车，4 个用于加速器。看起来，只有一只八爪章鱼才能驾驶这样的一辆汽车。

汽车制造商本可以发明一种全新的方式让人类控制汽车。例如，使用操纵杆而不是方向盘，但是这样的改变可能会受到消费者的抵制。人类是用旧的控制方式来学习驾驶的，而忘记一些东西往往要比学习新的东西更加困难。因此，今天的汽车制造商必须非常努力地设计踏板，以便让消费者觉得踏板是直接连接到机械和液压执行器上的。踏板甚至可以按液压控制的方式反向弹起，但很可能是由计算机而不是由充油的液压缸决定弹起多少。

一种很普遍但有误导性的观点认为，人机接口应该是“直觉性的”。可是，汽车里的踏板没有任何直觉性可言。人与计算机的交互也没有任何直觉性可言。我们今天使用的所有交互机制都是学习到的。这使我想起电视连续剧《星际迷航》中的一集，在这一集中，企业号的船员穿越时空回到了20世纪80年代末。工程师斯科蒂需要使用一台20世纪80年代的老式计算机来解决一个问题。于是他开始对计算机说：“计算机，计算机，计算机！”当然，计算机没有反应。20世纪80年代的一位工程师拿起一只鼠标递给斯科蒂，说：“你必须用这个。”斯科蒂显得有些尴尬，他说：“哦，是的，当然了。”于是他拿起鼠标，就像冲着麦克风一样对它说话：“计算机，计算机，计算机！”计算机鼠标是一项杰出的发明，我们已经接受了这个范式，但它同样没有任何的直觉性。

不幸的是，我们教授技术的方式往往忽视了技术所具有的创造特性。我在这里用“我们”指代我本人和我的同事们——大学和技术学院的教授们。我们教授技术，就好像它们是事实和真理的集合，是独立于人类永恒存在的、等待人们去发现的柏拉图式理想。这种教学方式的后果就是，我们强调了发现重于发明、发明重于设计的哲学理念（见第1章）。

如果发现者所发现的东西已经存在于柏拉图式的善里，那么发现者作为个体就不应该是重要的。发现者的性格和偏好不可能对他们所发现的事实和真理的属性产生任何影响。库恩观察到，这种将观点与其提出者进行分离的倾向“在科学职业的意识形态中是根深蒂固的”，他引用阿尔弗雷德·诺尔司·怀特海的话说，“一门不愿意忘记其创始人的科学已经迷失了”（库恩，1962:138）。如果全部有价值的事实和真理都已经在那里并等待被发现，那么个体能做的最有价值的贡献就是把一些之前长期处于黑暗之中的事实或真理带入光明。

我个人完全不同意怀特海的观点。我认为几乎所有关于技术的“事实和真理”实际上都是人类的发明。就像今天的情况一样，技术有时反映了一种奇特想法的达尔文式无序进化。理解这些思想的起源对于批判性地思考它们是至关重要的，而批判性地思考这些思想又是技术革命的关键。

事实上，我们重发明而轻设计的做法也会成为抑制创造力的一个障碍。强调新颖性而轻视质量，即“新的胜过好的”，是学术上的一个鼠洞。不会有一个令人尊重的学术期刊会发表一篇描述苹果手机的文章，因为这项技术的每个元素都已经存在于其他产品之中了。然而，苹果手机确实是对人类的重大贡献，而学术期刊上发表的绝大多数文章却不是。

有能力做出这种贡献的富有创造力的人可能会被技术排斥，他们会把工程学科视为一个行业，其要求对熟知的技术进行专业培训，运用科学中已知的方法，并不断调整和优化现有的设计（见第1章）。事实上，正如很多科学都是库恩所说的“常态科学”那样，很多工程也都是“常态工程”（见第6章）。然而，大多数工程远不是这一观点所暗示的苦差，因为它包括了创造以前从未存在过的事物。事实上，工程师常常倾向于使用他们自己的技术让机器自动完成这些“苦差”，例如，使用编译器将程序转换成机器码（见第5

章）。我希望我已经使读者们相信，工程学确实是一门充满智慧和创造性的学科。

如此之多的建模层次以及如此之多的建模范式，它们所提供的丰富可能性激发了创造力，但同样也可能让人类感到不知所措。人类很难理解这些替代方案，所以，他们仅仅能抓住那些离他们最近的范式。根据定义，范式构成了我们的思维。然而，它们在构建我们思维的同时，也限制了我们的思维，限制了我们的选择。有了数字技术，这种圣乔瓦尼-温琴泰利所称的“选择的自由”，对于设计任何使用数十亿个（每秒开关数十亿次的）晶体管这样的事物来说都是至关重要的。任何一个特定的个体都只吸收了一些相关的范式，并且会抵制对这些范式的偏离。由此导致的工程群体分裂，限制了工程师之间的交流，并强化了派别及其狭隘的思维。

国际标准的开发似乎是对抗这种分裂的一种可行力量。这可能会导致一个社区围绕一种共同的语言、原则或方法联合起来。然而，这是有代价的。其中的一个是，标准的制定可能是一个混乱的、政治的，甚至是导致腐败的过程（见第 6 章）。这种有缺陷的过程通常不会产生好的技术决策，特别是当这些标准涉及相对不够成熟的技术时。

标准还可能会抑制思想之间的竞争。例如，美国国防部为了推行其标准，多年来一直强迫承包商和研究人员使用 Ada 编程语言、VHDL 硬件描述语言以及微软的 Windows 操作系统。具有讽刺意味的是，同一时期，美国商务部正在起诉微软公司的垄断行为。20 世纪 90 年代，我参与了 DARPA 的一个研究项目，该项目的目标是改进高性能信号处理硬件和软件的设计方式，但 DARPA 要求项目的参与者必须使用 VHDL 语言，这是一种用于描述硬件设计的特定语言。然而，语言会塑造设计者的思维，所以这一强制要求实际上已经限制了可能的创新选项。因为这一要求破坏了数字技术创新的一个关键途径，即新语言的开发。

尽管我们为实现标准化付出了诸多努力，但是数字技术仍然是一个丰富而动态的生态系统，充满了各种相互竞争的替代范式。在很大程度上，这是因为一个给定的目标系统或设备可能会拥有许多有用的模型。例如，微处理器芯片可以被建模为掺杂硅的一个三维几何结构，一个描述芯片所运行软件的计算机程序，或者介于两者之间的任何东西（半导体物理学、逻辑门、指令集体系架构等等）。这些模型都是对同一个芯片及其功能的抽象，但是，它们具有不同的用途。具体使用哪种抽象则取决于具体的目标。

每个模型都是在某个用语言和工具编写的建模范式中构造出来的。这些语言提供了一种描述模型的语法（如何将模型以物理形式写下来或以其他方式呈现）和语义（一个给定的描述是什么含义）。同时，对建模框架的选择也具有深远的影响。例如，描述三维形状的语言并不适合建模电路的动力学（电压和电流如何随时间变化）。

模型具有多种用途，它们的预期用途支配着建模范式的选择。它们可以用于人类信息的异步共享，就像文档。在这种情况下，它们应该是简单的，并使用已达成一致的符号。模型也可以用于一个设计的规格说明，在这种情况下，简单性可能不如完备性那么重要。以简单性的名义省略了几行代码的计算机程序可能不是一个有用的程序。模型还可以用于对设计的分析，在这种情况下，建模语言的形式化和数学属性可能是主要的关注点。因为非形式化语言允许有太多可能的解释，所以不适合分析，即使它们对人与人之间的交流很有用。

然而，人类通常不会刻意去选择使用某种范式。范式常常是被人类缓慢地、下意识地接受的，或者是被那些可能太专业以至不知道还有其他选项的教育者灌输的。因此，工程师通常使用他们所知道的范式来构造模型，而不考虑这些范式是不是正确的选择。这也许可以解释为什么这么多的项目都失败了（见第 6 章）。

一个关键的挑战在于，诸如空客 A350（第 6 章）这样的复杂系统，通常会有多种相互冲突的建模需求。这些模型需要以其建模范式所不容易接受的方式进行组合。像空客 A350 的铁鸟原型（图 6.4）这样的模型能够将系统中许多不同的方面组合在一个单一的模型中。然而，构建这样一个模型的成本是极高的。如果我们有更好的建模语言和范式，就可以不需要这种昂贵的物理模型了。“虚拟样机”是一个完全用软件构建的相当完整的模型，它（很可能）要便宜得多。虚拟样机现在通常用在拥有数十亿晶体管的硅芯片上，它们在芯片上运行得非常好。然而，对于诸如 A350 这种复杂的信息物理系统来说，仅靠虚拟样机很难建立足够的可信度。

我曾提醒过读者，工程师和科学家对模型的使用是不同的（见第 2 章）。对于一个工程师来说，他期待被建模的东西能够模仿模型，而这对于科学家来说恰恰相反。工程师会以科学的方式使用模型，当然，科学家会以工程的方式使用模型。但是，由于这些用法是不同的，因此理解如何使用模型就变得非常重要。几乎可以肯定的是，逻辑门是自然界中一个硅块（如沙滩上的沙子）的糟糕模型。然而，对于英特尔晶圆厂生产的一个硅块来说，这是一个非常好的模型。

## 12.3 自主与智能

今天，一些非常令人兴奋又让人觉得有些可怕的技术发展都会涉及自主性和智能。这两个术语都将计算机拟人化了，这是一种非常值得质疑的做法（见第 8 章）。自主性是指一个系统在没有人类指导的情况下做出决策的能力。智能是指一个系统似乎利用了关于世界的常识，进而表现出类似人类反应的能力。在这两种情况下，它们都不是系统中要么存在要么不存在的二元对立的属性。相反，如果它们存在，它们就只是在某种程度上存在。

以自动驾驶汽车为例。这种汽车已经出现了，并且可能很快就会以某种形式被广泛使用。对于自动驾驶汽车来说，完全自主是遥不可及的。完全自主意味着汽车完全不受人类的干预，你甚至无法告诉它你想去哪里，因为它只会去它想去的地方。我不认为完全自主的汽车会卖得很好。

那么，没有自主性又会怎么样呢？没有一点儿自主性的汽车需要你转动曲柄才能启动。今天，你只要按下按钮或转动一下钥匙，计算机就会通知启动电机为你转动曲柄并启动汽车。这属于部分自主。计算机接受你的指令，即你所期望操作的一种表示（启动汽车），然后从此处进行接管，并执行一系列动作来启动汽车。今天，这甚至不需要启动引擎。现代的刹车系统与此类似，即使我们装上四个刹车踏板，计算机也会以一种人类无法做到的方式来干预并协调四个轮子的制动。

几天前，我看到一辆平板卡车运载着一辆相当不错的新车，新车的前端已被彻底撞烂了。显然，这辆车并不是自动驾驶类型的，所以几乎可以肯定这是人类的错误。我的反应让我感到惊讶。我心想："那辆车应该为自己感到羞耻吧。"显然，我已经把车拟人化了，但这种感觉是正确的。如果我的想法能够再理性一些的话，我会对自己说："那辆车的设计者们应该为他们自己感到羞耻。"今天，真的没有理由再让那些会"兴高采烈地"追尾前车的汽车上路了。它们不应该这样做，无论它们的主人告诉它们做什么。我们拥有以合理成本解决这个问题的技术，特别是当考虑到不这样做可能产生的巨大代价时（例如保险、健康和生命）。

拒绝撞车的汽车就是部分自主的一个很好的示例。事实上，人类并不是很好的驾驶员。他们很容易分心，昏昏欲睡，喝醉以及变老。只要我们给汽车赋予更多的自主性，我们就有技术来培养更好的驾驶员。

然而，这种变化并非没有困难。例如，存在着一些道德伦理问题。当事故不可避免时，我们应该如何编写程序使计算机做出合理的反应？假设有两种选择，一种是牺牲一个行人且保护这个乘客，另一种是撞上一辆卡车并牺牲这个乘客。不能因为我们不知道如何决定，就说我们应该让计算机像人类一样做出反应。无论我们为自动驾驶汽车编写了什么样的软件，该软件都会隐藏在这个困境的结果里。而且，即使是软件工程师，也可能不知道结果到底是什么。

再想想优步首席执行官特拉维斯·卡兰尼克在 2015 年宣布的发展目标，即最终要以自动驾驶汽车取代与其签约驾驶员。当然，有关这种自动化会对就业产生的影响，人们也一直存在着疑问。这些问题都很棘手，因为历史已经证明，自动化程度的提高并不一定会导致就业人数减少。[①] 让我们再来考虑一下自动化程度提高的另一个可能结果。如今，为恐怖袭击运送简易爆炸装置（IED）的最有效方式是在汽车里装上一个自杀式人体炸弹。是不是说，实现无人驾驶的优步将会消除对这种自杀方式的需要。

让我们来思考一个更困难的问题。众所周知，美国使用无人驾驶飞机作为武器系统，例如，用来杀死那些已知的敌人。这些系统

① 对于技术是否会最终导致就业岗位减少的问题，有一种可怕而悲观的观点，见福特（2015）。

也是半自主的。至少，它们可以绕开地形和障碍物并自主导航到一个地点。那么它们会自主决定发射致命武器吗？据我们所知（其中很大一部分信息是高度机密的），迄今为止，这些决定仍然是由人类做出的。人类评估从传感器中获得的信息，并主动做出攻击的决策。然而，我们拥有赋予这些系统更多自主性的技术。

我在伯克利的同事斯图尔特·拉塞尔，是人工智能和机器人研究领域的领军人物。他一直在领导一项运动，旨在制定一项禁止此类致命自主武器系统的国际条约，该条约被称为 LAWS。政府和社会应该如何应对这些技术的可能性是一个极其困难的问题，但拉塞尔为这样的一个条约提供了强有力的理由。

现在让我们把注意力转向智能。首先，我认为把计算机拟人化不仅在技术上是不合理的（见第 9 章），而且也是不切实际的。我们其实并不想让我们的机器表现出类似人类的行为。我真的不想就按时上学和我的车进行争论，和我女儿争论这个问题已经够难了。

我们还可以想想谷歌搜索的例子。谷歌在试图给出类似人类的答案吗？谢天谢地，它不会的。相反，谷歌会寻找那些由人类所写的有用答案。我们来试着问谷歌一个问题："生命的意义是什么？"当我刚刚这么做的时候（是在 2016 年 5 月 29 日），谷歌给出了一组关于这个主题结果。其中，在有可能有用的页面列表上，第一个是一个关于这个主题的很棒的维基百科页面链接。

这个页面甚至还给出了对这个问题的答案"42"的讨论。谷歌是在为我代理人类的集体智慧。在我看来，这并不能取代人类的智能。恰恰相反，它增强了人类的智能。我可以十分肯定地说，这会让我变得更聪明，因为我的记忆力真的很差，而且它通过一种大众发行的方式提高了人类相互交流的能力。每个人都有发表自己言论的机会。

如果我们接受数字物理学和软件的普遍性（我并不接受，见第 8 章），那么从原则上说，我们应该能够制造出至少和人类一样能做出决策的计算机，例如，LAWS 的攻击决策。数字物理学意味着，计算机可以被赋予与人类相同的身份感、自我意识、责任感和情感，因为所有这些都必须是数字式可复制的。但是，我们为什么要把这样的决策委托给模仿人类的计算机去做呢？这个星球上已经有 70 亿的人类大脑了，难道还不够吗？相反，我们应该聚焦于研究利用技术扩充人类能力的方式。人类的短期记忆只能记住 7 个数字，然而你口袋里的智能手机却保存了数十亿计的信息。计算机可以做出一些更好的决策，并非通过复制人类的处理机制，而是利用它们评估数百万甚至数十亿选项的能力。

如果我们真的能成功地让计算机表现得像人类一样，我很肯定我们一定会后悔的。毕竟，人类并不是真的表现得很好。我们将发现自己置身于什么样的新战争之中？如果计算机决定把人类带出循环，就像它们在科幻电影三部曲《黑客帝国》中所做的那样，结果会怎么样？

赋予计算机自主和智能，就是想让计算机为我们做更多的事情。如果我们能精心设计，使得计算机在网络上为我们所做的事情能带来真正的益处，我们就会领先。然而，要实现这一切一定要付出代价，期待没有代价是不切实际的。因此，推动技术发展不应该仅仅是像我这样的技术呆子的事情。我认为，不是技术呆子的人们必须更好地理解技术，这样他们才能帮助并引导技术在社会中的发展，而技术呆子们则必须了解他们工作所处的文化背景——这就是我写作本书的主要原因。

# 致谢

衷心感谢来自以下各位专家的贡献和有益建议，他们是克里斯托弗·布鲁克斯、马利克·加拉卜、托马斯·亨辛格、玛德琳·约翰逊、金和坤、吉尔·莱德曼、马滕·罗斯特拉、戴夫·梅塞施米特、迈赫达德·西奈美、朗达·赖特、伯恩哈德·伦佩尔、纳雷什·山堡、约瑟夫·西法基斯、马里安·西尔贾尼、戴维·J.斯顿普，以及伊莱·亚布洛维奇。我还要感谢出版商委托的三位匿名审稿人，他们给了我极大的帮助。他们中有几位不同意我在书中提出的一些主要观点，因此，他们有助于我理解在我的观点中哪些需要被加强或是修改。所有我固执坚持的错误和观点都是我自己的，与他人无关。

当然，我还要在这里特别感谢非常特殊的两个人，他们在我撰写本书时发挥了重要作用。第一位是希瑟·莱维恩，她和我不同，她真的知道该怎么去写一本书。如果没有她，这本书就只会是一堆杂乱无章的随机想法。我要感谢的第二个人是我的母亲基蒂·法塞特，一个专业的音乐家。她不喜欢数学，却是一位真正的知识分子，也是一位伟大的作家。没有她的帮助，这本书将无法成为非专业人士的读物。她是我的实验对象，随时告诉我每一处可能令非专业人士感到迷惑的地方。

我还要感谢麻省理工学院出版社的工作人员以及希瑟·杰斐逊出色的编辑工作。此外，我还要感谢许多不知名的贡献者，他们通过维基百科等大量匿名媒介来表达自己的想法，慷慨地将图片发布到网络上，因为他们选择了创作共用许可，所以我可以（也已经）重复使用这些资源。

# 参考文献


Abelson, H. and G. J. Sussman, 1996: *Structure and Interpretation of Computer Programs*. MIT Press, Cambridge, MA, 2nd ed.

Akana, J., D. J. Coster, D. D. Iuliis, E. Hankey, R. P. Howarth, J. P. Ive, S. Jobs, D. R. Kerr, S. Nishibori, M. D. Rohrbach, P. Russell-Clarke, C. J. Stringer, E. A. Whang, and R. Zorkendorfer, 2012: Portable display device. US Patent D670,286. Available from: https://www.google.com/patents/ USD670286.

Arvind, L. Bic, and T. Ungerer, 1991: Evolution of data-flow computers. In Gaudiot, J.-L. and L. Bic, eds., *Advanced Topics in Data-Flow Computing*, Prentice-Hall, Upper Saddle River, NJ.

Barry, J. R., E. A. Lee, and D. G. Messerschmitt, 2004: *Digital Communication*. Springer Science + Business Media, LLC, New York, 3rd ed.

Bekenstein, J. D., 1973: Black holes and entropy. *Physical Review D*, 7(8), 2333–2346. doi:10.1103/ PhysRevD.7.2333.

Bickle, J., 2016: Multiple realizability. *The Stanford Encyclopedia of Philosophy*, Spring 2016 Edition, Edward N. Zalta (ed).

Binder, P.-M., 2008: Theories of almost everything. *Nature*, 455(7215), 884–885. doi:10.1038/ 455884a.

Blum, L., M. Shub, and S. Smale, 1989: On a theory of computation and complexity over the real numbers: NP-completeness, recursive functions and universal machines. *Bulletin (New Series) of the American Mathematical Society*, 21(1).

Box, G. E. P. and N. R. Draper, 1987: *Empirical Model-Building and Response Surfaces*. Wiley Series in Probability and Statistics, Wiley, Hoboken, NJ.

Britcher, R. N., 1999: *The Limits of Software: People, Projects, and Perspectives*. Addison-Wesley, Reading, MA.

Brooks, F. P., 1975: *The Mythical Man-Month: Essays on Software Engineering*. Addison-Wesley, Reading, MA.

—, 1987: No silver bullet — essence and accidents of software engineering. *Computer*, 20(4), 10–19. doi:10.1109/ MC.1987.1663532.

Bush, V., 1945: As we may think. *ACM SIGPC Notes*, 1(4), 36–44, reprinted from The Atlantic Monthly, 1945. doi:10.1145/1113634.1113638.

Chaitin, G., 2005: *Meta Math! — The Quest for Omega*. Vintage Books, New York.

Chandra, V., 2014: *Geek Sublime — The Beauty of Code, the Code of Beauty*. Graywolf Press, Minneapolis, MN.

Choi, Y.-K., N. Lindert, P. Xuan, S. Tang, D. Ha, E. Anderson, T.-J. King, J. Bokor, and C. Hu, 2001: Sub-20nm CMOS FinFET technologies. *IEEE International Electron Devices Meeting (IEDM) Technical Digest*,

421–424. Available from: http://koasas.kaist.ac.kr/handle/10203/573.

Cone, E., 2002: The ugly history of tool development at the FAA. Baseline (Blog). Available from: http://www.baselinemag.com/c/a/Projects-Processes/The-Ugly-History- of-Tool-Development-at-the-FAA.

Connor, S., 2009: Michel Serres: The hard and the soft. Report, transcript of a talk given at the Centre for Modern Studies, University of York. Available from: http://stevenconnor.com/hardsoft/hardsoft.pdf.

Daugman, J. G., 2001: Brain metaphor and brain theory. In Bechtel, W. P., P. Mandik, J. Mundale, and R. S. Stufflebeam, eds., *Philosophy and the Neurosciences: A Reader*, Blackwell, Oxford.

Davis, M., 2006: Why there is no such discipline as hypercomputation. *Mathematics and Computation*, 178, 2–7. doi:10.1016/j.amc.2005.09.066.

Deutsch, D., 2011: *The Beginning of Infinity — Explanations that Transform the World*. Viking, New York.

—, 2012: Creative blocks — the very laws of physics imply that artificial intelligence must be possible. What's holding us up? *Aeon (online magazine)*. Available from: https://aeon.co/essays/how-close-are-we-to-creating-artificial-intelligence.

Dijkstra, E. W., 1972: The humble programmer. *Communications of the ACM*, 15(2), 859–866.

Dyson, G., 2012: *Turing's Cathedral — The Origins of the Digial Universe*. Pantheon Books, New York.

Earman, J., 1986: *A Primer on Determinism*, vol. 32 of *The University of Ontario Series in Philosophy of Science*. D. Reidel Publishing Company, Dordrecht, Holland.

Endy, D., 2005: Foundations for engineering biology. *Nature*, 438(7067), 449–453.

Field, E. H. and K. R. Milner, 2008: Forecasting California's earthquakes — what can we expect in the next 30 years? *U.S. Geological Survey*, USGS Fact Sheet 2008-3027, from the 2007 Working Group on California Earthquake Probabilities. Available from: `http://pubs.usgs.gov/fs/2008/3027/`.

Fisher, J., N. Piterman, and M. Y. Vardi, 2011: The only way is up. In Butler, M. and W. Schulte, eds.,

*Formal Methods (FM)*, Springer-Verlag, vol. LNCS 6664, pp. 3–11.

Ford, M., 2015: *Rise of the Robots — Technology and the Threat of a Jobless Future*. Basic Books, New York.

Franze′n, T., 2005: *Gödel's Theorem: An Incomplete Guide to Its Use and Abuse*. A K Peters Ltd., Wellesley, MA.

Freiberger, M., 2014: The limits of information. *+plus Magazine*, Retrieved May 24, 2016. Available from: `https://plus.maths.org/content/bekenstein`.

Gamma, E., R. Helm, R. Johnson, and J. Vlissides, 1994: *Design Patterns: Elements of Reusable Object- Oriented Software*. Addison Wesley, Reading, MA.

Golomb, S. W., 1967: *Shift Register Sequences*. Aegean Park Press, Laguna Hills, CA.

—, 1971: Mathematical models: Uses and limitations. *IEEE*

*Transactions on Reliability*, R-20(3), 130– 131. doi:10.1109/TR.1971.5216113.

Harris, S., 2012: *Free Will*. Free Press, New York.

Hartley, R. V. L., 1928: Transmission of information. *Bell System Technical Journal*, 7(3), 535–563. doi:10.1002/j.1538-7305.1928.tb01236.x.

Hawking, S., 2002: Gödel and the end of the universe. *Stephen Hawking Public Lectures*. Available from: http://www.hawking.org.uk/godel-and-the-end-of-physics.html. Heffernan, V., 2016: *Magic and Loss — The Internet as Art*. Simon & Schuster, New York.

Heitin, L., 2015: When did science education become STEM? *Education Week Blogs*. Available from: http://blogs.edweek.org/edweek/curriculum/2015/04/when_did_science_education_become_STEM.html.

Hennessy, J. L. and D. A. Patterson, 1990: *Computer Architecture: A Quantitative Approach*. Morgan Kaufmann, Burlington, MA.

Hoefer, C., 2016: Causal determinism. *The Stanford Encyclopedia of Philosophy*, Spring 2016 Edition. Available from: http://plato.stanford.edu/archives/spr2016/entries/determinism-causal/.

Hofstadter, D., 1979: *Gödel, Escher and Bach: An Eternal Golden Braid*. Basic Books, New York.

Horgan, J., 1992: Claude E. Shannon [profile]. *IEEE Spectrum*, 29(4), 72–75. doi:10.1109/MSPEC. 1992.672257.

—, 2016: Is the gravitational-wave claim true? And was it worth the cost? *Scientific American, Cross- Check Column*. Available from: http://

blogs.scientificamerican.com/cross-check/ is-the-gravitational-wave-claim-true-and-was-it-worth-the-cost/.

IBM, 1968: System/360 model 25. *IBM Archives*, retrieved March 20, 2016. Available from: https: //www-03.ibm.com/ibm/history/exhibits/mainframe/mainframe_PP2025.html.

Klaw, S., 1968: *The New Brahmins — Scientific Life in America*. William Morrow & Company, New York.

Kline, M., 1980: *Mathematics — The Loss of Certainty*. Oxford University Press, Oxford, England.

Knuth, D. E., 1984: Literate programming. *The Computer Journal*, 27(2), 97–111. doi:10.1093/ comjnl/27.2.97.

Kuhn, T. S., 1962: *The Structure of Scientific Revolutions.*. University of Chicago Press, Chicago, IL. Lakatos, I., 1970: Falsification and the methodology of scientific research programs. In Lakatos, I. and A. Musgrave, eds., *Criticism and the Growth of Knowledge*, Cambridge University Press, Proceedings of the International Colloquium in the Philosophy of Science, London, 1965.

Laplace, P.-S., 1901: *A Philosophical Essay on Probabilities*. John Wiley and Sons, Hoboken, NJ, translated from the sixth French edition by F. W. Truscott and F. L. Emory.

Lee, E. A., 2016: Fundamental limits of cyber-physical systems modeling. *ACM Transactions on Cyber- Physical Systems*, 1(1), 26. doi:10.1145/2912149.

Lee, E. A. and P. Varaiya, 2011: *Structure and Interpretation of Signals and Systems*. LeeVaraiya.org, 2nd ed. Available from: http://LeeVaraiya.org.

Lerdorf, R., 2003: PHP. Interview in IT Conversations, Behind the Mic Series. Available from: https: //web.archive.org/web/20130728125152/http://itc.conversationsnetwork. org/shows/detail58.html.

Leuf, B. and W. Cunningham, 2001: *The Wiki Way — Quick Collaboration on the Web*. Addison Wesley, Reading, MA.

Lilienfeld, J. E., 1930: Method and apparatus for controlling electric currents. U.S. Patent 1,745,175. Available from: https://www.google.com/patents/US1745175.

Lloyd, S., 2006: *Programming the Universe—A Quantum Computer Scientist Takes On the Cosmos*. Alfred A. Knopf, New York.

Lorenz, E. N., 1963: Deterministic nonperiodic flow. *Journal of the Atmospheric Sciences*, 20, 130–141.

Macilwain, C., 2010: Scientists vs engineers: this time it's financial. *Nature*, 467(885). doi:10.1038/ 467885a.

Moskowitz, E., 2016: The chirp that proved Einstein right. *Boston Globe*, May 15, 2016.

NASA, 2016: Spinoff. Report, NASA Technology Transfer Program. Available from: http:// spinoff.nasa.gov.

Nichols, S., 2006: Why was Humboldt forgotten in the United States? *Geographical Review*, 96(3), 399–415, *Humboldt in the Americas*, published by the American Geographical Society. Available from: http://www.jstor.org/stable/30034515.

Overbye, D., 2016: Gravitational waves detected, confirming

Einstein's theory. *New York Times*. Available from: http://nyti.ms/1SKjTJ5.

Pappas, S., 2016: How big is the internet, really? *Live Science*. Available from: http://www. livescience.com/54094-how-big-is-the-internet.html.

Patterson, D. A. and J. L. Hennessy, 1996: *Computer Architecture: A Quantitative Approach*. Morgan Kaufmann, Burlington, MA, 2nd ed.

Penrose, R., 1989: *The Emperor's New Mind—Concerning Computers, Minds and the Laws of Physics*. Oxford University Press, Oxford.

Pernin, C. G., E. Axelband, J. A. Drezner, B. B. Dille, J. Gordon IV, B. J. Held, K. S. McMahon, W. L. Perry, C. Rizzi, A. R. Shah, P. A. Wilson, and J. M. Sollinge, 2012: Lessons from the Army's Future Combat Systems program. Report, RAND Corporation. Available from: http://www.rand.org/ content/dam/rand/pubs/monographs/2012/RAND_MG1206.pdf.

Piccinini, G., 2007: Computational modelling vs. computational explanation: Is everything a Turing machine, and does it matter to the philosophy of mind? *Australasian Journal of Philosophy*, 85(1), 93–115. doi:10.1080/00048400601176494.

Popper, K., 1959: *The Logic of Scientific Discovery*. Hutchinson & Co., Taylor & Francis edition, 2005, London and New York.

Raatikainen, P., 2015: Gödel's incompleteness theorems. *The Stanford Encyclopedia of Philosophy*, Spring 2015 edition, Edward N. Zalta, Editor. Available from: http://plato.stanford.edu/archives/spr2015/entries/goedel-incompleteness/.

Read, L. E., 1958: I pencil: My family tree as told to Leonard E. Reed.

*The Freeman*, republished in 1999 by Irvington-on-Hudson, New York: Foundation for Economic Education, Inc. Available from: http://oll.libertyfund.org/titles/112.

Redford, J., 2012: The physics of God and the quantum gravity theory of everything. *Social Science Research Network (SSRN)*. doi:10.2139/ssrn.1974708.

Rheingold, H., 2000: *Tools for Thought—The History and Future of Mind-Expanding Technology*. MIT Press, Cambridge, MA, first published in 1985 by Simon & Schuster/Prentice Hall.

Rozmanith, A. I. and N. Berinson, 1993: Remote query communication system. U.S. Patent 5,253,341. Available from: https://www.google.com/patents/US5253341.

Rumsfeld, D. H., 2002: DoD news briefing: Secretary Rumsfeld and Gen. Myers. *News Transcript*, U.S. Department of Defense. Available from: http://archive.defense.gov/Transcripts/Transcript.aspx?TranscriptID=2636.

Saint, N., 2010: Google press conference at the San Francisco Museum of Modern Art. Available from: http://www.businessinsider.com/google-search-event-live-2010-9.

Sangiovanni-Vincentelli, A., 2007: Quo vadis, SLD? Reasoning about the trends and challenges of system level design. *Proceedings of IEEE*, 95(3), 467–506. doi:10.1109/JPROC.2006.890107.

Searle, J., 1984: *Minds, Brains and Science*. Harvard University Press, Cambridge, MA. Serres, M., 2001: *Hominescence*. Le Pommier, Paris.

—, 2003: *L'Incandescent*. Le Pommier, Paris.

Shannon, C. E., 1940: A symbolic analysis of relay and switching circuits. Report, Massachusetts Institute of Technology. Dept. of Electrical Engineering, Thesis (M.S.). Available from: http://hdl.handle.net/1721.1/11173.

—, 1948: A mathematical theory of communication. *ACM SIGMOBILE Mobile Computing and Communications Review*, 5(1), 3–55, Reprinted in 2001 with corrections from the *Bell System Technical Journal*, 1948. doi:10.1145/584091.584093.

Shimpi, A. L., 2013: The Haswell review: Intel core i7-4770K & i5-4670K tested. *AnandTech*, Retrieved March 18, 2016. Available from: http://www.anandtech.com/show/7003/the-haswell-review-intel-core-i74770k-i54560k-tested/6.

Simon, H. A., 1996: *The Sciences of the Artificial*. MIT Press, Cambridge, MA, 3rd ed.

Smolin, L., 2006: *Trouble with Physics: The Rise of String Theory, the Fall of a Science, and What Comes Next*. Houghton Mifflin Company, Boston and New York.

Smullyan, R. M., 1992: *Satan, Cantor & Infinity—Mind-Boggling Puzzles*. Alfred A. Knopf, New York. Taleb, N. N., 2010: *The Black Swan*. Random House, New York.

The Edison Papers Project, 2016: The Thomas Edison papers. Rutgers University, retrieved March 10, 2016. Available from: http://edison.rutgers.edu/.

Wegner, P., 1997: Why interaction is more powerful than algorithms. *Communications of the ACM*, 40(5), 80–91. doi:10.1145/253769.253801.

Weizenbaum, J., 1966: ELIZA — a computer program for the study of natural language communication between man and machine. *Communications of the ACM*, 9(1), 36–45. doi:10.1145/365153.365168.

Wheeler, J. A., 1986: Hermann Weyl and the unity of knowledge. *American Scientist*, 74, 366–375. Available from: http://www.weylmann.com/wheeler.pdf.

Wiener, N., 1948: *Cybernetics: Or Control and Communication in the Animal and the Machine*. Librairie Hermann & Cie, Paris, and MIT Press, Cambridge, MA.

Wolfram, S., 2002: *A New Kind of Science*. Wolfram Media, Inc., Champaign, IL.

Wolpert, D. H., 2008: Physical limits of inference. *Physica*, 237(9), 1257–1281. doi:10.1016/j. physd.2008.03.040.

Wulf, A., 2015: *The Invention of Nature: Alexander von Humboldt's New World*. Alfred A. Knopf, New York.

Žižek, S., 2004: What Rumsfeld doesn't know that he knows about Abu Ghraib. *In These Times*, blog. Available from: http://www.lacan.com/zizekrumsfeld.htm.